Professor Povey's Perplexing Problems *Thomas Povey*

難問・奇問で語る
世界の物理

オックスフォード大学
教授による最高水準の
大学入試面接問題傑作選

特定非営利活動法人 物理オリンピック日本委員会 訳

丸善出版

Professor Povey's Perplexing Problems

Pre-University Physics and Maths Puzzles with Solutions

by

Thomas Povey

Copyright © Thomas Povey 2015. First published in the United Kingdom by Oneworld Publications.

Japanese translation rights arranged with Oneworld Publications, London c/o Perseus Books, Inc., Boston, Massachusetts Tuttle-Mori Agency, Inc., Tokyo.

本書は丸善出版株式会社が Oneworld Publications の許諾に基づき翻訳したものです。

訳者序文

　本書は，Thomas Povey 著 *Professor Povey's Perplexing Problems*, Pre-University Physics and Maths Puzzles with Solutions (Oneworld Publications) において，物理についての問題を集めた 11 章の翻訳である．数学の問題に関する 1, 2, 3 章，および 7 章は除いてある．

　最初，本書の翻訳を丸善出版より依頼されたときの原著の題名は，*The Oxbridge Interview Book*, Perplexing Problems in Maths, Physics and Engineering, with Solutions であり，Oxbridge，すなわちオックスフォード大学とケンブリッジ大学の入試面接の問題集という印象であった．ところが，新版で原著の題名が標記のように修正され，著者の個人的な創意にもとづく出版物という印象をもった．しかし，実際に翻訳を始めてみると，物理問題を題材としたエッセイであり，ちょっと物理好きの多くの方が楽しめる興味深い書物であることがわかった．

　本書の目的は，著者自身が述べているように，「遊び心」をもって本書の問題を楽しんで欲しいということにある．問題は高校の教材に沿ったものであり，難解な物理の問題ではない．ていねいに読み進めていけば，高校数学および物理のある程度の知識をもとに十分に理解できるように書かれている．

　本書は，物理現象を扱いながら，著者が自由に思考の翼を広げて書いた興味深い物語集でもある．わが国の高校物理では自然現象を理想化し，決まった法則を用いて簡単な計算をすることによって答を出すことのできる例題を扱うことが多い．そのような問題を解くには，形式的な計算を行えばよく，自然に対する思考を必要としないため，物理に対する興味を失ってしまう生徒，学生が多い．本書では，実際の自然現象を扱っている問題が多く，決まりきった計算を実行すればよいような問題はほとんど扱っていない．「あれ？」と意外に思うような問題が多い．それらの問題を，一つひとつじっくりと考えて物理の問題に還元して欲しい．もちろん物理の問題は，問題の本質だけを残してできるだけ問題を単純化し理想化しなければ，解けるものではない．ここでは，単純化を与えられるよりも，問題を各自の才覚で「どう単純化するか」を含めて問うているのである．著者は，特に，物理の問題を友人たちと議論して欲しい，と再三述べている．そうすることにより，試験準備のためだけではなく柔軟な思考力を身につけることができ，あなたが理工系を目指す高校生あるいは理工系の大学生であれば，将来行うことになるであろう研究に臨むべき姿勢を学ぶことができる．

　本書で扱われている問題の多くはオリジナルで，過去に英国のオックスフォード大学とケンブリッジ大学の入試面接で出題されたものである．入試面接では，出された問題を面接官と議論しながら考察を進めるという．ほとんどペーパー試験のみで判定

訳者序文

する日本の大学入試とは，何と異なることであろう！　議論の中で，面接官からさらに詳しい状況設定を説明されたり，ヒントが出されたりするようである．したがって，本書で取り上げられた問題は入試問題のように，完璧に物理条件が設定され，唯一の解が得られるという類のものではない．読者は問題から自由に思考を広げ，友人や教師との議論を楽しんで欲しい．

　本書の問題には，著者により星 (★) の数による難易度が付けられている．星1つの問題は概してやさしいが，日本の読者が考えるような「公式をあてはめて解く問題」ではない．解答を見ずに考えるには，与えられた状況を自ら設定し，『理科年表』などから得られる数値を用いて電卓による計算をしてみることが必要である．ある程度，数式を用いた計算を必要とする問題には，多くの場合，星が2つあるいは3つが付けられている．これらの問題は，日本の高校生ならばあまり難問とは思わないかもしれない．一方，星3つあるいは4つの付いた問題の中には，かなりの難問も含まれている．これらの難問は，いろいろな書物をしらべたり，友人・教師と議論したりするのがよいであろう．ただこれらの問題には，楽しいエピソードなどを含んだ詳しい解説が付けられているので，それらを大いに楽しんで欲しい．また，インターネットを大いに活用して欲しい．特に本書では，脚注に参考として本書と連携したウェブサイトも挙げられている．今日，インターネットは調べ物をするときの有用で簡便な道具となっている．ただし，ネット情報は玉石混交であり，有益で正確な情報もあれば，誤った情報もあることを肝に銘じておいて欲しい．

　本書に述べられた物理に対する思考方法は，多くの日本人のものと異なる場合も多い．また，随所に載せられているエピソードにもイギリス固有の言い回しがあり，違和感を覚えるかもしれない．この相違が，日本の読者には新鮮であり，面白く感ぜられるところであろうが，部分的にはわかり難さにもなっている．そこで，本書の翻訳では，訳注を多数挿入すると同時に，日本の読者にはわかり難いと思われる説明は，訳者の責任において書き直した．

　本書は，「物理オリンピック日本委員会」の有志委員10名による翻訳である．日頃，物理オリンピックの国際大会で出題される問題にふれることの多い訳者などにも，本書で扱われている問題は，身の回りの現象に結び付き，読者の思考力を養う良問と映る．したがって，物理オリンピックの予選である物理チャレンジに向かう準備としても役立つであろう．

2016年7月20日

訳　者　一　同

翻訳者一覧

編集幹事

杉 山 忠 男　河合塾

翻訳者

荒 船 次 郎　元 東京大学 (9 章)

伊 東 敏 雄　元 電気通信大学 (1 章)

桂 井　　 誠　元 東京大学 (5, 6 章，やや変わった経歴)

佐 藤　　 誠　津山工業高等専門学校 (8 章)

杉 山 忠 男　河合塾 (11 章)

竹 中 達 二　河合塾 (4 章)

東 辻 浩 夫　元 岡山大学 (7 章)

波 田 野　 彰　元 東京大学 (3 章)

松 澤 通 生　元 電気通信大学 (2 章)

三 間 圀 興　光産業創成大学院大学 (10 章)

(五十音順，2016 年 7 月現在，括弧内は担当章)

原 書 序 文

　私は遊び心ある物理と数学の問題に出合うと，いつも夢中になってしまう．そのときの気分がどんなに素晴らしいものであるか，この本で知っていただきたい．載せてある問題は高校で学ぶ教材に沿っていて，それよりも難しいものではないが，創造的な思考を刺激して，斬新で，かつ面白い方向へ発想が広がるように工夫されている．
　高等教育制度が整っているほとんどの国においても，最難関の大学は何らかの入学試験，あるいは面接試験を実施している．一般に，試験実施の本来の目的はただ1つ，すなわち多くの秀でた受験応募者の中から，最も優れた能力のある者を選び出すことであろう．この目的のために，しばしば設問は，受験生の創造的思考力を評価できるように工夫されている．多くの国において，入試問題は大学の先生達によって作成されている．出題は特に高校のシラバスを参照して作成されている．しかし，通常はその内容に拘束されているわけではなく，ときには意図的に変形された問題も出題される．入試問題は，学習した内容を新たなより挑戦的な問題に応用できるかを評価するためのものである．まず1つの問題を取り上げて，その設問を分解して本質的な要素に還元する，その上で問題を解くのに必要な標準的な方法を適用する，この能力を評価できるようにつくられている．
　この問題集には，大学入試レベルの物理に関する演習問題として特に私が気に入ったものを集めている．設問は好奇心と遊び心を刺激するように工夫されているが，大学入試で標準的に出題されているものも含まれている．集めた問題には内容が複雑で解答するのに苦労するものもあろう．とはいえ，ほとんどが面白くて楽しい問題である．遊び道具のようなもの，といってもよい．まずは，最も気に入ったものを選んでそれと遊んで欲しい．飽きてきたのであれば，友達に出して楽しんでもらってもよい．一見すると非常にやさしいと思える問題に出合うかもしれない．しかし最初はやさしいと思った単純な古典物理分野の問題が実際には難解であり，熟考を強いられることがある．このことは得難い楽しみではなかろうか．このような体験をすることによって，私自身，問題を解くときにたいへん楽しい思いをしてきた．そのときに経験した喜びを分ちあうための参考書がこの本である．基礎を修得してさらにもっと違った問題を解いてみたい，そのような余力のある優秀な高校生にとって，ここに集めた問題は魅力的であろう．さらには，高校の先生が担当クラスにいる優秀な生徒に，もっと挑戦的，あるいは一風変わった問題を出して実力を高めようとするときに，ここに載せた問題を利用できる．これらの問題を授業で活用した先生，それらに果敢に取り組んだ生徒は多数いるが，それらの方々に感謝している．
　問題の多くは私自身で考え出したものであるが，この本に興味を抱いた友人と同僚

から提案あるいは着想を得たものもある．中にはよく知られた古典的な問題もある．私は，シラバスに拘束されない立場で仕事をしてきたので，シラバス内容に捕われてはいない．しかし物理の問題で完全に独創的な問題を作成することは至難である．よく知られた問題でも，変形すれば別の問題に変えられるので，問題数は実際上無限といえる．しかし基本的な考え方は多くはない．私の自作であると大いに自慢できる問題といえども，過去何年間にもわたって形を変えて出題されてきたに違いない．

　私にも解けない問題があった．特にどれが難しいのか，これを知ること自体が難しい問題であって，問題によっては討論課題とする方がよいものもある．難問はじかに解かせるよりも，質疑応答の対象とすることに意味がある．難問に対しては，生徒を助け，ヒントを与え，誤った考えを正し，順調にはかどっているときは激励することが必要であろう．このようなことを行える経験豊かな先生がいれば，会話しながら問題に立ち向かっていける．自分一人で本を読んでいるときに行き詰まることがしばしばある．このようなときにちょっとした助言は本当に役に立つものである．最初はとても歯が立たないと思われた問題でも，先生が的確なヒントを少し与えると解けてしまうことがある．私がお薦めしたいのは，友達や先生など，物理について正しい知識をもっている誰かと一緒になって問題に挑戦することである．

　ここで問題の難易度について言及しておかねばならない．強調したいことは，どの問題であっても，何らかの意味で挑戦に値するということである．本書執筆にあたって，出版社からは問題の相対的な難易度を星印 (★) の数で評価して欲しいと依頼された．与えた評価はまったく主観的なものとは思うものの，次のことは渋々ではあるが認めざるをえない．つまり，難易度がわからないとたまたま最初に最も難しい問題に当ってしまうという恐れがあり，そうなるとまったく解けずに絶望的な気分に落ちこんでしまうことになる．そこで，私自身が個々の問題に最初に立ち向かったときに，直感的にそれがどの程度難しく感じたかを示すことにした．もしもある問題に対して私の評価が甘すぎると思ったら，その内容の限られた範囲に対しては，あなたの直感が私より勝っているといえる．しかしそれ以上の意味はない．一般的に，1 つあるいは 2 つの ★ のついた問題は，高校の最終学年のシラバスにおいて成績上位にいる生徒[*1]には解けるという満足感を与えるはずである．以下に記載した星印は読者が考える上での目安を与えるであろう．

　　★ 容易．考察力とある程度の洞察力が必要だが，ヒントなしで解けるはずである．

　　★★ 挑戦的．かなりの考察力とある程度の洞察力が必要であり，それに多少のヒントが必要であろう．

　　★★★ 難しい．多大な考察力とかなりの洞察力，そしてより多くのヒントが必要である．★ を 3 つ付けた問題は，場合によっては討論課題として役に立つで

[*1] 英国の大学入学レベル (A レベル)，国際的大学入学資格 (バカロレア)，スコットランドの大学入学資格 (Scottish Highers)，米国の大学進学適性テスト (SAT) などの試験に合格するレベルの生徒であり，おおよそ 1 年後には大学に入学して高等教育を受け始めるであろう生徒．

あろう．

さらに極端に難しい問題を多く含めておいた．それらは最も優秀な生徒にとって真剣に取り組むに値するものである．

★★★★ 極端に難しい．討論するのに適している．多くの生徒は，十分な助言なしには解くことができないであろう．複雑で標準的ではない別の解き方がある．

この本の執筆について，それを私は「土曜日プロジェクト」と称していた．しかし，予期していた土曜日の数はいつも少ないことを思い知らされた．誰かと共同作業するような贅沢は許されなかったので，誤りとか考え違いがあるに違いないが，それらはすべて私に責任がある．しかし，本書において間違いは多くはないと思うので，混乱よりも啓発を与えるものとなっていることを願う．問題を選択して適切な配置を考え，1冊の本にしているが，ここで最も工夫を要したことは，問題の難易度のバランスをとることだった．問題は単純なものから非常に難しいものまで広く分布しており，多くの大学の入試問題に匹敵するほど予測不可能な広がりをもっている．多くの先生，生徒の皆さん，そして同僚の方々より，ご親切にも問題の難易度について詳細なコメントをいただき，たいへん感謝している．さらに今後，建設的な提言と斬新な問題をいただければ，本書をより魅力的なものに改訂できる．そのような提言をいただけるのであればあらかじめお礼を申し上げておきたい[*2]．読者がこれらの問題を解く喜びを分かち合えるご友人を見つけられること，そして，もっと巧妙でもっと洗練された解法がないか議論下さることを願う．

読者がご自分で見つけた解法を他の読者に紹介したいとか，他の読者のアイディアから学びたいと希望するならば，下記の「パズルフォーラム」のサイト[*3]

www.PerplexingProblems.com

を訪れてみて欲しい．ご期待に応えられると思う．

2015年オックスフォードにて

トーマス・ポベイ

[*2] 著者 (Thomas Povey) とじかに連絡をとりたいときには，次のメールアドレスをご利用いただきたい．tom@tompovey.com

[*3] (訳注) このウェブサイトは英語ではあるが，本書についての補足情報が満載されている．

目　　次

1 **静　力　学** **1**
   1.1　下水管内の作業員の難題 ★ 2
   1.2　下水管作業員の退避 ★★ 4
   1.3　下水管作業員の分析 ★★★ 7
   1.4　アステカ族の石運び ★★ 9
   1.5　車輪論争 I ★★★ 14
   1.6　車輪論争 II ★★ 18
   1.7　オベリスクを立てる ★★ 20
   1.8　オベリスクを倒す ★★★★ 27
   1.9　地獄の谷 ★★★ 33

2 **動力学と衝突** **38**
   2.1　滑車 ★ 40
   2.2　光速博士の弾性テニス試合 ★★ 42
   2.3　加速されるマッチ箱 ★★★ 47
   2.4　鴨氏の最後のフライト ★★ 50
   2.5　水動力によるケーブルカー ★ 54
   2.6　シャーロック・ホームズとベラ・フィオリのエメラルド ★★★ 58
   2.7　1次元衝突に対する記述の等価性 ★★★ 65

3 **円　運　動** **67**
   3.1　バイクレースでの摩擦 ★ 67
   3.2　バイクレースでのスタート位置 ★★ 70
   3.3　ジェットコースター ★★★ 71
   3.4　脱線したジェットコースター ★★ 74
   3.5　無精教授の最後のそり滑り ★★ 78
   3.6　死の壁：自動車 ★★★ 80
   3.7　死の壁：バイク ★★/★★★★ 85

4 **単　振　動** **89**
   4.1　振動球 ★★ 92
   4.2　時止教授の時間操作機 ★★★ 96

4.3	ばね好き博士の発振器 ★	99
4.4	ばね好き博士の地獄の発振器 ★★	102
4.5	ばね好き博士の改良型地獄の発振器 ★★★	105

5　運　動　学　　108

- 5.1　無精教授 ★★ 108
- 5.2　度胸のある飛行士 ★ 111
- 5.3　射撃 ★ 115

6　電　気　　118

- 6.1　抵抗ピラミッド ★★ 120
- 6.2　抵抗四面体 ★ 124
- 6.3　抵抗正方形 ★★★ 125
- 6.4　抵抗立方体 ★★★ 127
- 6.5　電力輸送 (送電) ★ 129
- 6.6　有効電力 ★ 130
- 6.7　沸騰時間 ★ 130

7　重　力　　132

- 7.1　空洞の月 ★ 133
- 7.2　最低エネルギーの周回軌道 ★★ 135
- 7.3　宇宙での無重力 ★★ 136
- 7.4　宇宙へジャンプ ★★★ 140
- 7.5　宇宙の墓場 ★★★ 143
- 7.6　ニュートンの砲弾 ★★ 149
- 7.7　『地球から月へ』★★ 152
- 7.8　鉛錘教授のアストロラーベのおもり ★★★ 154
- 7.9　ジェット機ダイエット ★★ 157
- 7.10　太陽系からの脱出速度 ★★★ 161
- 7.11　メガロポリス氏の膨張する月 ★★★ 165
- 7.12　小惑星ゲーム ★★★★ 168

8　光　学　　173

- 8.1　球の中の微塵 ★ 173
- 8.2　暗くなる光の環 ★★★ 174
- 8.3　空中に浮く豚 ★★★ 176
- 8.4　火星人と原始人 ★/★★★★ 180
- 8.5　奇妙な魚 ★★★/★★★★ 185

9 熱　193

- 9.1 熱した板 ★ 194
- 9.2 熱せられた立方体 ★ 196
- 9.3 部屋にある冷蔵庫 ★★ 197
- 9.4 砂漠の氷 ★★★ 202
- 9.5 地球の冷たい最後 ★★ 205

10 浮力と流体静力学　209

- 10.1 アルキメデスの王冠とガリレオ天秤 ★ 210
- 10.2 ガリレオ天秤追加問題 ★★ 214
- 10.3 天秤ばかり ★ 217
- 10.4 浮んでいるボールと沈んでいるボール ★★ 218
- 10.5 浮んでいる円柱 ★★★ 219
- 10.6 流体静力学のパラドックス ★★ 222
- 10.7 定量ピストン問題 ★ 223
- 10.8 浮んでいる棒 ★★★★ 226

11 見積もり　235

- 11.1 高さ1マイルのタワー ★ 236
- 11.2 どのくらいの時間留まることができるか? ★★ . . 239
- 11.3 ミダースの倉庫部屋 ★ 241
- 11.4 ナポレオン・ボナパルトと大ピラミッド ★ 242
- 11.5 ローンチェアに乗ったラリー ★★ 244
- 11.6 息をすると体重が減る? ★★ 248

後　記 251

やや変わった経歴 252

索　引 267

1 静力学

　この章では静力学の問題を扱う．静力学では静止している系および加速度をもたない運動をしている系を対象とする．このような力学系においては，個々の質量に作用する力の総和はゼロでなければならない．また，力のモーメント (トルク) の総和もゼロでなければならない．これらは加速度 (並進運動の加速度も回転運動の角加速度も) がゼロであるための条件である．一般に静力学では力学系をある瞬間に観測して，作用する力が，加速度がゼロの条件を満たしているかどうかしらべる[*1]．いくつかの語句の定義とつり合いの条件を与えておこう．

- **力のモーメント**　ある点 (または回転軸) のまわりの力のモーメントの大きさは，その点から力の作用線に下ろした垂線の長さと力の大きさとの積である．この垂線の長さを力の腕の長さという．力のモーメントの単位は Nm である．
- **並進加速度がゼロの条件**　一定の質量をもつ物体について，ある方向の並進加速度の成分がゼロであるためには，その方向の力の成分の総和がゼロでなければならない．簡単な 2 次元の x–y 直交座標系の場合には，

$$\sum F_x = \sum F_y = 0$$

と書ける．力の成分の総和がゼロという条件はあらゆる方向について成り立っているはずである．
- **角加速度がゼロの条件**　ある回転軸 A のまわりに一定の慣性モーメント[*2] をもつ物体について，角加速度がゼロであるためには，その回転軸のまわりの力のモーメント T_{Ai} の総和がゼロでなければならない．すなわち，

$$\sum_i T_{Ai} = 0$$

である．同じ論理で，一定の慣性モーメントをもつあらゆる物体に対して，任意の

[*1] このためには，力の特別な方向の成分の総和をとればよい．
[*2] 質量が並進運動の加速度に対する物体の慣性の大きさを表すのと同様に，慣性モーメントは回転運動の角加速度に対する物体の慣性の大きさを表す．物体の慣性モーメントは回転軸を与えれば決定される．物体の i 番目の微小部分の質量を m_i，回転軸 A からの距離を r_i とすると，慣性モーメントは，

$$I_A = \sum_i m_i r_i^2$$

と表される．

点のまわりの力のモーメントの総和は，その点が物体の内部にあるか外部にあるかに関係なく，ゼロでなければならない．
- **質量中心 (重心)** 物体の質量中心 (あるいは重心) とは，その点を通る任意の平面で物体を 2 つに分けたとき，分けられた 2 つの物体の質量がつねに等しいという点である．質量中心は物体の重力が作用する点と考えることができる．この点は物体の内部にあるとは限らない (たとえばドーナツ形の物体を考えてみよ)．

これで静力学の問題を解く準備が整った．以下のほとんどの問題は著者独自の問題であるが，2 つはよく知られた問題を手直ししたものである．

1.1　下水管内の作業員の難題 ★

[問題]　地下の下水管内で働く作業員が大きな円形断面 (直径 ≫ 人の背の高さ) の送水管内にいる (図 1.1)．管の内面はなめらかで摩擦は無視できるとする．作業員は送水管の直径に等しい長さのはしごをもっている．彼は送水管の天井付近を調査したい．彼ははしごを登り，はしごの他端に到達することができた．そのとき，どのような状態にあるだろうか？

図 1.1

[解答]　重要なことではないが，問題の解を求めるにあたって，この作業員ははじめに送水管内の最下点にいたということに注意して欲しい．もし彼が別なところにいたならば，管内はなめらかであるので，彼は滑って最下点に到るだろう．面白いことにはしごには，摩擦がないので，任意に回転した位置をとることができる．このことは，はしごに作用する力を考えればわかる．また，どんなに回転した位置にあっても，はしごがもつ位置エネルギーは同じであることからもわかる．なぜなら，はしごの長さは送水管の直径に等しいので，はしごの質量中心の位置は送水管の中心につねに一致するからである．エネルギーの議論はとても強力なので，以下ではエネルギーにもとづいて考察することにしよう．

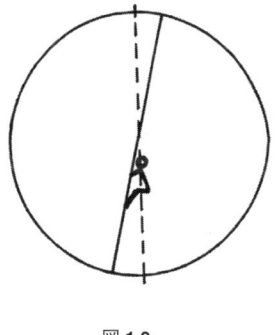
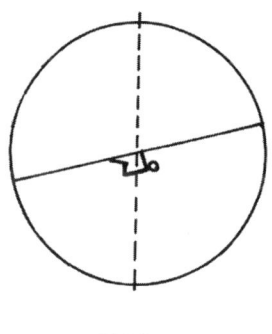

図 1.2　　　　　　　　　　　　　図 1.3

さて，作業員がはしごを登りはじめるとどんなことが起こるだろうか？

作業員がはしごを引き寄せて登りはじめると，まず，はしごが鉛直からわずかに傾く (図 1.2)．系は自由に動くことができるので，位置エネルギーが最も小さい配置をとる．これは位置エネルギー最小の原理[*3]である．なお，ここでいう系とは，はしごと作業員の全体を意味する．はしごの位置エネルギーははしごがどんな回転位置にあっても同じである．作業員の位置エネルギーは，人の質量中心が，回転中心であるはしごの中点の真下に来るときに最小となる[*4]．彼がはしごを登って，系の回転中心である

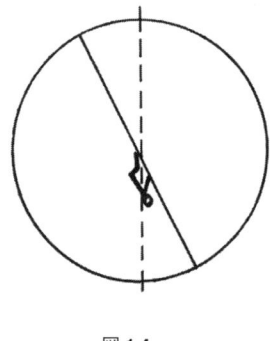
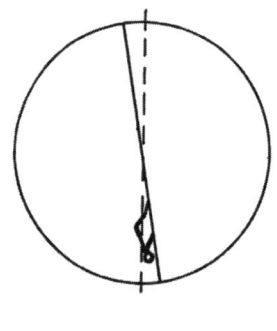

図 1.4　　　　　　　　　　　　　図 1.5

[*3] この原理の名称は，やや印象的な表現であるが，自由に運動できる系は位置エネルギーが最小になるまで運動することを述べているだけにすぎない．失われたエネルギーはたとえば熱として散逸する．丘の頂上に置かれたボールは谷底に転がるだろう．水は重力の方向に垂直な自由表面となるまで移動するだろう．最も安定な配置は位置エネルギーが最小となる配置である．それが系の平衡状態である．

[*4] 人の質量中心がはしごの中点から距離 r の地点にあると考えてみよう．彼の可能な位置は，はしごの中点を中心とする半径 r の円周上である．この円周上の最下点，すなわち，位置エネルギーが最小となる点は，はしごの中点の真下である．

はしごの中点に次第に近づくと，はしごの鉛直からの傾きはより大きくなる (図 1.3).

彼がはしごの中点に接近すると，はしごは水平に近づき，ついには人の重心は円管の中心のすぐ下にきて，はしごは完全に水平となる．人がはしごに沿って中点を越して進み続けると，はしごは水平位置からさらに回転する．人は逆さまとなり，送水管の底に向かって移動することになる (図 1.4). 結局，上方に行くことはできず，彼は出発地点に戻ってくる (図 1.5). 天井の調査をすることはできない．

1.2 下水管作業員の退避 ★★

問題 地下の下水管内で働く作業員が直径 d の大きな円形断面のなめらかな送水管内にいる．汚水の流れから逃れるために，彼は長さ $d/2$，質量 m のはしごの端に立って体のバランスを保っている (図 1.6). 作業員の質量も m とすれば，はしごが平衡位置に落ち着いたときの角度 (水平からの傾き角) はどれほどか？ はしごは人の背丈に比べて十分長く，はしごの端にいる作業員は質点と見なしてよい．

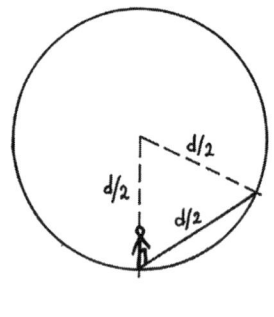

図 **1.6**

解答 最初に問題の幾何学的特徴を考えよう．図 1.7 において三角形 ABC は一辺の長さ $d/2$ の正三角形である．ただし，答は関係する角度だけで決定され，$d/2$ には依存しないということを指摘しておこう．はしごが落ち着いたときの位置を図 1.7 の角度 θ で表そう．はしごと人の系に作用する外力は 4 つある．

- はしごに作用する重力 mg：はしごの中点に鉛直下方に作用する．
- 人に作用する重力 mg：はしごの端の点 B に鉛直下方に作用する．
- 垂直抗力 F_1：点 B においてなめらかな壁面に垂直に作用する．
- 垂直抗力 F_2：点 C においてなめらかな壁面に垂直に作用する．

これら 4 つの力を図 1.7 に，力の方向に注意を払って書き込んだ．力 F_1 と F_2 の作用線は，それぞれ直線 BA と CA で，ともに管の中心 A を通ることに注意しよう．

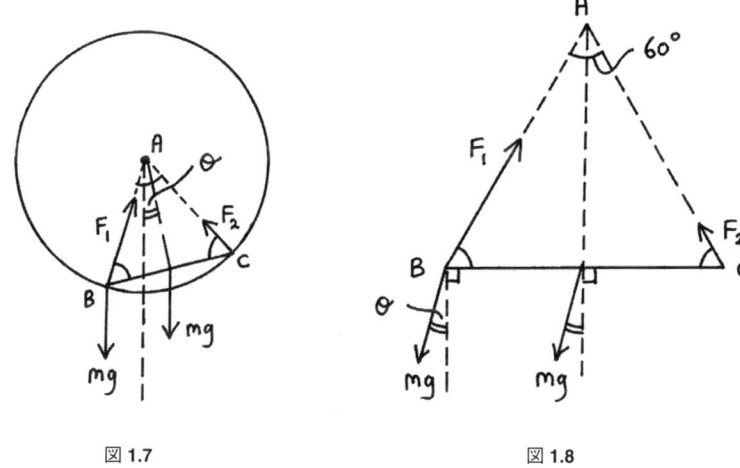

図 1.7　　　　　　　　　図 1.8

　人とはしごの系が静的な平衡状態にあるためには，あらゆる方向において力のつり合いが成り立っているはずである．もしある方向で力の成分の和がゼロでないならば，ニュートンの第 2 法則によってその方向の加速度はゼロでないからである．同様に，回転に関しても平衡であるためには人とはしごの系に作用する力のモーメントの総和はゼロでなければならない[*5]．人とはしごの系に作用する力のベクトルとその作用点が問題となる．力の大きさの比，角度，距離を同じに保つかぎり，図 1.7 の三角形は適当に回転して考えることができる．人とはしごの系を少しわかりやすくして図 1.8 に示す．もとの図と角度は同じであるので，重力のベクトルの方向は，はしごに垂直な方向と角度 θ をなすことに注意しよう．

　ここからは，静力学に対する標準的な方法，すなわち各方向の力のつり合いとモーメントのつり合いを用いる．

- 水平方向の力のつり合い：$F_1 \cos 60° - F_2 \cos 60° = 2mg \sin \theta$
- 垂直方向の力のつり合い：$F_1 \sin 60° + F_2 \sin 60° = 2mg \cos \theta$
- 点 B のまわりの力のモーメントのつり合い：$2F_2 \sin 60° = mg \cos \theta$

はしごが水平となす角度を求めるには，以上の連立方程式を解けばよい．ここで方程式の数はこれで十分であるか，すなわち独立な方程式の数は未知数の数に等しいかし

[*5] ニュートンの第 2 法則によれば，ある方向の力 $\boldsymbol{F}$ (ベクトルであることに注意) はその方向の運動量の時間変化率に等しい．すなわち，$\boldsymbol{F} = d\boldsymbol{p}/dt$．質量 m を一定とすると，$\boldsymbol{F} = m(d\boldsymbol{v}/dt) = m\boldsymbol{a}$ である．静的に平衡であるためには加速度はゼロでなければならない：$d\boldsymbol{v}/dt = \boldsymbol{a} = 0$．このため，力のあらゆる方向の成分の和はゼロでなければならない．静的に平衡であるためには角加速度 $\boldsymbol{\alpha}$ も 0 であることが必要である：$\boldsymbol{\alpha} = d\boldsymbol{\omega}/dt = 0$，ここで $\boldsymbol{\omega}$ は角速度ベクトルである．このとき物体に作用する力のモーメント $\boldsymbol{\tau}$ は 0 である：$\boldsymbol{\tau} = I\boldsymbol{\alpha} = 0$．

らべよう．未知数は F_1, F_2, θ の 3 つである．独立な方程式は 3 つあるので解を求めるのに必要十分である．解は素直に求まるので読者への宿題とすることにしよう．正しく解を求めれば，次の結果を得るはずである．

$$\theta \approx 16.10°$$

はしごが水平となす角度は比較的小さいが，この値はほぼ妥当と思われる．もちろん必要なら F_1 と F_2 の値を次のように求めることができる．

$$F_1 = \sqrt{3}mg\cos\theta \approx 1.66mg$$

$$F_2 = \frac{\sqrt{3}}{3}mg\cos\theta \approx 0.555mg$$

この結果も妥当と感じられるであろう．F_1 は F_2 の 3 倍であるが，人が立っているところの方が大きな反作用を受けることは当然予想される．

より進んだ議論

　この問題は首尾よく解けた．以上では，まったく新しい状況に基本方程式を適用し，得られた連立方程式を解いて，とても簡単に正しい結果を得た．力のつり合い，モーメントのつり合いを用いる方法は順当な解法である．しかし，この種の問題はいろいろな方法で扱うことができる．以下に，力と力のモーメントを直接的に扱わずに問題を解く例を示そう．それは静力学の問題においてよく知られた方法であり，一般に力学系をしらべる際の常套手段である．その方法とは系のエネルギーを考察することである．具体的には，はしごと人からなる系の位置エネルギーが最小となる状態を求めることである．位置エネルギーが最小となる状態に自由に移動できる系は，その最小状態へ移動する．この原理をここで考えている系に適用する．

　系の位置エネルギーが最小の状態は，系の質量中心が可能な限り低い状態である．系の質量中心は点 B とはしごの中心 E との中点であるから，点 B からはしごに沿ってはしごの長さの 1/4 の地点 D である (図 1.9)．位置エネルギーが最小の状態は，点 D が点 A の真下にきたときである．もし，このことが自明でないと思うなら，角度 θ を 0° から 360° まで変化させてみればよい．点 D は点 A を中心とする円を描く．この円周上の最下点は点 A の真下にある．

　直線 AE が鉛直線となす角 θ を求めることは幾何学の簡単な練習問題である．この角度は BC が水平となす角度と同じである．図 1.10 を幾何学的に考察すればよい．そうすると，次の結果を得る．

$$\theta = \arctan\frac{d/8}{|AE|} = \arctan\frac{1}{2\sqrt{3}} \approx 16.10°$$

これは先の結果と同じである．位置エネルギー最小の原理を使うと，このように問題の解をかなり簡単に求めることができる．

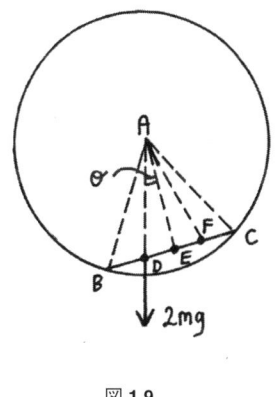 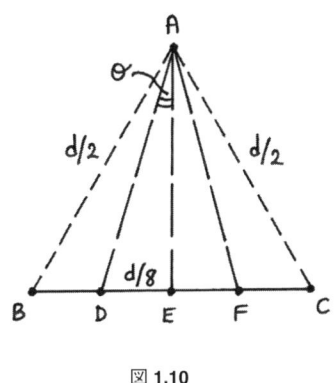

図 1.9   図 1.10

補　足

　送水管はなめらかであると仮定し，人は，はしごが最終的に落ち着く平衡位置にないときに，はしごに乗ると暗黙のうちに考えた．もし形式的なことをいえば，摩擦がまったくないならば，はしごは平衡位置のまわりに振動して，平衡位置に落ち着くことはない．さらに，はしごに乗ること自体にも問題があるだろう．もし，「はしごが落ち着くときの角度はどれほどか」に対してこのような答が出てきたならば，いくらか誤解を与えてしまったようだ．そこで，ここでは送水管の壁は十分になめらかで，はしごが受ける抗力は管壁に垂直であると見なしてよいが，はしごがいつまでも振動を繰り返すほどにはなめらかではないと仮定する．

　物理の問題を検討する際に重要なことは基本的な課題と問題の要点を見きわめて，重要でないことは取り除くことである．取り除くべき事柄には，考慮に入れる必要がない「ありとあらゆること」が含まれる．たとえば，はしごの材料 (はしごと壁面の間に摩擦がないことだけで十分)，空気の抵抗 (平衡状態の解を考えているので空気抵抗は無用)，作業員の名前，その日の曜日，などなどである．もしこれらの事柄を持ち込むとすれば，それは物理の問題ではなくなぞなぞになってしまう．

1.3　下水管作業員の分析 ★★★

問題　地下の下水管内で働く作業員は，大きくて理想的になめらかな円形断面の送水管の中ではしごを使わなければならない．はしごの長さは送水管の直径に等しい．はしごが，

(1) 鉛直に置かれる場合
(2) 水平に置かれる場合

に，はしごに作用する力を描け．図を描いて議論せよ．

解答

(1) はしごが鉛直な場合 この場合は非常に簡単である．はしごに作用する外力は 2 つだけである．

- はしごに作用する重力 mg：この力ははしごの中心から鉛直下方に作用する．
- 垂直抗力 F：この力は円管との接触点においてなめらかな壁に垂直に作用する．

もし，はしごが静的な平衡状態にあるならば 2 つの力はつり合う．すなわち $F = mg$ である (図 1.11)．

(2) はしごが水平な場合 この場合も同様に簡単と思うかもしれない．はしごには 3 つの外力が作用する．はしごに作用する重力とはしごの両端に作用する 2 つの力である．はしごは円形断面の中心を通る鉛直線に関して対称であるから，はしごの両端に作用する力は，大きさは等しく，方向は逆向きである．管の壁はなめらかであるから両端に作用する力は管壁に垂直でなければならない．作用する力の様子は図 1.12 に示される．

図から問題点は明白である．水平方向には力はつり合っているが，鉛直方向に関してはどうであろう？ はしごの重さ mg に等しい下向きの力につり合う力がない．これでははしごは静的な平衡を保つことはできない．はしごの重さとつり合う上向きの力が壁面との接触点に必要である．しかし上述の境界条件の下では，はしごの垂直方向の幅を無視すると，力のつり合いを実現することは不可能である．

現実的な力の配置を求めるには，境界条件を修正するか，問題の前提を緩和しなければならない．いくつかの方法がある．

- なめらかであるという仮定をやめて，ゼロよりわずかに大きな摩擦係数を考える．

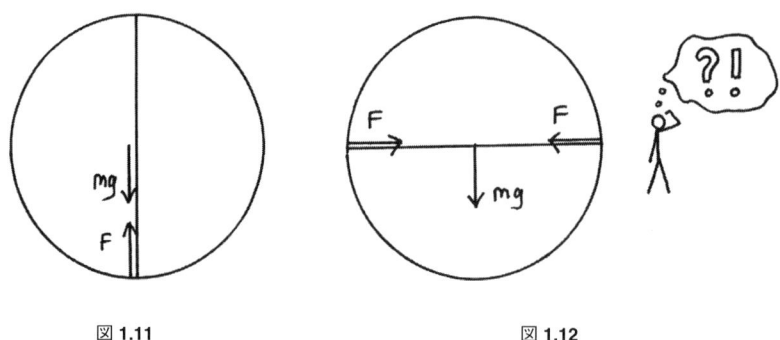

図 1.11　　　　　　　　　図 1.12

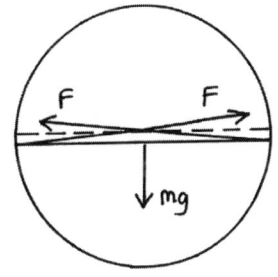

図 1.13

- はしごの垂直方向の幅を考える．はしごと管壁の接触点は管の中心の少し上，および少し下となる．少し下の接触点に作用する垂直抗力は上向きの成分をもつ．
- はしごの長さが管の直径と厳密に等しいという条件をやめて，管の直径よりわずかに小さいとする．このときはしごは管の中心よりわずかな距離だけ低くなり，接点に作用する垂直抗力に上向き成分が生じる．実際にははしごはわずかに曲がったり，圧縮されたりするので，このような状況が生じうる．

ここでは，はしごの長さが直径よりわずかに短いと考えよう．これは，はしごが圧縮を受けてわずかに縮むか，わずかに曲がるか，あるいは両方の理由によって生じる．理由が何であれ，はしごの両端の接触点は円管の中心を通る水平線よりわずかに下となる (図 1.13)．管壁は完全になめらかであるという仮定が成り立っているとすれば，対称的な抗力 F は管壁に垂直であるから，その作用線は管の中心を通る．このような力の配置を考えると，はしごに作用する水平方向，および垂直方向の力のつり合いを得ることができる．かくしてこの難問は解決した．はしごが直径よりわずかに短いとすると $F \gg mg$ であるから，かなり堅固なはしごでも圧縮されるわけが理解できよう．

1.4 アステカ族の石運び ★★

アステカ族[*6]やエジプト人は巨大な石を神殿やピラミッドまでかなりの長距離運んだが，たとえ奴隷が事実上無制限に供給されたとしても，どのように運んだのかはあまり明らかではない．現代工学からしても素晴らしい偉業と考えられるストーンヘンジ[*7]のような構造物を，新石器時代の祖先が，どのように構築したのかということは，

[*6] (訳注) メキシコシティを中心に居住していた民族．
[*7] (訳注) 英国イングランド南部のウィルトシャー (Wiltshire) 州のソールズベリー (Salisbury) 平原にある紀元前 2500–2000 年ごろの遺跡で，円陣状に並んだ直立する巨石列から成る．

図 1.14

さらに不明確である．この遺跡の外円周上に置かれているサルセン石[*8]は1つ1つが50トンもある．この重さの石を持ち上げるには約1,000人の力が必要である．しかし1つの石のまわりに並ぶことのできる人数はわずか約20人でしかない．既知の最も近いサルセン石の採石所は，遺跡から約25マイル (40 km) も離れている．しかも，石が運ばれたのは紀元前2000年頃である．

このような偉業がどのようにして達成されたのかについての直接的な証拠はほとんどないが，多くの学者は，巨石はそりとロープを使って運ばれたと考えている (図 1.14). そりは樹木の幹からつくられ，ロープは革でできていた．そりは，同じく樹木の幹でつくられたローラーの上に載せられた．このようなかなり洗練された運搬方法を用いたとして，積み荷を引くのに500人，ローラーを並べるのにさらに100人が必要だったと見積もられている．

[問題]　もし長さ2mの石材を距離1kmだけ引っ張って運ぶとすれば，経路にローラーを何回置き直さなければならないか？

[解答]　最もありそうな答は以下のようなものであろう．石材の長さは2mである．この石材が1つのローラーの上でバランスを保つのは，ローラーが石材のちょうど真ん中にあるときである．このとき後端のローラーを取り除き，先頭にローラーを加えると，ローラーの間隔は1mだから，1kmの経路に沿っては1,000本のローラーを置かなければならない．しかし，すでにお察しかもしれないが，この答は正しくない．これでは簡単すぎて興味が湧かないであろう．

正しい解答はもう少し込み入った考察が必要である．重要な点は，円形物体が地面に沿って転がるとき，地面との接触点は瞬間的には静止しているということだ．さもなくば滑りが生じていることになる．図 1.15 における点 A, B, C を考えよう．点 A は地面との接触点である．円形物体は，瞬間的にはこの点 A のまわりに回転している．つまり点 A の速度はゼロである ($v_A = 0$). 地面は動いてないから地面の速度もゼロである ($v_E = 0$). 中心 B と頂点 C は点 A の真上にある．物体が点 A のまわりに回転していると考えれば，点 B と点 C の速度は水平方向の成分だけである．このことは議論の重要な点である．円形物体が点 A のまわりに回転しているとすると，点 C の

[*8]　(訳注) サルセン石は英国中南部に多数見られ，硬い珪化した砂岩が大きな柱状の塊となったもので，第三紀 (6430万年前から180万年前の地質時代) の終わりから後氷期にかけて形成された堆積岩．

1.4 アステカ族の石運び ★★ 11

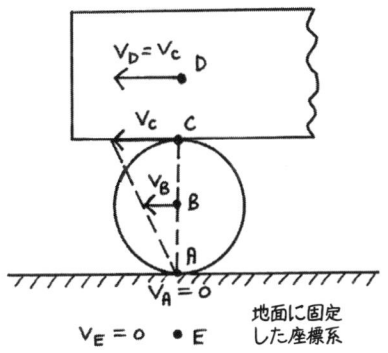

図 1.15

速度は点 B の速度の 2 倍である ($v_C = 2v_B$). なぜなら点 B, 点 C と点 A との間の距離はそれぞれ半径, および半径の 2 倍であるからである. 点 A と点 C を結ぶ直線上にある点の速度はその点と点 A の間の距離に比例するので, 速度ベクトルは三角形を形成する[*9].

以上の議論を石材の運搬に適用しよう. ローラーが石材に対して滑ることなく転がるならば, ローラーの接触点と石材は同じ速度でなければならない. すなわち石材の速度は, $v_D = v_C$ である. このことから石材の進む速度はローラーの進む速度の 2 倍であるという重要な結論が得られる. この議論の続きは少し後にまわそう.

[*9] 周知の関連した問題として, 車輪が平面上を滑ることなく転がるときに車輪の周縁上の 1 点が描く曲線, すなわちサイクロイドの式を導く問題がある. 半径 r の車輪が転がるとき, 中心のまわりの回転角を θ とすると, 比較的簡単な幾何学的考察から周縁上の点の x 座標と y 座標をそれぞれ θ の関数として求めることができ, $x = r(\theta - \sin\theta)$ および $y = r(1 - \cos\theta)$ と表される. θ を消去すれば, 次の直交座標系の方程式 $x = f(y)$ を得る.

$$x = r\cos^{-1}\left(1 - \frac{y}{r}\right) - (2ry - y^2)^{1/2}$$

ただしこの式が成り立つ範囲は $y = 0$ から $y = 2r$ に到るまでであり, 図 1.16 の最初の山の半分 (原点から点 P まで) に対応する.

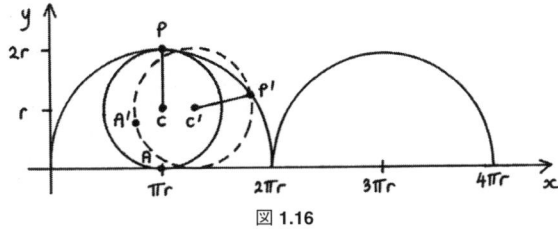

図 1.16

12　1　静　力　学

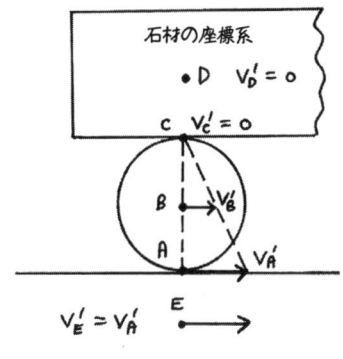

図 1.17

参考のために，この問題を石材に固定した座標系で考えてみよう (図 1.17)．この座標系では石材は静止しており，$v'_D = 0$ である．この座標系は，人手によって引かれている石材の上に乗っている人が観測する座標系である．地面に固定した座標系で測った速度 v と区別するために，石材の座標系から見た速度を v' と表そう．石材の座標系では，石材の下のローラーの回転にともなって地面が移動していくように見える．この座標系で観測すると，地面は石材とは逆方向に動いていく．石材とローラーの接触点の間に滑りはないので，$v'_C = v'_D = 0$ である．ローラーの中心を通る鉛直線上の各点における速度は，点 C からの距離に比例するので，$v'_A = 2v'_B$ である．この座標系

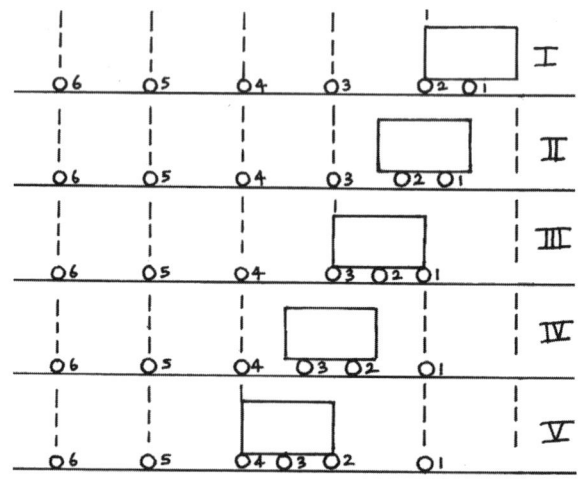

図 1.18

では地面はローラーの中心の 2 倍の速さで後退している．地面とローラーの間に滑りはないので $v'_E = v'_A$ である．何も意外なことはないが，このように別の視点から問題を見ることは議論が道理にかなっていることを確認する上で役立つことが多い．

以上の考察の重要な結果によれば，石材が引っ張られて 1 m 進むときローラーの進む距離は 0.5 m である．はじめに説明したように，石材の下にあるローラーの間隔は正確に 1 m でなければならない．だが，このことは地面に 2 m の間隔でローラーを置けば実現する．なぜなら石材が引っ張られて 2 m 進むとき，石材の下のローラーは石材に対して 1 m しか後退しないからである．この過程を図 1.18 に示した．

より進んだ議論

以上の解答がローラーの直径に無関係であることは興味深い．これまでの議論においてローラーの直径を特に与えなかったことに注意して欲しい．次節の不完全車輪に関連する問題からわかるように，不完全車輪を平坦な表面上で回転させるのに必要な力は形状[*10]のみに依存し，直径には依存しない．しかし，でこぼこのある表面上で回転させる場合には車輪の直径は重要である．でこぼこの面上では車輪は大きいほど，あるいはローラーは大きいほど好ましい．

車輪の発展は，ローラーと積み荷との相対的な速さについての観察を通して促されたというのは納得できる説である．この歴史的見解によれば，人類は樹木の幹からつくったローラーを使うと大きな荷物を押したり引いたりすることが容易になるということに着目した (図 1.19)．

人類の技術の発展とほぼ同時期に，重い荷物を引っ張るために原始的なそりを使いはじめた．そりの滑走部はほとんどの地面の上で，凹凸のある荷物よりも摩擦が少ないからである．あるとき，優れて賢い人がそりとローラーを組み合わせると，それらを別々に使うよりもずっと効率的であることに気がついた (図 1.20)．

長い歳月の間，重い荷物を運ぶのに日常的にそりとローラーの組合せが使われていた．荷物を非常に長距離運ぶとき，そりはローラーに傷をつけ，ローラーには深い溝ができただろう．この溝はそりのガイドとなり，役に立った．しかしそれよりももっと重要な効用があった．溝が深くなればなるほどローラーを置き直す頻度が少なくなる

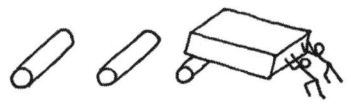

図 1.19

[*10] ここで形状とは，車輪がどの程度円形かということを意味する．次節では車輪の不完全性を n 個の辺をもつ多角形で表す．

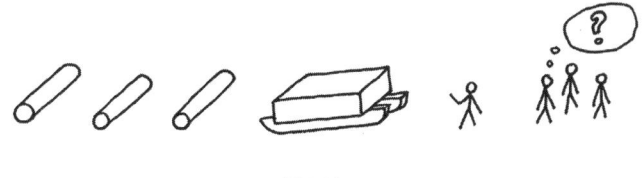

図 1.20

ことである．深い溝をもったローラーならば，溝のないローラーのときに比べてローラーを置き直す頻度は，たとえば 1/10 にもなりうる[*11]．重い荷物を遠方まで運ぶときには，はるかに効率的である (図 1.21)．

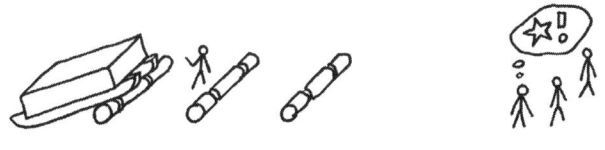

図 1.21

新石器時代の人はあらかじめ溝をつけたローラーを使いはじめた．やがて今日，両端に車輪を固定した車軸と認識できるものをつくりだし，これを荷物の下に一定間隔ごとに置いた．その後，車輪を固定した車軸を 1 つ，そりの定位置の穴に通して取りつけた．軸受けと車軸は互いにこすれ合うので，穴は動物の油を用いて潤滑しなければならなかっただろう．この段階から固定した (回転しない) 車軸に取り外し可能な車輪をつけた構造に到るまではほんのわずかな一歩であった．

以下の節はその歴史である．

1.5　車輪論争 I ★★★

およそ 5 千年前，何万年と続いてきた不確かな先史時代は，世界中のほとんどあらゆるところで突然，終わりを告げた．そして銅器時代，青銅器時代，鉄器時代がほとんど同時に始まったのである．歴史的な証拠によれば，金属の溶融製錬技術は現在のセルビアのポルトニクでおよそ紀元前 5500 年に初めて使われた．そしてわずか 3,500 年後の紀元前 2000 年までに冶金術は南アメリカまで広がった．そこでは前インカ文

[*11] この興味深い効果は図を使って説明できるが，読者への練習問題としよう．とはいえ，溝が深くなると，残っている心棒 (すなわち溝の底の部分) の半径 r はローラーの半径 R に比べて小さくなることに注意されたい．$r \ll R$ としよう．実験室に固定した座標系で荷物が前方に進む距離が $R+r$ に比例するのに対し，荷物に対してローラーが後退する距離は (荷物に固定した座標系で) r に比例する．それゆえローラーを置く間隔は $(R+r)/r$ 倍となる．この値は r が小さくなると急速に大きくなる．証明は ★★★！

明において金や銀を抽出することが行われていた．このような技術的発展がかなり急速に進行して，新石器時代は終わりを告げた．それは際限ないほど長く続いてきたいわゆる石器時代の終わりであった．われわれ人類の祖先がそのように高度な知的創造性を発展させたかと思うと不思議である．その時から今日まで数千年の間も，このような創造性はすべての偉大な発明においてうねりのように突如として現れている．

人類の歴史において最も重要な発明は，火をつくる道具 (火自体はもっとずっと以前からあったが)，ずっと後の世の印刷機械，ペニシリンなどであるが，車輪の発明もその1つである．

最初の車輪は，同じ頃にいくつかの場所で発明されたようだ．メソポタミア (チグリス川とユーフラテス川の間の地域で，現在のイラクの大部分を含む)，インダス川の渓谷 (現在のアフガニスタンとパキスタン)，北コーカサス (マイコープ文化[*12]の発祥地)，およびヨーロッパ中央部である．最古のほぼ無傷の車輪はスロベニアのリュブリャナの湿地で発見された車輪で，5,150年前のものと見なされている．車輪のついた乗り物の最古の絵 (図 1.22) と思われるものは 1970 年にポーランドのブロノチツェ (Bronocice) で発掘された，紀元前 3500 年頃の陶器に描かれている．

しかし，歴史上のあらゆる興味ある話題と同様，この絵に繰り返し描かれている模様は荷車ではないと主張する否定論者がいる．この件は読者が自身で判断して欲しい．しかし，およそ紀元前 3500 年頃から人々が焼き物の作製，運搬，およびその他多くの目的に車輪を使っていたという証拠は増加している．石の車輪をもった穴居人を描いた風変わりなアニメはその1つである[*13]．しかし奇妙なことに，巨大な石の車輪がミクロネシアのヤップ島においては通貨として使われていた．その通貨は，未だにある程度使われている．車輪の用途は実に広いものだ．

車輪の転がりの性能はそれがどの程度なめらかに回るか，すなわちそれが完全な円形からどのくらいずれているかに強く依存する．もちろん路面がどれほど平坦であるかにもよる．後者は古代では大問題であった．

「車輪論争」の時期，すなわち今から 1,000,000 年前と 1,000,001 年前の旧石器時

図 **1.22**

[*12] (訳注) 紀元前 3700–2500 年頃の青銅器時代にロシア南部の西コーカサスに栄えた考古学的な文化．ロシア連邦を構成する共和国の1つであるダゲスタンのマイコープで発見された王墓から命名された．このマイコープ墳墓は 1897 年に初めて発見され，金・銀製の遺物が豊富に副葬されていた．

[*13] (訳注) 1960–1966 年にかけてアメリカで放映された原始時代の家族を描いたホームコメディ「原始家族フリントストーン」を指すと思われる．

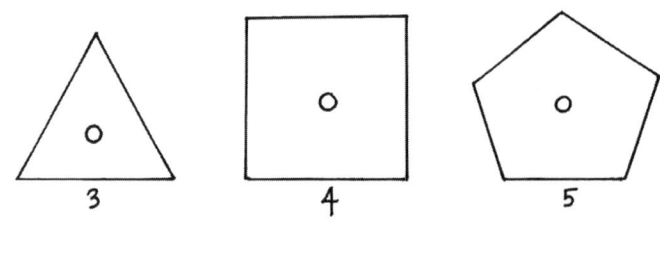

図 **1.23**

代の非常に短い期間に (正確な時期については学者の間で議論がある) 車輪研究が突如，高揚した．車輪メーカーは，三角形，四角形，五角形，あるいは注文に応じて n 角形の車輪を製造販売していた (図 1.23)．車輪のセールスマンは，辺数の多い多角形車輪はより多くの原始人通貨 (おそらく，マンモスの牙あるいはその類い) を支払う価値があると宣伝した．実際，辺数 n の大きい多角形の車輪は非常になめらかに転がるということは確かな事実のようであった．しかし，このような市場の要請に関して十分な証明や反証ができるまで数学が進歩するには，さらに百万年の歳月を要した．

問題 質量 m，辺数 n の正多角形が滑ることなく転がる場合[*14]，摩擦のない軸にかけるべき水平方向の力はどれほどか？ 必要なら多角形の中心と頂点との間の距離を r とせよ．r は $n \to \infty$ のとき，円形車輪の半径となる．

解答 この問題の解答は，平均的な新石器人には無理だろうが，実際には比較的簡単である．辺の数は任意でよいが，例として $n = 4$ (正方形) の場合を考えよう．結果は簡単な拡張により一般化できることがすぐわかるであろう．

はじめに正方形がどの点のまわりに回転するか考えよう．左向きの力をかけるとき，正方形が滑ることなく転がるとすれば，回転の中心は底辺の左の頂点である．正方形の静止状態がまさに崩れようとしているとき，すなわち転がりはじめようとしているとき，地面から受ける力はすべてこの回転中心を通して作用する．このことが自明でないと思う読者は，回転しはじめた直後の正方形を考えてみればよい．

水平方向の力 F を正方形の中心 (軸) に作用させるとき，この力は正方形の回転中心に作用する水平方向の力とつり合わねばならない．すなわち，これらの力は大きさが等しく，逆向きである (図 1.24)．同様に，下向きに作用する重力 mg は回転中心に作用する上向きの力 mg とつり合わねばならない．物体が静的なつり合い状態となるには，言い換えると水平方向にも鉛直方向にも加速度が生じないためには，この 2 つの条件が要求される．次に回転中心のまわりの力のモーメントを考えよう．加えた力 F の大きさがちょうど回転を引き起こすのに十分ならば，回転中心のまわりの力 F のモーメントは重力 mg のモーメントと大きさが同じで逆符号でなければならない．し

[*14] 床面との静摩擦係数は，このような運動が起こるのに十分大きいと仮定している．

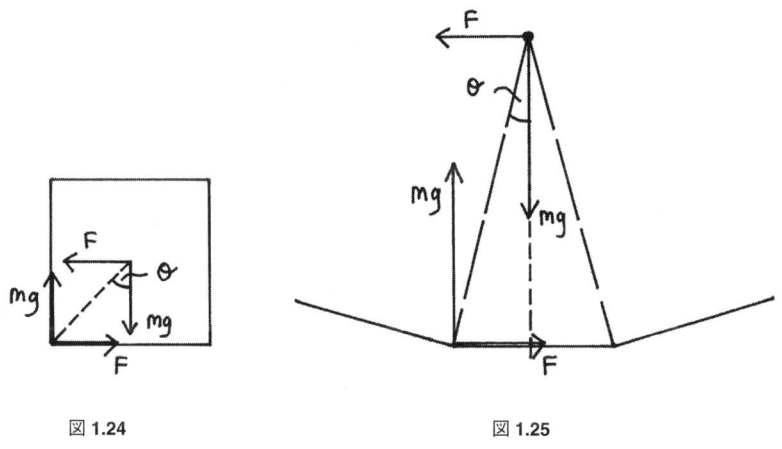

図 1.24   図 1.25

たがって，
$$Fr\cos\theta = mgr\sin\theta$$
である．ここで r は多角形の中心と頂点の間の距離，θ は中心と頂点とを結ぶ直線が鉛直となす角度である．この式より次の結果を得る．
$$F = mg\tan\theta$$
ここで，正方形の場合には $\theta = \pi/4$ である．一般に正 n 角形の場合には $\theta = 2\pi/2n = \pi/n$ である．したがって求める力は，
$$F = mg\tan\left(\frac{\pi}{n}\right)$$
となる．正多角形の辺の数 n が大きくなると，中心から一辺を見る角度は小さくなる

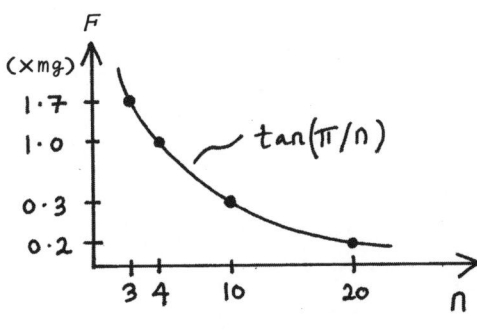

図 1.26

ので，必要な力は n が増加するにつれ急速に小さくなる．$n \to \infty$ のとき $\theta \to 0$ であるので，必要な力はゼロに近づく．完全に円形の車輪は (軸に摩擦がないならば) 真っ平らの地面の上では回転させるのに力を要しない (図 1.25)．原始人が正しかったこと (たくさんの辺をもつ多角形の車輪に対して，より多くのマンモスの牙を支払う価値があること) が百万年後に証明されたわけである．

この結果を F–n グラフに表そう (図 1.26)．グラフから $n = 4$ のとき回転させるのに必要な力は mg に等しいことがわかる．$n = 20$ の場合には，$F = 0.16mg$ である．曲線は $n \to \infty$ (完全な円) のとき，ゼロに漸近する．

より進んだ議論

以上の解答において，車輪を回転させるのに必要な力は半径に依存しないことに気づいたであろう．しかし現実的な経験によれば大きな車輪は小さな車輪より乗り心地がなめらかであることを知っている．また自転車はキックスクーター (キックボード) よりガタガタしない．これにはいろいろな理由が挙げられる．

- 地面のでこぼこは多角形の車輪と同様な影響を及ぼす．回転させるのに必要な力は大きくなり，ガタガタとした振動を与える．
- 車輪が小さくなるほど製造するときの誤差の許容範囲が小さくなる．
- 大きな車輪は，回転に必要な力を小さくするために有効な付加的機構を与えることができる．空気タイヤ，ある種の緩衝装置，車輪の構造全般におけるコンプライアンス[*15]などである．

1.6 車輪論争 II ★★

この問題に取りかかる前に，前節の「車輪論争 I」を先に解いて欲しい．前節では一般に正 n 角形を転がすのに必要な力を求めた．

さて，われわれが「車輪論争」と名付けた歴史上の特異な時期の終わり頃，オーダーメイドの正 n 多角形の車輪の市場が非常に落ち込んだ．製造者は一定の在庫をかかえていたので，新石器人の要請に直接に答える宣伝文句を謳って売り出した．市場において採用され大衆受けした宣伝文句とは，「氷の上で滑らない」ことを保証することであった．

問題 氷と車輪の静止摩擦係数が $\mu = 0.5$ であるとする．正 n 角形の車輪の軸に水平方向の力をかけるとしよう．力の大きさ F をゆっくりと増加させるとき，滑り出さ

[*15] コンプライアンスとは硬さ (弾性率) の逆数で，与えられた荷重に対する変形の容易さである．構造がコンプライアンスをもつとは，応力の再配分が引き起こされ，構造内の最大応力が減少することを意味する．

ないで転がり始めるためには辺の数 n はある値以上でなければならない．n の最小値を求めよ．

解答 この問題の解答は，「車輪論争 I」とほぼ同じ手順で求めることができる．しかし，力の大きさには制限が加えられる．静止摩擦係数は $\mu = 0.5$ であるから重力を mg として，地面に作用する水平方向の力の最大値は，

$$F = \mu mg = \frac{1}{2}mg$$

である．それゆえ滑りが生じないためには，力の大きさは $0 \leq F \leq mg/2$ の範囲に限られる (図 1.27)．

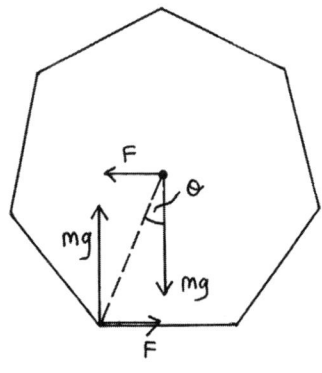

図 **1.27**

前節の結果

$$F = mg \tan\left(\frac{\pi}{n}\right)$$

を使って次の式を得る．

$$\frac{1}{2}mg = mg \tan\left(\frac{\pi}{n}\right)$$

したがって，

$$n = \frac{\pi}{\tan^{-1}(1/2)} \approx 6.78$$

n は整数でなければならないので，$n \geq 7$ である．氷の上で滑らないためには多角形の辺数は少なくとも 7 でなければならない．

1.7 オベリスクを立てる ★★

　エジプト人やアッシリア人，ローマ人はオベリスクの熱烈な愛好者であった．古代エジプトにおいてはファラオ[*16]の指示のもとに，神殿の入口を飾るため何百もの巨大な石材構造物が岩盤から切り出され，陸路や水路で運搬された．オベリスクは太陽崇拝の祭儀と関係していたようだ．多くの学者は，オベリスクは石化した太陽光線を表しており，太陽神ラー (Ra) に捧げられたものと考えている．この神は非常に絶大だったので，あらゆる形態の生命だけでなく，多く神々をも産み出した．ラーは真に崇拝された神である．太陽崇拝の中心地は古代都市ヘリオポリスである．この地にセンウセレト1世はラー・アトゥム神殿を建設した．ラー・アトゥムはラーに同化した神である．センウセレト1世はエジプトの第12王朝の2番目のファラオである．エジプトの歴史は本当にとても複雑だ．ラー・アトゥム神殿の大部分はカイロの繁華街より15m低い所にあるが，そこにセンウセレト1世は高さ21m，重さ120トンの花崗岩のオベリスクを2つ建立した．それが立てられたのは紀元前1950年の頃である．ほとんど4,000年を経たにもかかわらず，これらのオベリスクの1つがもとの位置に立っているということは驚嘆に値する．

　現存する最も大きな古代オベリスクはローマの聖ヨハネ・ラテラノ大聖堂にあるラテラノ・オベリスクである．その高さは37m，重量は450トンと推定されている．ローマ皇帝たちはこれら古代の祈念碑を獲得することに熱中し，特別にあつらえたオベリスク運搬船を使って，たくさんのオベリスクをナイル川上流から広大な地中海を横断してローマまで運んだ．その工学的な業績は素晴らしいものである．

　ローマ人によってエジプトから略奪され，再び垂直に立てられたオベリスクは，精巧な木材の足場を用いて，非常に多数の人と馬を使って再建されたようだ．

　比較的最近の1586年にバチカン市国のサン・ピエトロ広場にオベリスクを建てた工事を記録した版画がいくつかある（図1.28）．この事業には900人と100頭以上の馬がかかわった．この時代には，人の労働力が巻き上げ機をまわす大きな鋼鉄製の「てこ」によって倍増されたので，必要な人馬の数はローマ時代の標準的な数に比べておそらく非常に少なく，古代エジプトのときに比べればさらに少ないだろう．このような精巧な技術がファラオの時代に用いられたという証拠はまったくない．

　エジプトの大部分の石柱や古代[*17]の多くの石柱と同様に，エジプト人がこのような巨大な石柱をどのようにして立てることができたのか，に関してはたくさんの仮説がある．エジプト人は行政的な瑣事を記録することにはたけていたが，残念なことに工学的な方法の記録についてはそれほどでなかった．そしてその記録も大部分は砂漠の砂の中に消失してしまったようだ．しかし，いくつかの手がかりは残っている．古代エジプトにおいて立てられたすべてのオベリスクの基盤の石，すなわち台座の上面には少なくとも深さ10cmの丸みを帯びた溝がある．この溝は台座の1つの辺のすぐ近

---

*16 （訳注）古代エジプト王の称号．
*17 （訳注）西洋史では，古代とは，古代ギリシャ文明の成立から西ローマ帝国滅亡 (476年) まで．

1.7 オベリスクを立てる ★★

図 **1.28**

くにあり，辺に平行に端から端まで刻まれている．これはオベリスクを鉛直に立てるときにオベリスクの基底部の位置を確保するために使われた溝であることはほとんど疑いの余地はない．大勢の人が石材の頂上の枠に結ばれたロープを引いてオベリスクを立てるまで，オベリスクの基底部は「なぜか」(ここでは，「なぜか」といっておく) この溝の位置におさまっていた．

「古代エジプトの力学の問題．パピルスアナスタシア I[*18]．紀元前 1300 年頃」という興味をそそる題名の記事が，宗教の科学に特化した月刊誌 The Open Court の 1912 年 12 月号に掲載された．この記事の筆者バーバー (F. M. Barber) は次のように書き始めている．

> 私が気づいている限りでは，これはこれまでに発見されたパピルスの中で，巨大な記念碑を設置するのに使われた装置や用いられた方法について，たとえ遠回しにでも言及している唯一の古代エジプトのパピルスである．しかし，ここに書かれている記述はとても断片的であり，一見したところでは満足な解答を得るとい

[*18] (訳注) 古代エジプトのパピルス紙に書かれた古文書の 1 つ．

うより好奇心をそそるだけのように思われる.

古代エジプト人にとってオベリスクの重要性とそれを建立するために捧げられた莫大な労力を考えるとき，エジプト人が用いた方法を記録した資料がほとんどないということはちょっとしたミステリー以上の謎である．バーバーは，パピルスアナスタシアIの記述を，11ページにわたって検討している．それは今日までのところ，技術的に最も明確なものであろう．一方，その古文書の目的が論争の的になっている．多くの人は行政上の記録というよりは文学作品であると信じている．とはいえ，巨大なオベリスクの切り出しと運搬に関しては少し詳細な記述がある．

> そこに新しいオベリスクを立てよう．国王閣下の名において彫刻を施し，高さは110キュビット … 基底部の外周は各辺の長さが7キュビット … 汝はそれを運ぶ人足達の首領に我を任命した …

この石材の寸法は高さ59 m，底辺の一辺の長さ3.7 mに相当する．バーバーはその重さを1,400トンと推定した．このオベリスクの石材はアスワンの岩床に接合されたままなので，未完のオベリスクとよばれているが，完成していたら重量は1,200トンはあり，高さ37 m，重さ450トンのラテラノ・オベリスクよりかなり大きく，古代で最大の(未完の)オベリスクである．パピルスには，120個の大型の潜函(ケーソン)の内部に傾いた道路，すなわち傾斜路をつくったと記述されている．このことは，膨大な量の砂に20–30 mほど埋められた台座の上に到るまでオベリスクがこの傾斜路を引っ張り上げられたことを示唆する．パピルスアナスタシアIの最大の手がかりを翻訳すると以下のようである．

> 汝はのたまう，我は赤い山から運んできた国王閣下の巨石とともに，砂を詰めた巨大な箱を必要とする … 主の記念碑を載せている砂の詰まった箱を空にせよ …

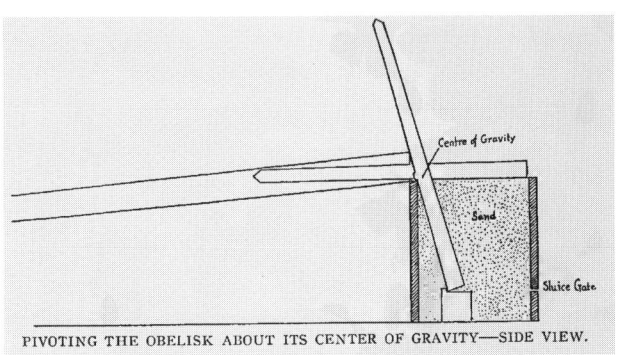

図 **1.29**

1.7 オベリスクを立てる ★★

巨石,すなわち国王閣下を崇敬するためのオベリスクはアスワン (赤い山の意) から運ばれてきて,傾いた道路 (その建設にはおそらく計り知れない費用がかかったであろう) を引きずり上げられ,砂の箱の最上部に載せられる.ここで箱の砂が抜かれる.オベリスクの基底部が降下するとき何千人もの人が所定の位置に来るようにせっせと働いた.これがオベリスク建立の謎を解明する唯一の手がかりである.バーバーは図 1.29 を描いて説明した.

オベリスクは,大きな箱の砂がゆっくりと抜けていくとき質量中心のまわりに回転し,その基底部が台座の溝に向かって降下していく.この作業を首尾よく行う機会は 1 回限りである.何年にも及ぶ作業の末,オベリスクはうまく立てられるか,それとも途中で破壊されるかのいずれかである.バーバーの仮説によれば,オベリスクは鉛直からの傾きが 15 度になるまでこの方法により立てられたとのことである.オベリスクを立てる最後の工程は多人数のチームによってロープでぐいぐいと引くことである.現存する古代エジプトの象形文字文書で工学的方法をいくらかでも詳しく記したものはほとんどない.プトレマイオス XII 世が装飾を施した神殿のレリーフ[*19]が唯一のものである.このレリーフは鉛直から傾いているオベリスクを起こしているファラオを象徴的に描いている.これはとにかく作業の最終工程が行われていることを示唆しているのだとバーバーは主張している.

さてオベリスクを鉛直に立てるための最後の綱引きに必要な人数を,バーバーの方法に従って計算してみよう.

問題 正方形断面のオベリスク (断面積は一様) が鉛直と角度 θ をなすとき,それを起こすのに必要な水平方向の力の最小値 F を計算せよ.ただしオベリスクの質量を m,高さを l,底辺の長さを d とする (図 1.30).

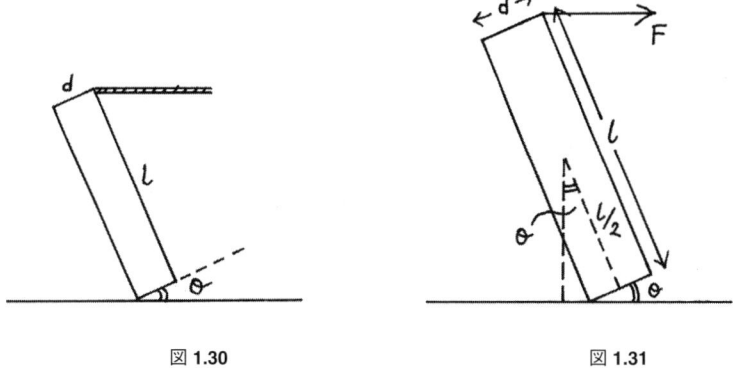

図 1.30　　　　　図 1.31

[*19] Dieter Arnold, 1997, "Building in Egypt: Pharaonic stone masonry," Oxford University Press, ISBN 0195113748.

解答 はじめに与えられた寸法 l, d および傾き角 θ のオベリスクを図に描いてみよう。θ は鉛直からの傾き角であるから，それは底面が水平となす角度でもある (図 1.31)。

オベリスクを起こすのに必要な水平方向の力 F が最小となるのは明らかにオベリスクの頂点に力をかけるときである。力が正確に水平方向であるためには非常に長いロープを使うか，力を適当な方向に向けるための装置が必要である。こうしたことは可能であるとする。オベリスクには全部で 4 つの外力[20]が作用している。

- 重力 mg：質量中心 C に鉛直下方に作用する。
- ロープの張力 F：オベリスクの頂点 D に水平方向に作用する。
- 地面からの垂直抗力 R：地面との接触点 A に鉛直上方に作用する。鉛直方向の力のつり合いからこの力の大きさは mg に等しい。
- 地面との摩擦力：地面との接触点 A に作用する摩擦力は，オベリスクがつり合いの状態にあるとき，ロープの張力 F と大きさは等しく，方向は逆向きである。オベリスクの基底部が台座の回転溝にはまっているならば，摩擦係数の値を気にする必要はない。

さて問題を幾何学的に考察しよう。角度 θ をなすオベリスクが回転に対して安定であるために必要な力 F を求めるには，点 A のまわりの力のモーメントを計算すればよい。図 1.32 を参照して，ロープの張力 F は回転中心 A の上方 $y_1 + y_2$ の距離に作用することがわかる。ここで，$y_1 = l\cos\theta$, $y_2 = d\sin\theta$ である。図 1.33 を参照すれば，点 A から重力 mg の作用線に下ろした垂線の長さは $x_1 = x_3 - x_2$ である。ただし，

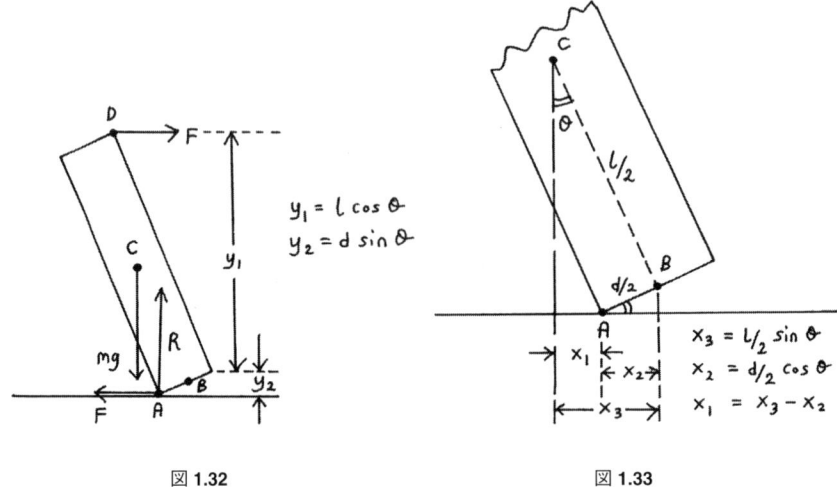

図 1.32 図 1.33

---

[20] 解析を簡単にするために鉛直上方に作用する垂直抗力と摩擦力を分けて考える。これらの力は同一点に作用するので必要なら 1 つの力と見なすこともできる。

$x_3 = (l/2)\sin\theta$, $x_2 = (d/2)\cos\theta$ である．点 A のまわりの力のモーメントのつり合いの式は，
$$mg(x_3 - x_2) = F(y_1 + y_2)$$
である．ここで，
$$x_3 - x_2 = \frac{l}{2}\sin\theta - \frac{d}{2}\cos\theta$$
$$y_1 + y_2 = l\cos\theta + d\sin\theta$$
である．以上の式を組み合わせて次式を得る．
$$F = mg\left[\frac{(l/2)\sin\theta - (d/2)\cos\theta}{l\cos\theta + d\sin\theta}\right] = \frac{mg}{2}\left[\frac{(l/d)\tan\theta - 1}{(l/d) + \tan\theta}\right]$$

答は比較的簡単に求められた．この式が理にかなっているかしらべてみよう．$\theta \to 0$ の特別な場合を考えよう．すでに気づいていると思うが，このときオベリスクの基底部は台座の上にぴったりと載る直前である．このとき必要な力はゼロにならない．実際，必要な力は負である．すなわち，オベリスクを既定の位置に静かにもってくるには反対方向から引っ張らねばならない．このことは回転中心の位置を考えれば当然のことであり，制動用のロープが必要である．$\theta \to 0$ のとき，制動のロープの張力を計算しよう．

次の式が得られる．
$$F_{\theta=0} = -\frac{mgd}{2l}$$

ラテラン・オベリスクを例に考えよう．この場合 $m = 450 \times 10^3$ kg, $l = 37$ m および $d = 2.5$ m である．$g \approx 10$ m/s^2 とすると，$F_{\theta=0} = -1.52 \times 10^5$ N を得る．もし各作業員が 20 kg 重すなわち 200 N の力で引っ張るならば，制動用ロープを保持するためには 760 人が必要である．$\theta = 15°$ からオベリスクを立てるには 2,214 人の作業員を要する (図 1.34)．工学技術においても兵站術[*21]においても偉大なる業績である．もう 1 つの特別の場合は $\theta = \tan^{-1}(d/l) \approx 3.865°$ のときである．この角度にオベリスクを保持するのに力を要しない．このときオベリスクの質量中心は回転中心の真上にある．

古代エジプト人は，彼らの多くの遺産が証明するように信頼のおける会計士であり，兵站術の達人であった．工学技術や会計経理における比較的高度な素養にもかかわらず，彼らの数学的能力は今日の平均的高校生よりまったく進んでいなかったということは興味深い．3,300 年前，オベリスクを運んで立てる事業を遂行するのに必要な人数の計算について，パピルスアナスタシア I の筆記者はほとんどなぞなぞ形式の質問を受けている．かなり実践的な実施経験に頼っていたようである．今日では静力学と代数学の比較的基礎的な概念を使えば，実践的な理解を求めて何年もの歳月をかける

[*21] (訳注) 労働と材料を必要なところに必要なだけ供給する方策．

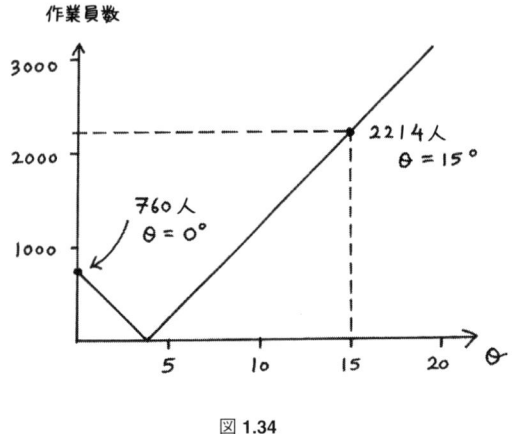

図 1.34

ことなく，どんな状況に対しても精確な計算を行うことができる．パピルスアナスタシア I の筆記者は，現在の高校生が懸案の計算を行うのを見たらおそらく非常に喜んだことだろう．

バーバーはパピルスの文書の中に記述されているオベリスクを砂の箱の上まで引きずり上げるのに 21,600 人が必要であると見積もった．彼の推量によれば，このような人数の実践的な兵站術はほとんど不可能だったはずで，古代エジプト人は巻き上げ機のような技術に頼っていたのではないかと提案した．この考えは魅力的ではあるが，もしこの仮説を受け入れるならば，議論を支持するような証拠がまったく見つけられていないという問題に取り組まなければならないことになる．いずれにしても何らかの謎は残されたままである．私は最後に以下の言葉をバーバーに送ろう．また読者には，やや不十分なオベリスクの歴史の 2 つの見解のどちらに説得力があるか，じっくり考えていただきたい．

重さが 374 トンあるカルナックのオベリスク[*22]を引きずり上げるのに何人が必要か確認するために再度計算を行ってみた．その結果は 5,585 人で，4 本のロープに引き具をつけて各ロープを 2 列で引っ張るとするとその長さは 1,400 フィート (約 427 m) にも及ぶ．パピルスアナスタシア I のオベリスクの場合には 21,600 人が必要で，人の列の長さは 1 マイル (約 1600 m) 以上になるだろう．このような大部隊の人が調子を合わせて引っ張るように訓練することは不可能だろう．それゆえ巻き上げ機が使われたに違いない．水車にバケツをつけて牛を使って動かす揚水機 (sakiya) は巻き上げ機と同じ原理である．ウィルキンソン (Wilkinson) や多くの古代エジプトの研究者達は巻き上げ機が紀元前 527 年のペルシャの侵

[*22] (訳注) ハトシェプスト女王 (紀元前 1473–1458 年在位) の時代のオベリスクで，エジプトに現存するオベリスクの中で一番高い．

攻時にエジプトに入ってきたと考えている．しかしその原理はパピルスアナスタシア I の時代にすでに使われていたに違いないだろう．

1.8 オベリスクを倒す ★★★★

オベリスクの破壊者は，当然ではあるがオベリスクの建立者とは逆の立場にある．彼はすべてのオベリスクを地面に倒すことをもくろむものである．最古のオベリスクを立てた時代と今日の間の 3 千年ないし 4 千年にも及ぶ長い年月の間には，これらの堂々たる記念碑はほとんどすべて倒れた．多くは地震で倒壊したり，紛争の間に故意に破壊されたり，あるいはローマ時代およびもう少し最近の植民地時代には侵略した列強により略奪されたと考えられている．また，いくつかは地域の住民によりひっくり返されたようだ．多くの成果をあげているイギリスの古代エジプト研究者であるアーネスト・アルフレッド・ワリス・バッジ卿 (Sir Ernest Alfred Wallis Budge) は 1920 年代に，ヘリオポリスの崩れ落ちたオベリスク (建てられた 2 本のうちの 1 本は現存している) は，頂上部分に隠されている財宝を探す人々によって故意に倒されたと推測した[*23]．彼の歴史的見解ではもちろん宝物などはなかった．もう 1 本のオベリスクが倒されなかったのはその証拠であるという．

問題 オベリスクの破壊者がオベリスクを倒そうとしている．オベリスクの高さは L で，基底部の幅は L に比べてずっと小さいとする．彼は長さ L の強くて軽く伸びない

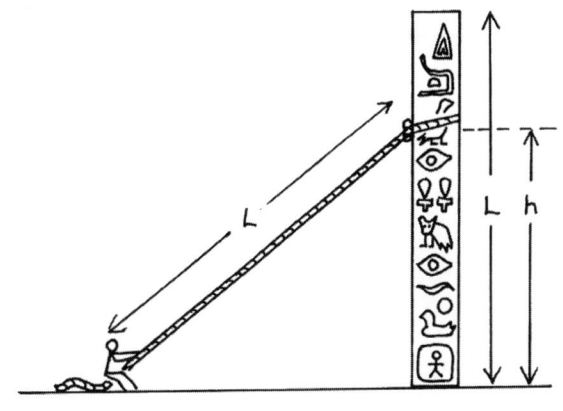

図 **1.35**

[*23] Wallis Budge, E. A., 1926, "Cleopatra's needles and other Egyptian obelisks; a series of descriptions of all the important inscribed obelisks, with hieroglyphic texts, etc," Religious Tract Society (OcoLC) 614632306. (訳注) クレオパトラの針とは，19 世紀にロンドン，パリ，ニューヨークに移され，立てられた 3 つの古代エジプトのオベリスクのことである．

ロープをもっている.ロープの先端部には投げ縄にあるような輪がついている.この部分は長さ L には含めない.彼はオベリスクの基底部から高さ h のところに輪をかけた (図 1.35).輪はこの位置から滑らないとする.オベリスクも人も水平な地面の上に立っており,地面との摩擦係数は等しいとする.オベリスクは人の身長よりもずっと高く,その質量は人よりもずっと大きいとする.オベリスクを首尾よく倒すのに最も都合がよい h の値を求めよ[*24].

解答 オベリスクを建てることについての問題を解いたなら,鉛直からわずかに傾いたオベリスクを正しく鉛直にするためにオベリスクを引っ張るにはとんでもなく大勢の人員が必要であることがわかっただろう.今度はそれとは逆の問題であるが,いささか込み入った事情がある.実際,ヘリオポリスのオベリスクの 1 つは数千年を経た今でももとの位置に立っている.このことは,この構造物をひっくり返すにはどんな力が必要かについての手がかりを与えてくれる.

最初に注意すべきことは,この問題では構造物の底辺の長さが与えられていないこと,および人の質量もオベリスクの質量も与えられていないことである.しかしこれは最適な条件を求める問題なのでまったく差しつかえない.求めるのは h の最適な値である.もちろん h は L に比例する.L はこの問題における長さの基準と見なされる.まずオベリスクをひっくり返すのに最適な高さがある理由をより詳細にしらべてみよう.

もしロープの輪をオベリスクの一番下の基底部に結びつけたなら,すなわち $h/L = 0$ のときはどうなるだろう? ロープが多少傾いていたとしても実質的にはロープを水平に引くことになる.引っ張る力の最大値は地面との間の限界の摩擦力に等しい.破壊者の質量を m とすると垂直抗力は mg なので水平方向に出せる力の限界は μmg である.ここで μ は地面との静止摩擦係数である.この場合には,問題を論じるのにこれらの新しい変数の値を知る必要はない.この件については後ほどさらに議論する.さてオベリスクも水平な地面の上に立っている.その重量は人よりもはるかに重いので,オベリスクと地面との摩擦係数が人と地面との摩擦係数と同じであることを考えると,基底部を水平方向の力で引いてもオベリスクは動かないであろう.

次にロープの輪をオベリスクの頂上に結びつけたら,すなわち $h/L = 1$ ときは,どうなるか考えよう.ロープとオベリスクは同じ長さ L なので,ロープはほとんど鉛直に垂れ下がるだけで,人はせいぜいその体重 mg をかけて,ほぼ鉛直下向きの力をオベリスクに与えるだけである.これではオベリスクを地面によりしっかりと据えつけることになる.オベリスクに力のモーメントを作用させることはほとんどできない.

おそらく以上の 2 つの中間のどこかに,オベリスクをひっくり返す可能性を最大とする h/L の最適値があるだろう.人が出すことができる力の大きさは摩擦係数と人の

[*24] この問題はこの本の大部分の問題と違って条件が詳細に与えられていないことに注意しよう.闇雲に解答を求めようとするのではなく解き方や仮説について議論することが望ましい.h の最適値を求めるにはいろいろな近似や簡単化を行う必要がある.それゆえこれは素直な教科書風の問題ではない.

1.8 オベリスクを倒す ★★★★

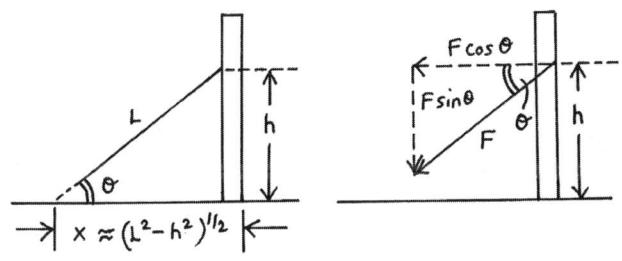

図 **1.36**

重量の双方により制約を受ける．力の大きさはロープの角度に依存しているはずなので，それを求める必要があろう．オベリスクの下端のまわりの力のモーメントを最大にする条件を求めよう．すなわちオベリスクに作用する力の水平方向の成分と力が作用する点の下端からの高さ h との積を最大にすることを考えよう．すでに見たように2つの極端な場合，$h/L = 0$ と $h/L = 1$ の場合には，力のモーメントはゼロである．そこで $0 < h/L < 1$ において力のモーメントがどのように変化するか計算しよう．

最初にロープを引っ張ることによってオベリスクにかかる力を考える．当然のことだが，人にはその反作用の力がかかる．ロープの張力は全長にわたって一定なので，2つの力の大きさは等しく，方向は逆である．ところで人が静的なつり合い状態にあることから力の大きさには限界が生じる．オベリスクに作用する力のモーメントを計算するために，ロープが地面となす角度を新しい変数 θ として導入しよう．定義により $\sin\theta = h/L$ である (図 1.36)．人の背の高さはロープの長さに比べて無視できると仮定する．この種の近似は教科書の問題ではまれであるが，現実世界の計算ではよく行われる．このような近似により気楽に感じることは大事なことではあるが，それはただ経験にもとづいている．またオベリスクは長さに比べて十分に細いものとして扱っている．したがってロープの輪が柱にどのようにかかっているかの詳細について知る必要はない．もちろん，問題をより厳密に設定することによって，あるいは寸法の条件を以下の解析に単に追加するだけで，無視したことを明示的に取り扱うことができる．やってみればわかることだが，細いオベリスクに対する解答は微細な修正を受けるだけである．

さてオベリスクに作用する力のモーメント T を考えよう．前に述べたように T は力の水平方向の成分と高さ h の積であるから，$T = F\cos\theta \cdot h$ と書ける．われわれの課題は T を最大にすることである．

まず人に作用する力を考えよう (図 1.37)．次の4つがある．

- 重力 mg：質量中心に下向きに作用する．
- ロープの張力による力 F：水平から角度 θ だけ上向きに作用する．
- 地面から受ける垂直抗力：地面との接触点に鉛直上方に作用する．鉛直方向の力の

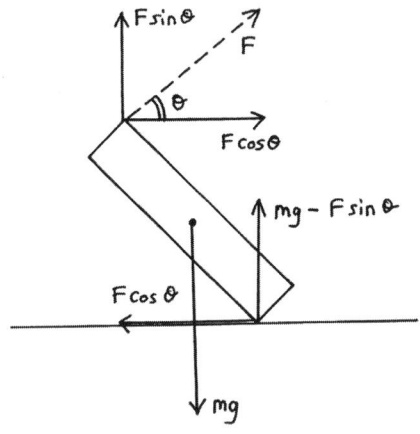

図 1.37

つり合いから垂直抗力の大きさは $(mg - F\sin\theta)$ である.
- 地面との静止摩擦力：地面との接触点に水平に作用する．水平方向の力のつり合いの条件からこの力は，ロープの張力による力の水平方向成分の大きさ $F\cos\theta$ に等しく，力の方向は反対である．静止摩擦力は垂直抗力と静止摩擦係数の積より小さいか，積に等しくなければならない．そうでなければ人は前方に滑り出してしまうからである．この条件は不等式 $F\cos\theta \leq \mu(mg - F\sin\theta)$ によって記述できる．最大摩擦力が作用するとき (すなわち人がまさに滑り出す直前で，静止摩擦力が最大に達しているとき)，等式 $F\cos\theta = \mu(mg - F\sin\theta)$ が成り立つ．この式から F の最大値を表す式を得る．

$$F = \frac{\mu mg}{\mu \sin\theta + \cos\theta}$$

すべての力がわかったので，人がオベリスクに与える最大の力のモーメントを求めるための式を導こう．まず T の式に F を代入すると次式を得る．

$$T = F\cos\theta \cdot h = \frac{\mu mgh}{\mu \tan\theta + 1}$$

T を最大にする h を求めたいので，上の式を h で直接に微分できる形に書き直そう．よく見れば θ と h は相互に関係していることに気がつくだろう．具体的に書くと，

$$\tan\theta \approx \frac{h}{(L^2 - h^2)^{1/2}}$$

である．この式が近似式であるわけは，人の背の高さが 0 でないことによるものであるが，ここでの計算では背の高さは無視している．さて $\tan\theta$ を代入して，T を h の

関数 $T = f(h)$ の形に表すことができる．

$$T = f(h) \approx \frac{\mu mgh(L^2 - h^2)^{1/2}}{\mu h + (L^2 - h^2)^{1/2}}$$

これで T は直接 h の関数として表せた．他の記号 (μ, m, g, および L) は定数である．最大値を求めるために T を h で微分する．最大値は $dT/dh = 0$ より求めることができる．合成関数の微分公式を使えば，ちょっと長い代数計算が必要だが，微分は容易に実行でき，次の結果を得る．

$$\frac{dT}{dh} \approx \frac{\mu mg(X - h^2/X)}{X + \mu h} - \frac{\mu mghX(\mu - h/X)}{(X + \mu h)^2}$$

ただし $X = (L^2 - h^2)^{1/2}$ である．ここで式を手際よく書くために各項に共通なグループを新しい変数 (ここでは X) で置き換えた．このような置き換えはこの種の問題ではよく使われる．こうすることによって間違いを犯す機会が少なくなり，代数計算が速くできる．学位レベルの研究においても，数式の中に共通なグループがしばしば現れるのにもかかわらず，与えられた変数を使うことに固執している学生が多いことには驚かされる．なおこのような置き換えをしたときに陥りやすい間違いを指摘しておこう．それは X は h の関数 $X = f(h)$ であるということである．このことはさらにもう 1 回微分するときに思い出さねばならない．

$dT/dh = 0$ を満たす h の値を求めよう．条件式 $dT/dh = 0$ を整理して次式を得る．

$$X - \frac{h^2}{X} = \frac{hX(\mu - h/X)}{X + \mu h}$$

これより次の式を得る．

$$X^3 = h^3 \mu$$

ここで $X = (L^2 - h^2)^{1/2}$ であるので，最大の力のモーメントの条件は次式となる．

$$h = \frac{L}{(\mu^{2/3} + 1)^{1/2}}$$

h の μ に対する依存性はとても興味深い．もし $\mu = 1$ であるならば，

$$h = \frac{L}{\sqrt{2}}$$

となる．幾何学的考察から $\theta = 45°$ あるいは $\pi/4$ である．この結果はオベリスクをひっくり返そうとする連中には覚えるのが嬉しいほどに簡単である．ただし，これはロープの長さがオベリスクと同じ場合にだけ成り立つことに注意しよう．

興味深いので，力のモーメントが最大の条件の下で，$\mu = 1$ の場合に人が引く力の大きさを求めてみよう．力のモーメント T の式に $\mu = 1$ を代入して次式を得る．

$$T = \frac{mgh}{2}$$

力のモーメント T と F の関係は $T = F\cos\theta \cdot h$ であるから,

$$F = \frac{T}{\cos\theta \cdot h} = \frac{mg}{\sqrt{2}}$$

である.したがって最大の力のモーメントの条件の下では,人がすべり出す寸前に出すことができる力は体重の $1/\sqrt{2}$ 倍である.

より進んだ議論

　人を大きさのない物体と考え,それにすべての力が作用している図を描いて課題を手際よく処理したために,抜け落ちた微妙な問題がある.もしそれに気づいているなら,些細な細部にまで気がつく頭の鋭い読者である.気がつかないとしてもまったく恥じるには及ばない.この「より進んだ議論」により,今後このような問題の側面を検討することに興味がそそられるであろう.与えられた問題 (オベリスクを倒すのに最も適当な高さ h を求めること) は,詳細な条件を付けずに出題された.課題はオベリスクに作用する力のモーメントを最大にすることであると見極める必要があった.また与えられた摩擦係数のもとで人が滑ることなくロープを引っ張るとき,力の水平方向成分には最大値があること,およびこの最大値はロープのなす角度に依存することを理解する必要があった.問題は θ が増加するとき,ロープの張力が同じなら人が地面から受ける垂直抗力が減少することである.これまで検討していなかったことは,$h = L/\sqrt{2}$, $\theta = 45°$ の解は,人が回転に対して平衡状態にあることを保証するかということである.この問題を考えよう.

　上述の解答では人に作用する力について水平方向と垂直方向のつり合いを考えたが,力のモーメントについては考えてなかった.そこで人に作用する力のモーメントを考えよう.人を一様な棒で近似し,足先を A,質量中心を C,頭頂を B とする.平均的な人の質量分布を考えると質量中心は A と B の中点としてよいだろう.そこで AC = CB = $l/2$ とする.回転に対するつり合いを考えているので,ロープの張力による力 F と重力による力 mg のみを考える.地面との接触点 P は回転中心なので P に作用する力は考慮しなくてよい.人が回転に対してつり合いにあるとき,水平となす角度を β とする.β を求めて実際につり合い状態にあるか検証してみよう.作用する力を図 1.38 に示す.

　人が回転に対してつり合い状態にあるとすれば (このとき角加速度はゼロである),点 P のまわりの力のモーメントの総和はゼロである.長さ AP は AC に比べて十分に小さい (すなわち AP≪AC) として,点 P のまわりの力のモーメントのつり合いから,

$$mg\frac{l}{2}\cos\beta \approx Fl\cos\left(\frac{\pi}{4} + \beta\right)$$

を得る.オベリスクに作用する力のモーメントが最大となるとき,人が引く力の大きさは $F = mg/\sqrt{2}$ であるから次の式を得る.

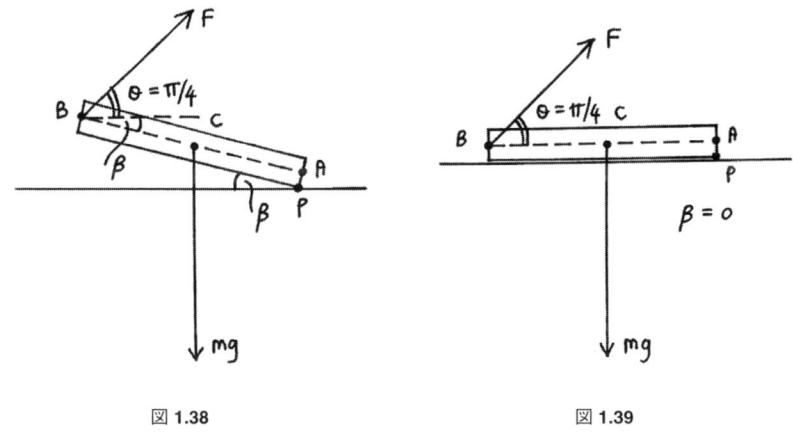

図 1.38 図 1.39

$$\cos\beta \approx \sqrt{2}\cos\left(\frac{\pi}{4}+\beta\right)$$

この条件は $\beta \approx 0$ のとき満たされる．このことは人が地面に平行になるまで身を横にした限界を意味する．$\beta \to 0$ のときの力を図 1.39 に示そう．図から $\theta = \pi/4$ および $F = mg/\sqrt{2}$ のとき点 A のまわりの力のモーメントが 0 であることは明らかであろう．もし明らかでないというなら上の解答をもう一度点検して欲しい．

以上から，人は引っ張られて転ばされることなしにオベリスクに最大の力のモーメントを与える力を出すことができると結論できる．最大の力のモーメントは，人を前方に転ばせようとする力および地面との接触点における摩擦力によって決められる．

1.9 地獄の谷 ★★★

映画『モンティ・パイソン・アンド・ホーリー・グレイル』[*25] の有名な場面に，アーサー王に導かれた 4 人の騎士が霧の中，鎖帷子や剣をガチャガチャと鳴らしながら非常に険しい崖を苦労して進んでいる場面がある．前方には小さな渓谷にかかった荒れ果てた綱の橋があり，老人の番人がこの橋を警護している．一行がこの「死の橋」にたどり着いたときロビン卿が叫んだ．「こりゃ大変だ．」

ロビン卿がこんな橋に取り乱したのは，彼らがこれから「これまで誰も渡ったことのない」永劫の地獄の谷をまさに渡ろうとしていたからである．生き残る見込みははじめからかなり低い．アーサー王は，橋を渡ることを望むものが橋を渡るには，橋の番人から課せられる 3 つの質問に答えなくてはならないことを説明した．まだ少し不安

[*25] (訳注) イギリスの代表的なコメディグループであるモンティ・パイソンによる低予算で制作され，1974 年に公開されたコメディ映画．イギリスのアーサー王伝説をもとにしたパロディ作品である．

だったロビン卿は，もし質問に正しく答えられなかったらどうなるのか尋ねた．アーサー王は単刀直入に「そのときは永劫の地獄の谷に投げ入れられるのだ」と言い放った．ロビン卿は少し青ざめたように見えた．無理もない．彼は，結局は地獄の谷に投げ入れられた2人の騎士の1人であったのだ．さてアーサー王の番になった．橋の番人が質問をした．「つばめが飛ぶときの飛行速度はいくらか？」

このとき，アーサー王はちょっと困惑した．間違いなくいろいろな種類のツバメの正確な速度を思い出そうと努めていた．結局，アーサー王は「どういう意味だ．アフリカツバメか，それともヨーロッパツバメか？」と返答した．番人は，アーサー王の質問に答えられなかったので，谷に投げ入れられた．結局アーサー王と4人の騎士のうち，はじめの1人が橋をわたり，次の2人は投げ入れられ，アーサー王と1人の騎士が残った．残った騎士がアーサー王に，どうしてそんなにツバメについてよく知っているのかと尋ねた．アーサー王は答えた．「王たるものは，これしきのことは知らなくてはならないのだ」

アーサー王は時代に先んじていたようだ．この科学の大いなる疑問が解明されはじめたのはようやく2001年であった．この問題を最初に解明したのはスウェーデンのルンド大学の動物生態学部のパーク博士であった．彼はツバメで風洞実験を行った[*26]．

> ルンド大学の風洞内を飛行する2羽のツバメ (Hirundo rustica[*27]) を同期可能な高速度カメラで撮影し，羽ばたいて水平に飛行する鳥の尾部，腹部，側面を観察した．

その後，テイラー博士がオックスフォード大学で理論的に発展させた[*28]．私はテイラー博士と一緒に何回か昼食をともにしたので，彼の研究について多少は知っている．最近になって彼が，最適ストローハル数[*29]で飛行する動物の飛行特性の研究にもとづいてアフリカツバメとヨーロッパツバメの対気速度の理論計算をしていることを知った．ツバメの対気速度はどちらのツバメも約 $8.9\,\mathrm{m/s}$ であった．

私が当時のパイソンに触発されたのでないことは確かであるが，以下の問題があの素晴らしい場面のスケッチ画にどの程度直接的に由来するかは，今となってはわからない．でも以下の問題を与えられた学生は皆楽しんだようである．比較的単純な数学で十分議論することができるからである．出題に当たって，この問題は静力学のまともな問題であり，狼と山羊とキャベツの川渡りパズル[*30]のようなトリックなどはない

[*26] Park, K. J., Rosén, M., Hedenström, A., 2001, "Flight kinematics of the barn swallow (Hirundo rustica) over a wide range of speeds in a wind tunnel," The Journal of Experimental Biology, **204**, pp. 2741–2750.

[*27] (訳注) Hirundo rustica は納屋などに巣をつくる米国・欧州産の一般的なツバメの学名．

[*28] Taylor, G. K., Nudds, R. L., Thomas, A. L. R., 2003, "Flying and swimming animals cruise at a Strouhal number tuned for high power efficiency," Nature **425**, pp. 707–711

[*29] ストローハル数とは流体中の物体の渦放出周波数を記述する無次元の量である．

[*30] 輸送問題，いわゆる川渡りパズルはよくある論理パズルの中でも最も古いもので，9世紀ないしそれ以前にまでさかのぼることができる．最もよく知られた例は，狼と山羊とキャベツの問題で

ことを断っておく．以下に問題を与えよう．

問題 2人の人 (質量はともに m) が幅 w の谷間の両側にいる．それぞれの人は長さ l，質量 $5m$ の木材の柱をもっている (図 1.40)．一方の人がこの谷間を渡って 2 人が同じ側に立つことができるとする．谷間の幅の最大値を求めよ．

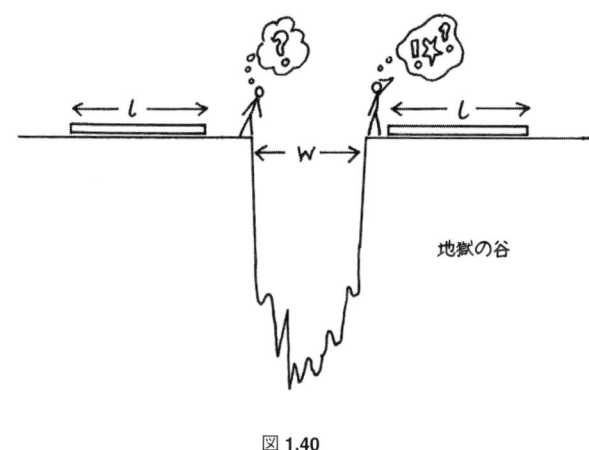

図 1.40

解答 この問題の暗黙裏の約束ごとについてはいろいろな解釈がありうるが，ここでは最も単純な，したがって最も好まれる解答を与えよう．次の「より進んだ議論」ではいくつかの込み入った事情のある場合を検討する．

問題を 2 つの部分に分けて考えよう (図 1.41)．右側の人が左側の人のところへ行くと仮定する．

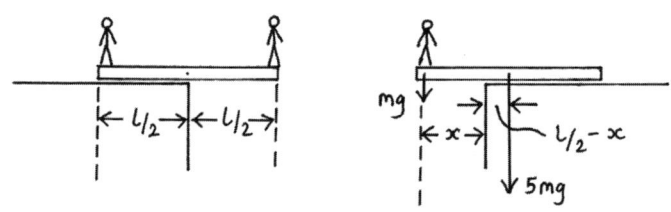

図 1.41

ある．これまでに目にしたことがあるかと思うが，おおよそ次のようである．ひとりの農夫が狼と山羊とキャベツとともに川を渡らなければならない．彼の舟は彼とともに狼，山羊，キャベツのどれかひとつしか運べない．もし山羊とキャベツを一緒に残すと，山羊はキャベツを食べてしまう．もし狼と山羊を一緒に残すと狼は山羊を食べてしまう．農夫はどのようにすれば狼と山羊とキャベツを安全に川を渡すことができるか？

まず右側の人を考えよう．彼は柱を左側へ向けて，先端に彼が載ったときに体重を支えることができる最大距離まで突き出す．この距離を x とする．谷間の縁のまわりの力のモーメントのつり合いから x を計算しよう．2 つの力がある．1 つは人の体重 mg，もう 1 つは柱の重さ $5mg$ である．柱がつり合い状態にあるとき，時計まわりの力のモーメントと反時計回りの力のモーメントは等しい．力のモーメントのつり合いの式は次式となる．

$$mgx = \left(\frac{l}{2} - x\right)5mg$$

すなわち

$$x = \frac{5l}{12}$$

である．次に左側の人と柱を考えよう．右側の人が左側の柱の先端に乗り移ったときに，他端に左側の人が載ってつり合いの状態にあればよい．対称性から柱は谷間の上に $l/2$ だけ突き出されていることになる．

したがって人が渡ることができる谷間の最大の幅は $w = (l/2) + (5l/12) = (11/12)l$ である．

より進んだ議論

この問題を考案したとき，学生の幾人かはより難解な解き方を提案し，この「より進んだ議論」に入るようなたくさんの別解を見いだすのではないかと少々心配した．でも実際にはその必要なかったようだ．この問題をかなり多くの学生に出したが，上述の解と異なる解を提出したのは 1 人だけだった．この結果にほっとした．一般に問題は，以下に提示するような特別な条件を導入することなく，最も単純明快なやり方で解くのがよいだろう．しかし以下の 2 つの別解は楽しめるだろう．問題にちょっとした条件を与えた興味深い例である．もともとの言葉遣いの意味でも許容される変形であろう．

- 柱の一端を他方の柱の先端に載せられる場合 (図 1.42)：もし柱の一端を他方の柱の先端に載せることができるならば (組立てのことを考えると重なり部分に継ぎ手

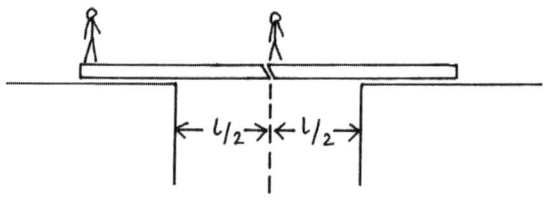

図 **1.42**

が必要である)，渡ることができる谷間の最大幅は $w = l$ であることは明らかであろう．右側の人が谷間の右縁からの先端に向けて距離 $x = 0$ から $x = l/2$ まで移動するとき，左側の柱の，谷間の左縁のまわりの力のモーメントは 0 から $mgl/2$ まで直線的に増加するが，左側の人により，左側の柱は力のモーメントのつり合い状態を実現できる．

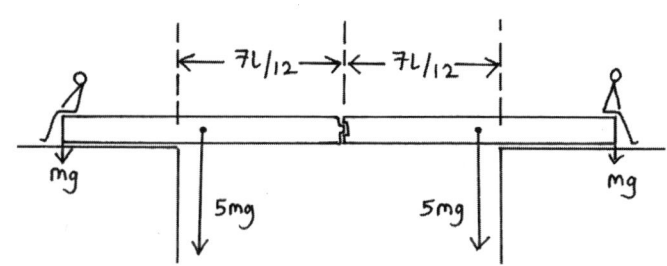

図 **1.43**

- 柱が硬く接合可能な場合 (図 1.43)：次に 2 つの柱を硬く接合でき，荷重に耐えられると仮定しよう．この場合には谷間の最大幅は $w = (14/12)l$ となる．この答を導くには谷間の各側において縁のまわりの力のモーメントを考えて，柱がひっくり返ることなく (静的なつり合いのもとに) 谷間の上に突き出せる最大距離を求めればよい．柱の反対側の端に人が乗ってつり合いをとることを考えると，柱を突き出せる最大距離は $(7/12)l$ である．

2 動力学と衝突

　この章では動力学と衝突を考察する．われわれは衝突現象を，相互作用する物体の速度，衝突中に物体に作用する力，衝突前後の物体のエネルギーを通して考える．最も簡単なのは，正面衝突すなわち 1 次元の衝突である．2 次元および 3 次元衝突の場合，数学はそれほど複雑ではないが方程式を解くときに，ベクトルの成分 (x, y, z 成分または極座標の場合はそれに対応した成分) を考慮する必要がある．2, 3 次元衝突でも基本的な原理は，1 次元衝突と同じである．

　動力学と衝突における問題を解くためには，いくつかの基本的な概念とそれらを表す方程式を理解しておく必要がある．ここでは，これらの概念を詳しく述べることはしない．読者は問題を解く際に，それらの方程式を書き下すことができるはずである．もし基本的な方程式を正しく理解していれば，後は自然に結果を得ることができる．ここで，動力学の問題に現れるいくつかの概念とそこで使用される記号について述べておこう．読者がこれらに馴染みがなければ，問題を解く前に適当な教科書を参照して欲しい．

- **速度**：相互作用する物体を考えるとき，相互作用する前後の速度に注目することが必要である．以下，これらの速度を表記する記号として，たとえば，相互作用前の速度を $\boldsymbol{v}_1, \boldsymbol{v}_2$，相互作用後の速度を $\boldsymbol{v}'_1, \boldsymbol{v}'_2$ とし，これに対応する速さを v_1, v_2, v'_1, v'_2 とする．一般にダッシュの記号 ($'$) を相互作用後の状態を示すのに使用する．以下，ベクトル量は太字で表す．

- **エネルギー**：物体の運動エネルギーは $E_\mathrm{K} = \frac{1}{2}mv^2$ (証明を参照[*1]) と与えられる．

[*1] 運動エネルギーの公式を証明する問題は，通常あたり前と考えている方程式を，学生に「より深く」考えさせるためにしばしば用いられる．粒子に与えられる仕事の増加分 dW は，粒子に作用する力 $\boldsymbol{F}$ と力の方向の変位 $d\boldsymbol{s}$ の積で定義される．一般に積分を用いて，$W = \int_{s_1}^{s_2} \boldsymbol{F} \cdot d\boldsymbol{s}$ と書ける．ここで $\boldsymbol{F}$ と $\boldsymbol{s}$ の内積を用いた．一方向の問題，たとえば x 方向の力と変位だけであれば，仕事は $W = \int_{x_1}^{x_2} F_x dx$ となる．質量 m の粒子の加速度 a_x と力 F_x は，運動方程式 $ma_x = F_x$ により関係づけられる．したがって，$W = \int_{x_1}^{x_2} ma_x dx$ と書ける．加速度 a_x は，速度 v_x により $a_x = dv_x/dt$ と定義される．よって，

$$W = \int_{x_1}^{x_2} m\frac{dv_x}{dt}dx = \int_{x_1}^{x_2} m\frac{dv_x}{dx} \cdot \frac{dx}{dt}dx = \int_{x_1}^{x_2} m\frac{dv_x}{dx}v_x dx = \int_{v_1}^{v_2} mv_x dv_x$$

と変形できる．ここで積分変数は速度に変換され，積分の上下限も速度に変換された．積分を実行すると，

$$W = \frac{1}{2}mv_2^2 - \frac{1}{2}mv_1^2$$

となる．ここで，運動エネルギーを $\frac{1}{2}mv^2$ と定義することにより，仕事と運動エネルギーの関

- **運動量**：物体の運動量は $\bm{p} = m\bm{v}$ で与えられる．速度はベクトル量なので，運動量もベクトル量でなければならない．運動量保存則によれば，すべての衝突において，弾性・非弾性衝突のどちらも運動量は保存される．運動量保存則は，2体に対して，

$$m_1\bm{v}_1 + m_2\bm{v}_2 = m_1\bm{v}'_1 + m_2\bm{v}'_2$$
$$\bm{p}_1 + \bm{p}_2 = \bm{p}'_1 + \bm{p}'_2$$

と書ける．
- **弾性および非弾性衝突**：弾性衝突では，物体の全エネルギーは保存される．衝突前後のエネルギーの和は等しい．非弾性衝突ではエネルギーは失われる．「失われる」とは，エネルギーが，有用性の高い運動エネルギーという形態から，有用性の低い熱エネルギーという形態に変換されることを意味する[*2]．2体の衝突に対しては次の不等式が成り立つ．

$$m_1 v_1^2 + m_2 v_2^2 \geq m_1 v'^2_1 + m_2 v'^2_2$$

ここで等号は弾性衝突について成り立つ．
- **反発係数**：反発係数 e は衝突後の相対的速さと衝突前の相対的速さの比として定義される．すなわち，

$$e = \frac{衝突後の相対的速さ}{衝突前の相対的速さ} = \frac{|\bm{v}'_1 - \bm{v}'_2|}{|\bm{v}_1 - \bm{v}_2|}$$

となる．ここで一般的に $0 \leq e \leq 1$ である．弾性衝突では $e = 1$，完全非弾性衝突では $e = 0$ である．この章で，後に弾性衝突でエネルギー損失がゼロということは $e = 1$ ということと同等であることを示す．または蓄えられたエネルギーが放出される場合の衝突では $e > 1$ もありうる[*3]．
- **力積と力**：ニュートンの第2法則によれば，物体に作用する力は物体の運動量の変化率に比例する．したがって $\bm{F} = d\bm{p}/dt$ と書ける．ここで $\bm{p} = m\bm{v}$ である．これは以下のように書ける．

$$\bm{F} = m\frac{d\bm{v}}{dt} + \frac{dm}{dt}\bm{v} = m\bm{a} \quad \left(\frac{dm}{dt} = 0\right)$$

力により物体に作用する力積は，力の時間による積分で定義される．力積 $\bm{I}$ は，

$$\bm{I} = \int_t^{t'} \bm{F} dt = \int_{\bm{p}}^{\bm{p}'} d\bm{p} = \bm{p}' - \bm{p}$$

係式が導かれる．
[*2] エネルギーの有用性の1つの尺度は，他の形態のエネルギーへの変換の「容易さ」である．運動エネルギーは容易に熱に変換されるが，熱はたやすく運動エネルギーには変換されない．
[*3] 超弾性衝突，すなわち蓄えられたエネルギーが放出される場合の衝突では，$e > 1$ もありうる．

となる．積分している時間の間，力が一定であれば，

$$I = F\Delta t = \Delta p = p' - p$$

となる．物体の運動量にある変化を与えるには (たとえば，その物体を静止させるには)，一定の力積が必要である．そのような力積を与えるために必要な力はその力が作用する時間間隔に依存する．もしわれわれがコンクリートの床の上に倒れると，その衝突の結果，床の上に速やかに静止する．作用する力は大きく，痛みを伴うことになる．われわれが弾性のある床の上に倒れると，われわれはゆっくりと静止し，力の最大値は小さくなる[*4]．どちらの場合も全体の力積は同じである．

- **座標系**：ガリレイの相対性原理によれば，ニュートンの法則はすべての慣性系において適用できる．慣性系は加速度がゼロである系である．どのような速度をもつ慣性系でも，運動量保存則とエネルギー保存則は同じように適用できる．1632年，ガリレイは静かな海の上を帆走する船中での観測者の例を考えた．ガリレイの相対性原理によれば，観測者は実験を行うとき，船が一定の速さであるか，静止しているかを判定できないであろう．すべての実用上の目的に対しては，この記述は正しい．しかし，われわれは地球の表面が慣性系ではないことに注意しておく必要がある．地球はその軸のまわりに自転し，太陽のまわりに公転している．太陽は銀河系の中心軸のまわりを回転しているなど．今後われわれはこれらの小さい2次的な非慣性効果を無視することにしよう．

観測者が静止している実験室系に加えて，もう1つの特別な座標系が存在する．以下の計算でこれらを適宜用いるが，どちらを使っても同じ結果を与える．これらの座標系は以下の座標系である．

- **1つの物体が静止している系**：この座標系では方程式が簡単化される．
- **重心座標系**：この系では，運動量の保存則により衝突の前後で運動量はゼロのままである．この座標系は特別な性質をもっている．すなわち，弾性衝突では物体は衝突前と同じ速さで (ただし，速度の向きは変化する) 跳ね返る．

2.1 滑車 ★

多くの学生がこの (特別なトリックがないという意味で) 素直な問題を，意外と難しいと考えるようだ．

問題　5 kg と 10 kg の質量の物体を伸縮しない軽いロープで摩擦のない軽い滑車に掛ける (図 2.1)．系は静止していて，ある瞬間に静止状態から動き出す．次の問に答えよ．

[*4] 弾性のある，変形可能な物体間の衝突では圧力の最大値は小さくなる．力はより大きな表面の領域に分散する傾向があるからである．

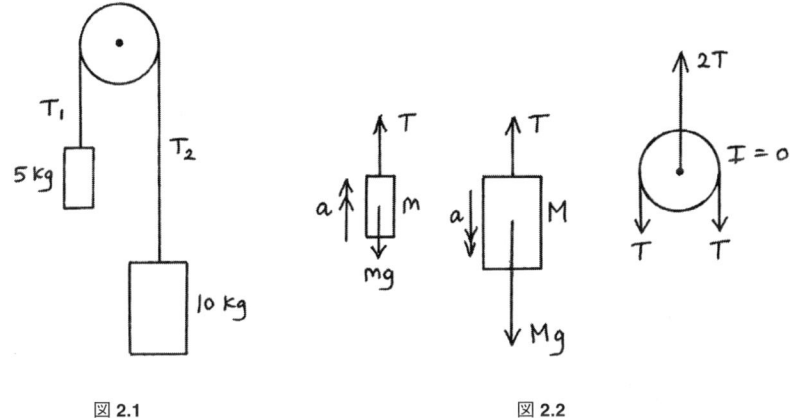

図 2.1　　　　　　　図 2.2

(1) 張力 T_1 と T_2 は等しいか?
(2) 滑車を支える力の大きさはいくらか? またその方向はどちら向きか?

解答　2 つの問題を順に考えよう.
(1) 答は簡単で，張力 T_1 と T_2 は等しい．ロープと滑車は軽く，質量をもたず，慣性をもたない[*5]．また，ロープは伸縮せず，エネルギーを蓄えることもできない．もしロープの一端を引っ張れば，力はただちに他端に伝達される．
(2) まず，すべての物体に作用する力を図に描こう (図 2.2)．小さい物体の質量を m, 大きい物体の質量を M とする．(1) より，ロープに作用する張力はどこでも等しいのでその値を T とする．質量 m の物体を考えよう．力は上向きに作用し，この物体の加速度を上向きに a とすると，運動方程式は，

$$ma = T - mg$$

質量 M の物体に対して力は下向きに作用し，この物体の加速度は下向きで a となり，運動方程式は，

$$Ma = Mg - T$$

辺々加えれば，

$$(M+m)a = (M-m)g \qquad \therefore \quad a = \frac{M-m}{M+m}g$$

[*5] 質量は並進運動の慣性を表す尺度である．一方，滑車の慣性モーメントは，回転の慣性を表す尺度であり，$I = \sum mr^2$, すなわち質量に回転中心からの距離の 2 乗をかけたものの和として定義される．

となる．数値 ($m = 5\,\mathrm{kg}$, $M = 10\,\mathrm{kg}$) を代入すれば，$a = (1/3)g$ となる．張力は，$T = (20/3)g$ であり，滑車を支える力は上向きで，その大きさは $2T = (40/3)g$ となる．$g \approx 10\,\mathrm{m/s^2}$ だから 133 N である．

　滑車が回転せず，そしてロープが滑車の上を滑らず，2 つの物体が動かない場合，滑車にかかる上向きの力は，2 つの物体を支える上向きの力に等しく $15g$ であり，約 150 N である．2 つの物体が動く本問の場合，この系 (2 つの物体および滑車[*6]からなる) の重心が下方へ加速度運動するため，滑車の車軸に作用する力は減少する．

2.2　光速博士の弾性テニス試合 ★★

　「光速」博士と「もたもた」教授が弾性テニス試合をしている (図 2.3)．遠目では上手なテニス選手どうしの普通のテニス試合に見える．一見上手に見えるのは，使用しているボールとラケットがとも完全に弾性的だからである．この試合は，光速博士がつねに勝つという点で，無駄な儀式のように見える．幸いなことに，この試合はきゅうりのサンドイッチが出される前に，ごく短いセットだけで終わり，2 人は数学的な議論を始めた．

　「君の返球はとても速くてすごい．このボールの速さは，ラケットへの衝突前のボールの速さとスイングの速さの合計より大きいように見えるが，それはありえない」ともたもた教授が言った．光速博士はしばし困惑した後で，「教授，あなたのいうことは間違いです．弾性テニスでは，これらの合計より速くボールは私のラケットから飛び出す」と答える．彼らは試合にもどるがまた光速博士が勝つ．

　その後，次のサンドイッチが出された．2 人は静かに座ってサンドイッチを黙々と食べていたが，もたもた教授はついに口を開いた．「私にはわからない．君がどうしてそんなに速く打ち返せるのか説明してくれ」と．

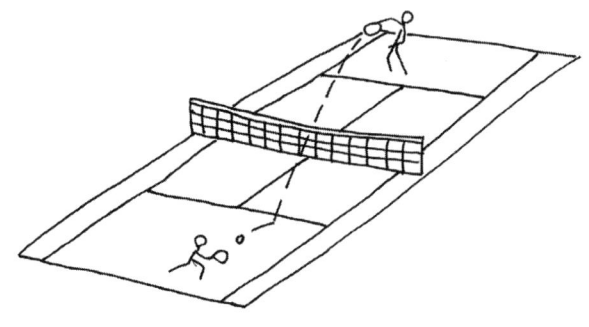

図 **2.3**

---

　*6　この場合は，滑車は慣性モーメントをもたないことを注意しておこう．

2.2 光速博士の弾性テニス試合 ★★

問題 弾性テニス (ボールとラケットが完全に弾性的な場合のテニス) において，ボールとラケットの質量をいろいろ変えたとき，返球の速さの最大値を，始状態のボールの速さと (ラケットの) スウィングの速さで表せ．

解答 最初に，この問題に対して力ずくで解く方法，すなわち標準的な方法をとることにする．すなわち，通常の座標系 (テニスコートに固定された座標系) で運動量とエネルギーの方程式を解くことにしよう．その後，重心座標系を用いた，よりエレガントな別の解答を考えよう．

通常の座標系において，弾性的ボール，弾性的ラケットの衝突前の速度をそれぞれ v_1, v_2，衝突後の速度をそれぞれ v_1', v_2' とする (図 2.4)．

右向きの速度を正，左向きの速度を負とする．ボールとラケットの質量を m_1, m_2 とすれば，運動量保存則は以下のように書ける．

$$m_1 v_1 + m_2 v_2 = m_1 v_1' + m_2 v_2'$$

または，

$$v_1 + r v_2 = v_1' + r v_2'$$

ここで，$r = m_2/m_1$ である．完全弾性衝突では，

$$e = -\frac{v_1' - v_2'}{v_1 - v_2} = 1 \quad \therefore \quad v_1 - v_2 = v_2' - v_1'$$

である．v_2' を消去して，

$$v_1' = \frac{v_1(1-r) + 2rv_2}{1+r}$$

v_1 を正 (ボールは右に動く)，v_2 を負 (ラケットは左に動く) として，まず，次の 2 つの極限 $\lim_{r \to 0} v_1'$, $\lim_{r \to \infty} v_1'$ を考察する．次に一般的に r が変化するとき，v_1' が極小となる可能性をしらべよう．

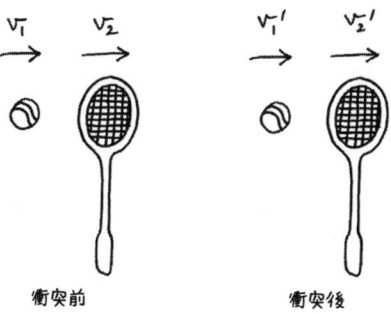

図 2.4

- $\lim_{r \to 0} v_1'$: このとき、$\lim_{r \to 0} v_1' = v_1$ となり、m_1 は m_2 に比べて重く、ボールは衝突後も妨げられずに、そのまま運動を続けることがわかる.
- $\lim_{r \to \infty} v_1'$: このとき、$\lim_{r \to \infty} v_1' = 2v_2 - v_1 < 0$ となり、m_2 は m_1 に比べて重く、ラケットは衝突後も妨げられずに、そのまま運動を続ける[*7]. 小さい質量の物体 (ボール) は、ボールからまったく影響を受けない大きな質量の物体 (ラケット) から跳ね返る.
- r に関して極小となる可能性について考えよう. そのためには v_1' を r で微分して次式を得る.

$$\frac{dv_1'}{dr} = \frac{2(v_2 - v_1)}{(1+r)^2}$$

$v_1 > 0$ かつ $v_2 < 0$ であるから $v_2 - v_1 < 0$ となる. 有限な質量 m_1 と m_2 に対して、r は ∞ になれないから、有限な r に対して、v_1' には極小も極大も存在しない.

2つの極限を考慮し、かつ極小も極大も存在しないことを示したから、この問題の解は $\lim_{r \to \infty} v_1' = 2v_2 - v_1$ であることがわかる. ここで $v_1 > 0$ かつ $v_2 < 0$ を思い出せば、返球の速さ $|v_1'|$ の最大値は、ボールの速さとラケットの速さの2倍の和であることがわかる. すなわち,

$$|v_1'| = 2|v_2| + |v_1|$$

光速博士は正しい. 弾性テニスでは、弾性ボールはボールの速さとラケットの速さの和より速い速さでラケットから打ち出されることはありうる[*8]. 当然、もたもた教授は、ボールをすばやく打ち返すための努力をすることになる.

エレガントな解法

今度は重心座標系による解法を考えよう.

われわれは跳ね返るボールの最大の速さに興味がある. これはどのような慣性系で考えても、ボールの速度の変化が最大である場合に起こる. 弾性ラケットが静止している座標系で考えよう. 弾性衝突において、ボールの速度の最大の変化は衝突中のラケットの速度の変化がゼロに近づくとき起こるのは明白である. この条件は、ラケットの質量がボールの質量より十分大きい ($m_2 \gg m_1$) 場合に起こる. この議論の正しさを理解するために、いくつかの例をラケットとともに運動する座標系で考えてみよ

[*7] これを示すためには、問題の対称性 (すなわち、この解析で1と2を入れ替えれば何が起こるか) を考えればよい. または直接 v_2' に対して解くことになる.

[*8] 個々のショットでは、実際のボールやラケットの重量に依存するが、このようなことが起こりうる (後出のさらなる議論を参照).

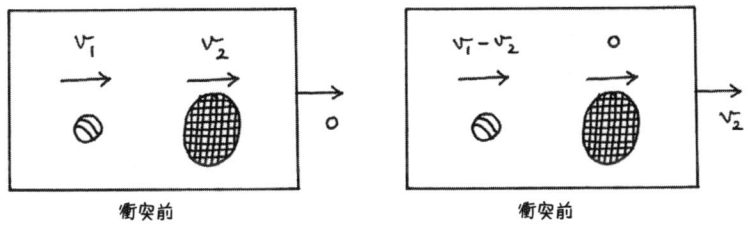

図 2.5

う*9．これとは別に，より一般的な場合 (m_1 と m_2 が同程度の質量の場合*10) は，後の議論で解くことにする．

　計算は任意の慣性系で行うことができる．$m_2 \gg m_1$ とすると，ラケットは衝突の際に速度変化をしないから，ラケットが静止した座標系 (以下，ラケット座標系と略称する) で考えよう．この座標系は速度 v_2 で動いている．このとき，ボールとラケットの重心の速度はラケットの速度に等しく，ラケット座標系は重心座標系である．通常の座標系におけるボールとラケットの速度をそれぞれ v_1, v_2 とする．これらはラケット座標系では $v_1 - v_2$ および 0 となる．衝突前の 2 つの座標系 (通常の座標系とラケット座標系) の速度と，それぞれの座標系でのボールとラケットの速度を図 2.5 に示す．

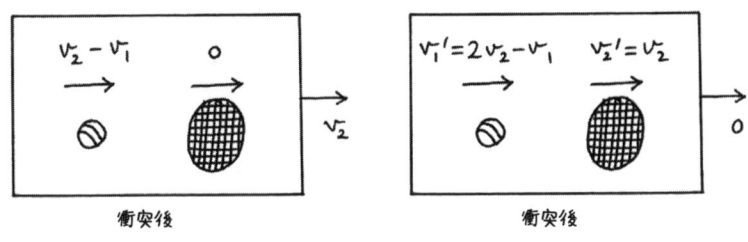

図 2.6

---

*9　宇宙ステーションの中で 1 つのスーパーボール (非常に弾性的な玩具のボール) と厚さが様々な多くの鋼鉄製の固い板が浮遊している状況を想像してみよう．このスーパーボールを浮いてかつ静止している板に投げてみる．もし板が十分重ければ，ボールは板に到達したときの速さと同じ速さで跳ね返る．これは固い床の上でボールが跳ね返るのと似た状況である．板を軽くすればボールはよりゆっくりと跳ね返る．板がボールより軽くなれば，板はボールが進むのを止められず，ボールは戻って来ない．

*10　数の大きさの程度とは，その数の 10 のべき乗で表される大きさのことであり，2 つの数の大きさを近似的に比較するときに用いられる．したがって，数 a の大きさの程度は，$\log_{10} a$ に最も近い整数 n を用いて 10^n のことである．2 つの数 a と b が同程度の大きさをもつとき，それを $a \sim b$ と表す．

ラケット座標系での衝突を考えると，$e = 1$, $m_2 \gg m_1$ のとき，ボールの速度は反転する．ボールの速度は衝突前は $v_1 - v_2$ であるが，衝突後は $v_2 - v_1$ となる．衝突後のラケットの速度は変化せずゼロである．ここでラケット座標 v_2 の速度を加えて通常の座標系へ戻る．そうすると，衝突後のボールとラケットの速度は $v_1' = 2v_2 - v_1$, $v_2' = v_2$ となる (図 2.6)．

この方法によれば，より簡潔に同じ結果を得ることができる．重心系の使用は，解析を進める上で有力な手法である．

実際のテニス ★★★

驚くなかれ，テニスに関する物理の学術論文は多い．特にボールとラケットの相互作用やボール表面と空気の相互作用に関するものが多い[*11]．

いずれの場合も，反発係数は当然同じような数値であり，衝突時の速度の関数である．後者はテニスボールの変形を決める．この変形によって，衝突時のエネルギーが失われる．反発係数は低速 $(10\,\mathrm{m/s})$ のときの $e \approx 0.7$ と高速 $(45\,\mathrm{m/s})$ のときの $e \approx 0.4$ の間で変動する．

これらを現実的な数値を用いて再考してみよう．跳ね返る直前のボールの速度は $v_1 = 20\,\mathrm{m/s}$, 非常に速いフォアハンドラケットの速度は $v_2 = -40\,\mathrm{m/s}$ であろう．典型的なボールの質量は $m_1 = 60\,\mathrm{g}$, 同じく典型的なラケットの質量は $m_2 = 300\,\mathrm{g}$ である．反発係数を $e = 1/2$ と仮定しよう．

コートに固定した座標系 (以下コート座標系と略称) に対して速度 V で運動する重心座標系に移ろう．この重心座標系における衝突直前のボールとラケットの速度はそれぞれ $u_1 = v_1 - V$ および $u_2 = v_2 - V$ である．重心の定義より，この座標系では運動量はゼロである．すなわち，$m_1 u_1 + m_2 u_2 = 0$ である．したがって，

$$m_1(v_1 - V) + m_2(v_2 - V) = 0$$

ゆえに，

$$V = \frac{m_1 v_1 + m_2 v_2}{m_1 + m_2} = -30\,\mathrm{m/s}$$

である．これより $u_1 = 50\,\mathrm{m/s}$ および $u_2 = -10\,\mathrm{m/s}$ となる．重心座標系では $u_2 - u_1 = -60\,\mathrm{m/s}$ である．重心系での衝突直後のボールとラケットの速度を u_1', u_2' とする．衝突後の相対速度は，

$$u_2' - u_1' = -0.5(u_2 - u_1) = 30\,\mathrm{m/s}$$

[*11] より詳細な議論については以下を参照．Miller, S., 2006, "Modern tennis rackets, balls, and surfaces," British Journal of Sports Medicine, May 2006, **40** (5) pp. 401–405 , doi : 10.1136/bjsm.2005.023283; Brody, H., 1997, "The physics of tennis—III—The ball–racket interaction," American Journal of Physics **65**, pp. 981–987.

と与えられる．重心座標系においては，衝突後の運動量はゼロでなければならない．すなわち，$m_1 u_1' + m_2 u_2' = 0$ である．これらの条件を満たす解として，$u_1' = -25\,\mathrm{m/s}$，および $u_2' = 5\,\mathrm{m/s}$ を得る．重心系から通常のコート座標系に移るには，重心系の速度を加える必要がある．コート座標系のボールとラケットの衝突後の速度は $v_1' = u_1' + V = -55\,\mathrm{m/s}$，および $v_2' = u_2' + V = -25\,\mathrm{m/s}$ となる．

この実際のテニスの場合，衝突前のラケットの速さが $40\,\mathrm{m/s}$，ボールの速さが $20\,\mathrm{m/s}$ の場合に対して得られるボールの速さは $55\,\mathrm{m/s}$ に達する．

完全に弾性的な衝突においては衝突後のボールの速さは $80\,\mathrm{m/s}$，ラケットの速さは $20\,\mathrm{m/s}$ になる．

最近数年間に記録されたテニスのサーブは着実に速くなっている．2010 年には，時速 140 マイル (約 $225\,\mathrm{km/h}$) を超える速さが記録された．2012 年には，韓国でのテニスの試合でオーストラリアのテニス選手サミュエル・グロス (Samuel Groth) による打球が時速 163.4 マイル (約 $263\,\mathrm{km/h}$) を記録した．しかし，これは世界で最速のボールスポーツであるバスク・ペロタほどではない．ペロタとは，曲げた小枝でできた篭を用いて山羊の皮でできた小さなボールをスカッシュのように壁に打つスポーツである．ペロタ競技のボールの速度として，時速 188 マイル (約 $303\,\mathrm{km/h}$) が記録されている．

2.3　加速されるマッチ箱 ★★★

問題　高さが h で一様な密度のマッチ箱が，摩擦のあるテーブル上の端に立てて置かれている (図 2.7)．これを初期加速度 a で水平に動かしたい．マッチ箱を立てたまま動かすには，マッチ箱が指で押された点のテーブルからの高さ y の値はいくらでなければならないか？ ただし，マッチ箱の幅は十分に薄く無視できるとし，また，マッチ箱とテーブルの間の静止摩擦係数と動摩擦係数はほぼ等しく，その値は μ とする[*12]．

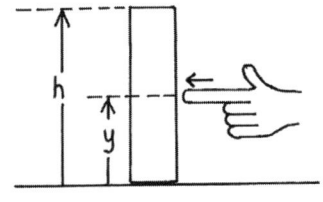

図 **2.7**

[*12] (訳注) 静力学では，静止摩擦係数を μ として |静止摩擦力| $\leq \mu R$ (R はマッチ箱にテーブルから作用する垂直抗力の大きさ) であり，物体が滑り始める極限での摩擦は，|最大摩擦力| $= \mu R$ となる．一方，物体が滑り出すと，動摩擦係数を μ' として大きさ $\mu' R$ の動摩擦力がはたらくが，多くの場合 $\mu' < \mu$ であり，動摩擦力は最大摩擦力 μR より小さい．そのため，滑り出した

48　2　動力学と衝突

解答　これは多くの高校生が取り組む問題としては退屈に見える問題の1つかもしれない．多くの学校で扱う問題では，力を分析し，ある物体を静的に平衡な状態を保つのに必要な力を見つけることが求められる．ある与えられた幾何学的配置の中にしばしば1つの解が存在する．この例ではマッチ箱は滑るが倒れずに動くのに必要な y の値は a の値に依存する．これをわかりやすく示すために，問題を解く前に極限の場合を考えてみよう．もしわれわれの直観が正しければ，チェックするのに以下で導く解を使うことができる．

- **場合 1** (ゼロよりわずかに大きい加速度 $a = 0 + \delta a$)：このような小さな加速度を与えるには，マッチ箱の底を水平にできるだけ静かにマッチ箱が滑り出すまで押せばよいだろう (図 2.8a)．もしこれが正しいと思えないとしても，マッチ箱の中心や上をそっと押すのは確かにうまく行かないことには同意するであろう．これでは，マッチ箱を倒してしまうことは明らかである (図 2.8b)．

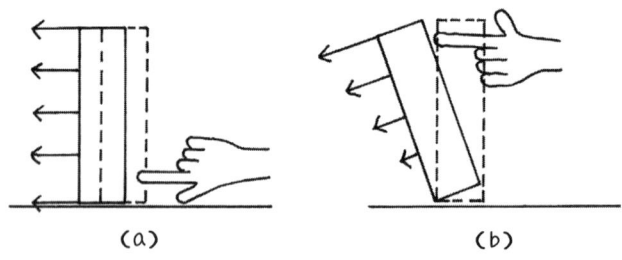

図 2.8

- **場合 2** (無限大へ増大しつつある加速度 $a \to \infty$)：このためには非常に大きな力，すなわちマッチ箱を空気銃で撃つような大きな力が必要である．倒れるのを阻止するためにはマッチ箱の重心にこの大きな力を作用させるのが妥当である (図 2.9a)．空気銃をマッチ箱の最下部または最上部に向かって撃つとしてみよう (図 2.9b)．弾丸はマッチ箱を貫通するときに急激な力積を与える．どちらの場合もマッチ箱は空中に回転しながら打ち出されるだろう．これは，卓球のボールをスライスで打つようなものである．回転させないようにするには，両方とも間違いであると直観的にわかるだろう．

ここでこの問題を形式的に解くことでわれわれの直観をテストしてみよう．すぐわかるように，これはまったく簡明である．すでにいままでに考えてきた静力学の多くの問題と同じように解けばよい．過去に出題された多くの問題を見ることは，大学入試

直後のマッチ箱の初期加速度の大きさをあまり小さくすることはできないが，本問では $\mu' \approx \mu$ と見なして小さな加速度 δa を与えることはできると見なす．そうすると，マッチ箱の底面と平面の間の摩擦力は，最大摩擦力と動摩擦力を区別することなく μR と書くことができる．

2.3 加速されるマッチ箱 ★★★

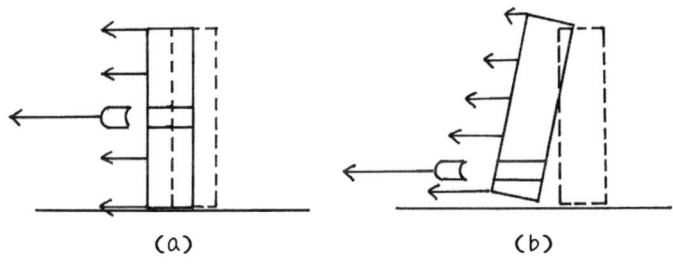

図 2.9

前の学生を困惑させるだろう．これは平均的な学生の能力とは関係はない．むしろ標準的な問題に対して紋切型の解答が求められることが多く，高校生に対して原理の基本的理解を問う問題が少なすぎる結果である．

いつものように，マッチ箱に作用する力を見つけ，明示することから始める (図 2.10)．

- マッチ箱の重心から下向きに作用する重力 mg (m はマッチ箱の質量)
- 接点で鉛直上向きに垂直抗力 R：鉛直方向の力はつり合っていなければならない．すなわち，$R = mg$.
- 水平方向にはたらく力 F：高さ y で作用して，加速度 a の運動を引き起こす．
- 平面との摩擦力 μR：水平方向かつ平面との接点において駆動力 F と反対方向に作用する．

水平方向の加速度 a を実現するためには，水平方向の合力 F_{net} が必要であり，マッチ箱の運動方程式は，

$$ma = F_{\text{net}} = F - \mu mg$$

となる．箱が倒れないで滑るためには，重心のまわりの力のモーメントがゼロであることが必要である．摩擦力と駆動力のみを考えれば，

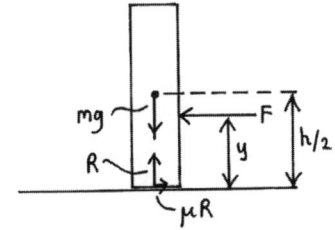

図 2.10

$$\mu m g \frac{h}{2} = \left(\frac{h}{2} - y\right) F$$

この 2 つの方程式から F を消去すれば y に対する次式を得る[*13].

$$\frac{y}{h} = \frac{1}{2\left(1 + \dfrac{g}{a}\mu\right)}$$

これはわれわれが期待した形：$y/h = f(\mu, g/a)$ での簡潔な答である[*14]．われわれが導出した解が直観的な答えと一致するかを見てみよう．

- 場合 1 (ゼロよりわずかに大きい加速度 $a = 0 + \delta a$): 導出された表式は $y \to 0$ を与える．すなわち，できるだけマッチ箱の底に近い所を押すか，引くことになる．これはわれわれの直観と一致する．
- 場合 2 (無限大へ増大しつつある加速度 $a \to \infty$): 導出された表式は $y \to h/2$ を与える．これは質量中心を押すか，引くことになる．われわれの直観と一致する．

期待したように，実際の物体のふるまいに関するわれわれの直観は，理想的な状況の中で導出された結果とよく一致している．

2.4 鴨氏の最後のフライト ★★

2007 年 1 月の中頃，われわれは EU の会議から帰る途中にフランスピレネーにあるポー (Pau) 空港のレストランで 2, 3 人の同僚と一緒にいんげん豆添えのステーキを食べていた．ただし，ステーキはフランス風で，イギリスより薄手のものだった．2 日間のフランス滞在中にこれが出されたのが 3 度目だったのでよく覚えている．それは奇妙な偶然の一致だったのか，あるいは EU 委員会の意図なのか，おそらく英仏友好協定以来繰り返されているのであろう．寒いが快晴で光が降り注いでいた．われわれは食事をしながら飛行機の離陸を眺めていた．私は滑走路に多くの鳥が群がっているのに気がつき，「驚いたよ．こんなに鳥が群がっているなんて．鳥を追い払う何らかのシステムがあると思っていたけど」と言った．それからわれわれは空港当局側の鳥

[*13] (訳注) マッチ箱の幅を考えると，加速度が a のとき，とりうる高さ y に，ある程度の幅が生じる．

[*14] $y/h, \mu$ および g/a はすべて無次元量であり，われわれはこの結果を予期していた．物理的な系は無次元量間の関係により簡潔に記述される．これらの無次元量は有次元変数の無次元群とよばれる．この場合は，問題のスケールを (すなわち h の値) を特定する必要はない．したがって g の値についても同様である．系の挙動は 3 つの比，$y/h, \mu$ および g/a により決定される．これらは高さの比 (幾何学的相似条件)，および 2 つの力の比 (動力学的相似条件) であると考えられる．問題を無次元群の間の関係に帰着させる手法は有力な方法であり，多くの大学とくに工学分野での初年級で教えられる．

対策を推測したが，結局，鳥は騒音をたてる飛行機から単に逃れているだけで，当面の問題にはしていない，との結論に達した．1週間もたたないうちに昼食をともにしたロールスロイス社の同僚から以下の記事[*15]が電子メールで送られてきた．

> ポー空港で，飛行機がオーバーランした際に車に衝突し，トラックの運転手が死亡したという．調査団が調査内容を公開したところによると，エールフランスの子会社レジョナル・ヨーロッパ航空のフォッカー100が昨日，ポー空港での離陸の際に滑走路をオーバーラン．近くの道路で作業していた車に衝突し，作業車の運転手が死亡した．

これはもっと悲惨な事故になる可能性があったが，奇跡的に乗客と乗務員は何ら怪我はなかった．フランスの航空当局の調査が行われ，2007年4月18日に予備報告書が提出された．

> この事故は以下の原因により機体の制御が失われたことによる．すなわち，途中の寄港地における天候に対する十分な対策の欠如から翼の表面へ氷が付着したこと，および鳥の飛行に対して反射的に急に方向転換をしたことである．

報告にはよくあるように，調査官は原因をいくつか挙げている．しかしながら，その中に鳥が重要な原因の1つになっていたのに驚きはしなかった．あれ以来，ポー空港を使ったことはないが，この群れる鳥の問題はすでに解決されていることを願う．

　鳥と航空機の衝突によって毎年大きな損害が生じている．中央科学試験所(英国サンドハットンに本部がある)の鳥衝突対策チームのジョン・アーラン(John Allan)によれば，鳥と民間航空機の衝突による危険回避に要する費用は12億米ドルに達している[*16]．鳥との衝突によって年間平均して10件の事故が起きている．これは重大な問題である．多くの鳥との衝突は離着陸の際，地上から数千フィート(約1,000 m)以内で飛行が比較的遅い場合に起こっている．しかし，それ以外でもわれわれはこの鳥の問題から完全に安全ではない．現在の記録では飛行機が象牙海岸上で大型のシロエリハゲワシと衝突したのは高度37,100フィート(約11,300 m)であった[*17]．時速600マイル(約970 km/h)で飛行中の航空機との衝突の痕跡から，なぜ衝突した鳥の種類を正確に決定できるのか，不思議に思うかもしれない．飛行機からスナージ(鳥が飛行機のエンジンに吸い込まれた結果の残留物．冗談ではない)を集めることが行われ

[*15] Stuart Todd による記事：26 Jan.2007 に www.flightglobal.com により，オンラインで公表された．

[*16] Allan, J. R., Orosz, A. P., 2001, "The costs of birdstrikes to commercial aviation," Bird Strike Committee Proceedings 2001, Bird Strike Committee—USA/Canada, Third Joint Annual Meeting, Calgary.

[*17] Laybourne, R. C., 1974, "Collision between a vulture and an aircraft at an altitude of 37,000 feet," The Wilson Bulletin (Wilson Ornithological Society) **86** (4), pp. 461–462, ISSN0043-5643.

ていて，それを DNA 分析にかけるのである[*18]．

さて，航空機と鴨の話をしよう．シャルル・ドゴール空港から離陸するボーイング 747 のコックピットの中にいるとする．正面衝突しそうな羽のある物体が突然現れたのに副操縦士が驚き，「機長，鴨です」と言った．飛行機が大きいにもかかわらず，かなり大きな衝撃があった．機長はフランス人特有の飾り気のないウィットで「ああ，鴨が死んだ」と言った．彼らは事故を報告し，周回して戻り，損害をしらべるために緊急着陸する．当然，機首に大きな赤い凹みができていた．そのために飛行機は地上にとどまることになる．

事故後にパイロット用のラウンジで副操縦士はいんげん豆添えステーキを食べながら，鴨が正面から近づいてきたのは不運だったと言った．彼によれば，鴨が機体に向かって飛んできたことにより相対速度が増し，その結果平均の衝撃力は鴨が機体に直角に飛行してきた場合より大きくなり，状況はさらに悪化する．「君はわかっていないね」と機長が言った．彼によれば直角の飛行の場合，相対速度が小さくなっても，衝突の時間が短くなるのでより大きい衝撃力になるという．

問題 時速 180 マイル (約 290 km/h) で飛んでいる飛行機と毎時 20 マイル (約 32 km/h) で飛んでいる鴨との衝突を考えよう (図 2.11)．鴨は正面衝突では 50 cm の長さをもち，直角の場合は 20 cm の幅 (羽は無視する) をもつとする．鴨の質量を 1 kg として，正面衝突の場合と直角の衝突の場合の衝撃力を評価せよ．

解答 まず，速さを国際単位に変換する．時速 1 マイルは約 1.6 km/h であり，それは $(1{,}600/3{,}600)$ m/s である．正面衝突の場合，鴨の機体に対する相対速度 v_r は時速

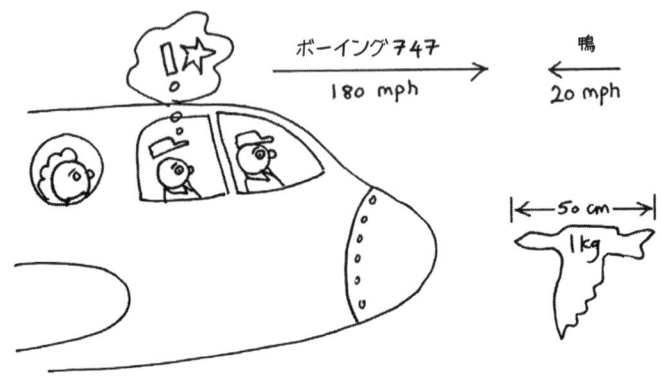

図 **2.11**

[*18] Dove, C. J., Heacker, M., Weigt, L., 2006, "DNA identification of birdstrike remains—progress report," Bird Strike Committee—USA/ Canada, Eighth Annual Meeting, St. Louis.

200 マイル (約 88.9 m/s) である．大きな物体である機体に固定した座標系で考えるのが便利である．

鴨を飛行機の機首[*19]に静止させると，鴨の運動量は，

$$\Delta p = m\Delta v = mv_r$$

だけ変化する[*20]．ここで m は鴨の質量である．ニュートンの第2法則 (運動方程式) によれば，

$$F = \frac{dp}{dt}, \qquad \text{したがって} \qquad F_{av} = \frac{\Delta p}{\Delta t}$$

となる．ここで，F_{av} は衝突時間 Δt の間に鴨に作用する平均の力である．これより次式を得る．

$$F_{av} = \frac{mv_r}{\Delta t}$$

ここで衝撃が続く時間 Δt を知る必要がある．1つの物体が他の物体に対して「ぺしゃんこ」になるような高速衝突では，Δt は物体の長さを衝撃時の相対速度で割ればよい．すなわち，

$$\Delta t = \frac{L}{v_r}$$

ここで L は鴨の長さである．したがって，

$$F_{av} = \frac{mv_r^2}{L}$$

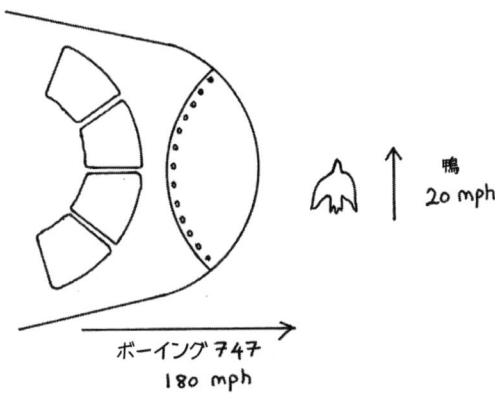

図 **2.12**

[*19] 機体に固定した座標系で．
[*20] 必要な運動量変化を力積 I とよぶ．ここで，$I = \int_{t_1}^{t_2} F dt = F_{av}(t_2 - t_1) = F_{av}\Delta t = \Delta p$．

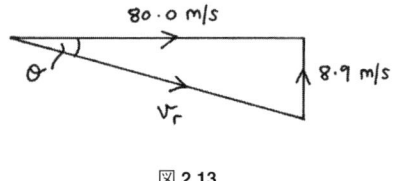

図 2.13

となる．$m = 1.0\,\mathrm{kg}$ および $v_\mathrm{r} = 88.9\,\mathrm{m/s}$，正面衝突での $L = 0.5\,\mathrm{m}$ を用いて，$F_\mathrm{av} \approx 15.8\,\mathrm{kN}$ を得る．この力は質量 1.6 トンの重さである．

直角衝突の場合を考えよう (図 2.12)．機体と鴨の速度の三角形を考えることにより相対速度を計算する．機体の速度は毎時 180 マイル，ほぼ $80.0\,\mathrm{m/s}$ である．鴨の速度は毎時 20 マイル，約 $8.9\,\mathrm{m/s}$ である．したがって，相対速度は，角度 $\theta = \tan^{-1}(8.9/80) = 6.3°$ だけ機首の方向からずれる (図 2.13)．

$m = 1.0\,\mathrm{kg}$，$v_\mathrm{r} = 80.5\,\mathrm{m/s}$，および直角衝突での $L = 0.2\,\mathrm{m}$ を用いれば，$F_\mathrm{av} = mv_\mathrm{r}^2/L \approx 32.4\,\mathrm{kN}$ となる．これは質量 3.2 トンの重さに等しい．

機長が言ったことは正しい．直角方向の衝突は，相対速度は小さくても衝突時間が短いことにより平均の衝撃力は，より大きなものとなる．ここで用いた数値によれば正面衝突の 2 倍になる．

2.5 水動力によるケーブルカー ★

「現代の科学技術があれば水力によるケーブルカーがきっとできます．付近の川の流れだけをエネルギー源として，それが実現することを考えてみて下さい」と発明家が思慮深げに言った．

ラッダイト[*21]は，「それは実現不能としか思えない．どんな車両であっても重量は非常に大きくなる」と答えた．発明家は，「もし同荷重の車両があり，それらが互いにほぼつり合っていれば，摩擦による抵抗を解決するだけでいいのです．適切に潤滑油を使って軌道をつくれば，抵抗は無視できるほど小さくなります」と言って，ナプキンの上に彼の考えをスケッチした (図 2.14)．

問題 図 2.15 のように，ケーブルの両端に質量 M と $M + m$ の車両が取り付けられ，ともに水平面と角度 θ をなす斜面上に置かれているとしよう．この系の加速度 a

---

*21 ラッダイト (Luddite) という名称はネッド・ラッド (Ned Ludd) に因む．ネッド・ラッドはレスターシャ(Leicestershire) 出身の労働者で，産業革命の時代における製造機器の発展によって実直な労働者は仕事を奪われると考えた．1811 年から 1817 年の間に労働者たちは職人の仕事が失われると考えて，機械を破壊する暴動を起こした．それに先だって，1779 年にネッド・ラッドは 2 台の靴下製造機を破壊したといわれている．これが機械に反対する人々の様々な行動の始まりであった．現在はこの名称は，特に技術や産業の変革に反対する人の呼称として使われている．

2.5 水動力によるケーブルカー ★   55

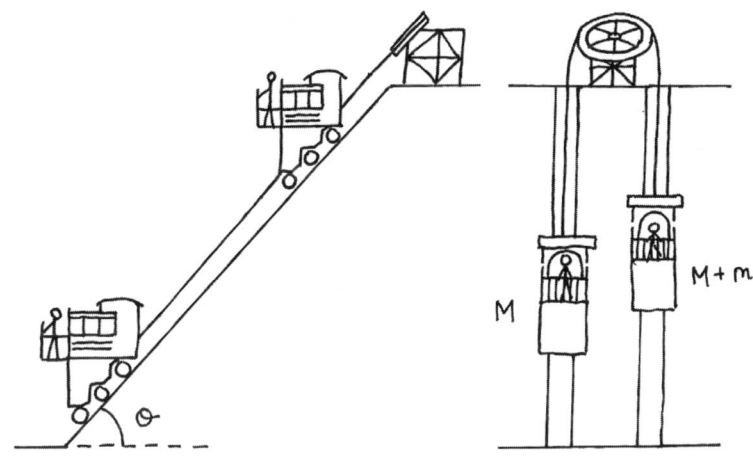

図 2.14

とケーブルの張力 T はいくらか？ ケーブルは伸縮せず，その質量は無視できる．また，系の摩擦はすべて無視する．

解答　これは傾斜板上に置かれたアトウッドの装置の簡単な例である．アトウッドの装置は多くの高校の物理のシラバス中にいろいろな形で現れ，いままで私が何年にもわたって耳にしてきた多くの人気のある問題の基礎となっている．先日，この形式の問題を学生に出したときも学生の出来は良かった．

アトウッドの装置は古典力学の原理を説明するためにアトウッド師により開発された．それは 5 つの軽い真鍮の滑車と，それらに伸縮のない糸によりつるされたおもりからなっていて，これらの組合せにより，おもりが加速度運動をする．アトウッドの

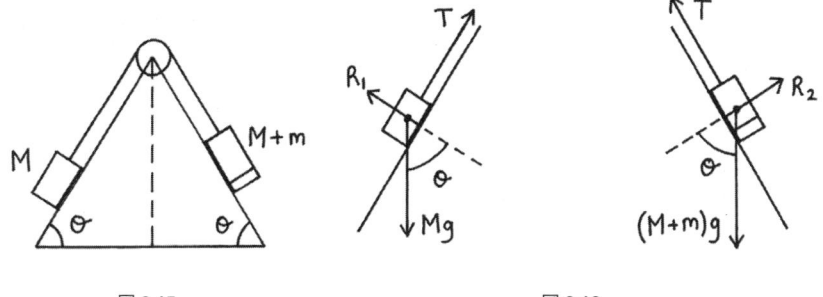

図 2.15　　　　　　　　　　　図 2.16

著書[*22]には，計時装置を用いることにより加速度の決定を行う多くの実証実験が記述されている．それらの多くの結果は，ただちに直観的に理解可能ということではないが，200年にわたって教室内で採用されてきた．残念なことに，多くの学校の物理教室ではそのような細心の注意を要する実験を行うことができず，目的のある実証実験というよりは，一種の思考実験[*23]として採用されてきた．私は物理学の学位をとっているが，アトウッドの装置は実際に見たことはない！

問題を考えてみよう（図 2.16）．2つの車両に作用する力は，

- 重力 Mg および $(M+m)g$：これらは垂直下向きに作用する．
- 抗力 R_1 および R_2：これらは摩擦のない斜面に垂直に作用する[*24]．
- ケーブルの張力 T：これは斜面に沿って作用する．

車両は斜面に接触しているとする．斜面に垂直な方向のつり合いは，

$$Mg\cos\theta = R_1$$

および，

$$(M+m)g\cos\theta = R_2$$

ここではこの問題を解くのに必要ではないが，完璧を期して以下のことを注意しておこう．われわれは斜面に平行な力に関心をもっているが，それらの力は図 2.17 のような簡明な形式に表すことができる．

ここでケーブルに内部張力があることに注意しよう．もしこの系が2つの物体からなっていると考えても，この段階では表だって張力を考える必要はない．2つの物体の合計の質量を考慮することによって，この系はさらに簡単化される（図 2.18）．系の加速度を決定する事は簡単である．運動方程式は[*25]，

$$(2M+m)a = mg\sin\theta$$

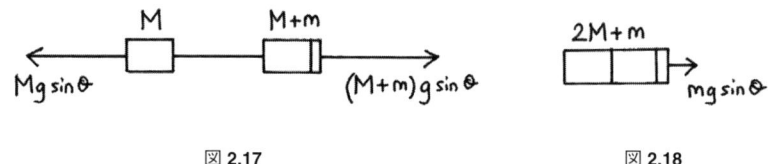

図 2.17　　　　　　　　　　　　　図 2.18

[*22] Atwood, G., 1784,"A treatise on the rectilinear motion and rotation of bodies; with a description of original experiments relative to the subject," printed by J. Archdeacon, Printer to the University of Cambridge.

[*23] 思考実験とは議論の筋道を考える手法である．仮想的な方法によって議論が提示され，実験はその論理的な帰結と考えられる．

[*24] 読者がより難しい問題を解きたければ，摩擦を考慮に入れて解くことを薦める．自分自身で問題を設定し，それは通常より難問となるが，解くことは良い練習となるであろう．

[*25] 明らかなことだが，この考え方は系のすべての部分が同じ加速度をもつときにのみ有効である．そうでなければ，系に作用するすべての力が系の重心の加速度を決定するだけである．

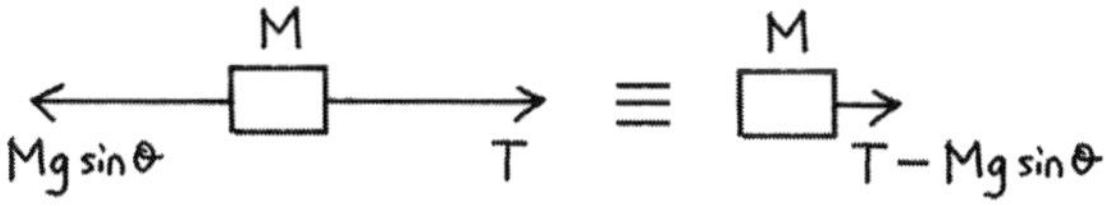

$$\xleftarrow{Mg\sin\theta} \boxed{M} \xrightarrow{T} \equiv \boxed{M} \xrightarrow{T - Mg\sin\theta}$$

図 2.19

したがって，系の加速度は，
$$a = \frac{mg\sin\theta}{2M + m}$$
と与えられる．斜面に沿って，質量 M の物体は上向きに加速され，質量 $M + m$ の物体は下向きに加速される．解の形は予期した通りである．加速度は合力に比例し，系の全質量に反比例する．驚くにはあたらない．

ケーブルの張力についてはどうか？ これを決定するのは，どちらかの物体を加速するのに必要な張力について考えることにより可能である．質量 M の物体に作用する斜面に沿った力は，下向きに $Mg\sin\theta$，上向きに張力 T である．したがって，合成された力は $T - Mg\sin\theta$ である (図 2.19)．この力が物体 M の上向きの加速度 a を決定する．物体 M の運動方程式に $a = mg\sin\theta/(2M+m)$ を代入して，
$$Ma = \frac{Mmg\sin\theta}{2M + m} = T - Mg\sin\theta$$
これよりケーブルの張力 T は，
$$T = 2Mg\sin\theta\left(\frac{M+m}{2M+m}\right)$$
となる．

この段階でこの式が極限の場合に妥当であるかチェックするのがよい．すなわち，$m \ll M$ の場合と $m \gg M$ の場合である．

- $m \ll M$ の場合：$a \to 0$ となり，$T \to Mg\sin\theta$ となる．すなわち，張力は重力の斜面に沿った成分に等しくなる．
- $m \gg M$ の場合：$a \to g\sin\theta$ となる．この極限では重い車両が斜面に拘束されながら自由落下し，軽い車両は上向きに加速される．この極限では，軽い車両の加速度は，重い車両の加速度で決まる．また，張力は $T \to 2Mg\sin\theta$ となる．これはすこし考えてみると妥当であることがわかる．張力は軽い質量の物体 M にはたらく重力の斜面方向成分 $Mg\sin\theta$ にのみ依存し，重い質量 $M + m \approx m$ によらない．そして，加速度は斜面に沿って上向きに $g\sin\theta$ となる．したがって，張力は，軽い物体にはたらく重力の斜面方向成分の大きさの 2 倍となる．

より進んだ議論

　この節ではじめに述べた発明家とはジョージ・マークス卿 (Sir George Marks) であり，ケーブルカーはリントン・アンド・リンマス・クリフ鉄道 (Lynton and Lynmouth Cliff Railway) のことである．この鉄道は 1890 年に建設され，それ以来休みなく稼働している．それは注目に値する偉業であり，技術的にも (最近の現代風の言い方では)「持続可能な発展」という意味でも優れた例であろう．私が考えるに，ジョージ・マークス卿は，この持続可能性という概念が新しいものであると感じている人々に，一言二言いいたいことがあるに違いない．実際，産業革命[*26](1760–1840)，技術革命[*27](1860–1910) をざっと概観すれば，当時の科学者達はエネルギーを節約する必要性を強く意識していたことがわかる．われわれがエネルギーを浪費するようになったのは豊富な安いエネルギー (少なくとも先進国では) が手に入るようになった比較的最近のことである．

　120 年以上にわたってリントン・アンド・リンマス・クリフ鉄道は，近くの川からの水のみをエネルギー源として黙々と人や物を運び続けてきた．デボン州にはエックスムーア国立公園があるが，リントンとリンマスはその州の北岸にある．この鉄道への投資にはいささかの説明が必要であろう．1800 年代の終わりごろまでに，リンマスは石炭や石灰石，およびその他の生活必需品を受け入れる主要な港になった．商品はそこで降ろされ，馬により 500 フィートの断崖を越えてリントンやその先に運ばれた．船による輸送はエクスムーアの険しい地形のためかなり困難であった．ケーブルカーは，2 つの町の間の長い道路による輸送を回避して，旅客や商品を容易に短時間で運ぶことを可能にした．

　このケーブルカーは勾配が 2/3 で 900 フィート (約 270 m) の長い斜面上の軌道を高さ 500 フィート (約 150 m) 登る．おのおのの車両はタンクをもっていて，頂上の駅でほぼ 3 トンの水で満たされる．いったん車両が商品や旅客 (1 車両あたり 40 名) を乗せ，これらが重力の作用下で動き出すまで，下の車両から水が放出される．スピードは車両のブレーキで制御される．その長い稼働期間中にこの鉄道にはいかなる事故もなかったようだ．西リン川が流れている限り (もしデボンに行く機会があればこの状況が，今後も変わることなく続くことがわかるだろう)，リントン・アンド・リンマス鉄道は稼働し続けるであろう．

2.6　シャーロック・ホームズとベラ・フィオリのエメラルド ★★★

　シャーロック・ホームズとワトソン博士は，アゲイト荘に滞在していた．ここでクリスティ家の無名の依頼人が，アゲイト卿にベラ・フィオリのエメラルドを売ること

[*26] 大規模な製造工程による機械の進歩はまずはじめに水力，次に蒸気による駆動があり，木材燃焼による炉から石炭燃焼炉への変化があった．

[*27] 工場が電化され始め，最初の製造ラインにより大量生産が可能になった．

2.6 シャーロック・ホームズとベラ・フィオリのエメラルド ★★★

になっていたが，そこに突然，高性能ライフルの銃弾が着弾して，売却は中断された．ホームズは事前に予備的な調査をするためにワトソンを赴かせた．ホームズが現場に着いたとき，ワトソンは部屋の隅の絨毯の毛の中をしらべているようであった．

「やあ，ワトソン君，何か見つかったかね?」とホームズは尋ねる．

「弾は西の窓から入ってきた．割れたガラス板の破片がそこにある．エメラルドは宝石台の上に置かれていた．台は完全に壊れて，弾はここ，アゲイト夫人の肖像画の膝に着弾した．幸いにアゲイト卿とクリスティ家から派遣された人に怪我はなかった．この宝石泥棒は目をつけていた標的を逃して，手ぶらで消えてしまったようだ」

「目をつけていた標的?」とホームズは眉をひそめて言う．

「なぜ，アゲイト卿なの，ホームズ?」

「何の予断もせずに，ワトソン君．しかし，すべてを集めることにしよう．われわれに必要なものはデータだ．それで，これは何だ，ワトソン君?」ホームズは大きな真鍮のライフルの薬莢を光にかざした．

「薬莢だね．今まで気づかなかった」

「ワトソン君，見れども見えずというところかな．垣根のそばの芝生のうえに一目でわかるようにあったよ．君も同意すると思うが，薬莢を探そうと思っていれば，最初に見るべき場所はどこかな?」

「わかったよ．それでどんな種類の薬莢なんだ?」とワトソンが言う．

「ワトソン君，きみは陸軍にいたのだからこの類の話はよく知っていると思ったよ」とホームズは薬莢を渡しながら言う．

ワトソンは問題の品物をしらべる．

「引き伸ばされた真鍮だね．45口径．黒色火薬充填．"Kynoch"という刻印がある．ほとんどボクサーヘンリー薬莢だね」ホームズはしばらく考えてから，「おそらく1877マルチーニ・ヘンリー (Martini Henry) ライフルで，エジプトで使用されたものだ．弾の重さは480グレイン[*28]だ」

「アゲイト夫人の肖像画を貫通した弾の?」とホームズは言う．

「同じ重さ」

「エメラルドと同じ重さかな，ワトソン君?」

「見つからなかったと思う．部屋をくまなく探したんだが」

「重さだよ，ワトソン君．重さ! 君は弾道学はよく知っていると思ったのだがね」

「156カラット[*29]だよ」

[*28] グレインは穀物の1つの種の質量にもとづいて従来から使われていた重さの単位である．今日でも，グレインは特別な専門領域——たとえば火薬や弾丸の質量の測定やある種の薬剤処方の領域で使用されている．1グレインは $64.8\,\mathrm{mg}$ に等しい．

[*29] カラットは宝石商や貿易商によって用いられる質量の単位で宝石 (特に高価な4種類の宝石，ダイアモンド，ルビー，サファイア，エメラルド) と真珠の重さをはかるために使われている．カラットは1907年に計量のために採用されていて，1カラットは $200\,\mathrm{mg}$ ($0.0071\,\mathrm{oz}$) である．

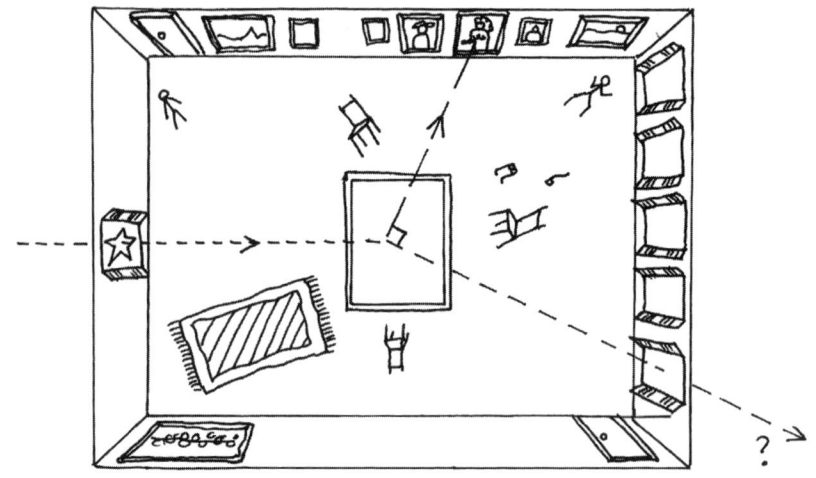

図 2.20

「まったく弾の質量と同じだ,ワトソン君.だから君はまったく見当違いの場所を探していたわけだ.この1時間の間に庭師を見掛けなかったかね?」

「庭師だって,ホームズ?」

「ビリヤードをやったことのある利口な子供だったらこんなときに絨毯を徹底的にしらべることはしないだろうよ,ワトソン君.この子だったら君の右側の窓を見ていただろう.そこで,もし君が目撃していたなら,挙動不審な庭師のふりをした宝石泥棒が何かを探している姿をきっと目にしていただろう.この連中は目的の標的を撃つだけではなく,ここから逃げる前に刈込み用の箱を片付ける暇まであったと思うよ」

「驚いたよ,ホームズ」窓から外を眺めながら,ワトソンは言う.「どうしてそんなことがわかったのかね.僕には全然わからなかった」

「初歩の弾道学だよ,ワトソン君.運動している物体が静止している物体に弾性的に衝突すれば,これらの物体は互いに直角の方向に散乱される.君がビリヤードをするときに,このような動きをおおよそ見ていたはずだが,それに気づかなかったのかね?」

ここでホームズとワトソンが取り組んでいる問題を解くことにしよう.

問題 同じ質量の2つの物体間の弾性衝突で,1つの物体がはじめに静止している場合,これらの物体はつねに互いに直角の方向に散乱されることを示せ (図 2.20).

解答 この問題に答える上で,重心座標系を導入することの重要性を説明しよう.その後,この問題に対して,とても短いけどエレガントな解法を与える.

まず,最も簡単な場合として,2つの物体の1次元衝突,すなわち衝突前後で2つの物体が同一直線上を運動する場合を考えよう.2つの物体を1, 2として,その質量

2.6 シャーロック・ホームズとベラ・フィオリのエメラルド ★★★

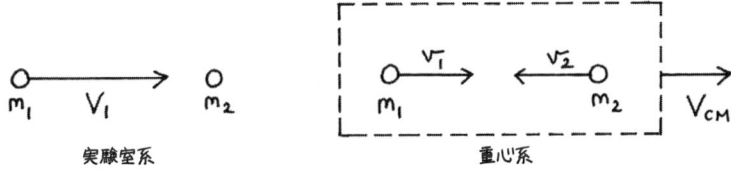

図 2.21

を m_1, m_2、速度を V_1, V_2（ここで $V_2 = 0$）とする．解析を簡単にするために，重心座標系に移ろう．重心座標系を実験室系（つまりわれわれが観測している座標系）に対して，速度 V_{CM} で動いている座標系と定義しよう．重心系での 2 つの物体の速さは $v_1 = V_1 - V_{\mathrm{CM}}$ と $v_2 = |-V_{\mathrm{CM}}|$ である．重心系の速度 V_{CM} は，この系の運動量がゼロであるという条件により定義される．すなわち，

$$m_1(V_1 - V_{\mathrm{CM}}) - m_2 V_{\mathrm{CM}} = 0$$

である．$m_1 = m_2 = m$ ならば

$$V_{\mathrm{CM}} = \frac{V_1}{2} \Rightarrow v_1 = \frac{V_1}{2} \quad \text{および} \quad v_2 = \frac{V_1}{2}$$

同じ質量の物体の一方が静止している簡単な場合，問題の対称性に驚くことはない．必要があれば，より一般的な $m_1 \neq m_2$ の場合への拡張は容易である．図 2.21 に示すように，右向きを正として，速度のダイアグラムを書く．

同じ初期速度でかつ同じ質量の物体間の弾性衝突（反発係数 $e = 1.0$）では，運動量とエネルギーの保存則により，重心座標系では衝突後の速さ v_1' および v_2' は不変である．この簡単な場合は $v_1' = v_2' = v_1 = v_2$ である．

同じ質量をもつ 2 つ物体間の 2 次元衝突において，重心座標系における衝突後のふれの角を θ とする（図 2.22）．角 θ が特別な場合は，次のようになる．

- $\theta = 0$：物体はすれ違う．

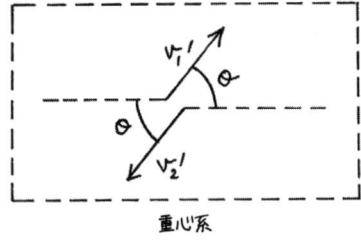

図 2.22

- $\theta = \pi/2$：物体は短時間の衝突後，はじめの軌道と直角の方向にそれる．
- $\theta = \pi$：粒子は逆向きに跳ね返る．

中間の任意の角 θ も可能である．対称性により，衝突後の 2 物体の重心系での速度 v_1' と v_2' のなす角は π であり，$v_1' = -v_2'$ である．

衝突後の物体の速度を重心系 (v_1' と v_2') と実験室系 (V_1' および V_2') の 2 つの座標系で考える．

- **衝突後の物体 1**：重心系では，v_1' の軌跡は図 2.23a のように，速度ゼロの条件に対応する点 O を中心とした半径 $V_1/2$ の円である．図中に速度 v_1' に対する特定のふれの角 θ に対する点 $A_1, B_1, \cdots, E_1$ を示す．これらの点を示す目的は単に実験室系の対応する点を特定し，また物体 2 に対応する点を特定するためである．ここでは任意に点 B_1 をとりあげて議論しよう．重心系で物体 1 のふれの角は $0 \leq \theta \leq 2\pi$ である．実験室系の速度 V_1' はベクトル和 $V_1' = v_1' + V_{CM}$ であり，図 2.23b にふれの角 φ_1 を示している．実験室系で速度ゼロを与える点は O であり，図中に実験室系における点 $A_1, B_1, \cdots, E_1$ を示してある．実験室系の点 A_1 はふれの角がゼロ (すれ違い)，すなわち $V_1' = V_1$ を示す．点 E_1 は正面衝突を示す．このとき，物体 1 と 2 の質量は等しいから，衝突後物体 1 は静止し，E_1 は O に一致する．したがって $|V_1'| = 0$ となる．

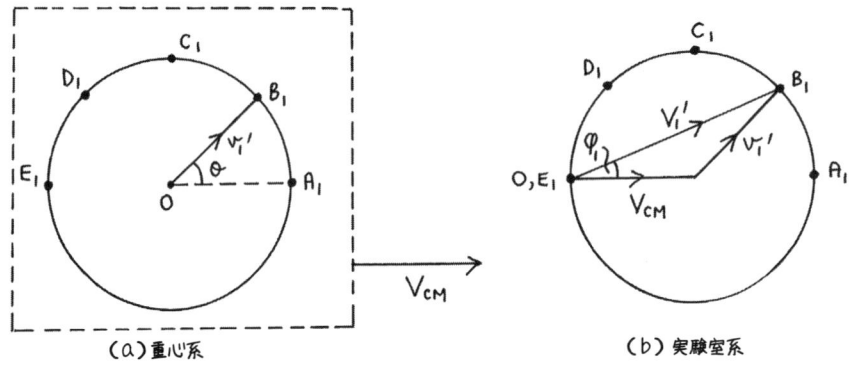

図 2.23

- **衝突後の物体 2**：重心座標系では v_2' の軌跡は図 2.24a で O として示してある速度ゼロの条件の点を中心とする半径 $V_1/2$ の円である．ここで，物体 1 の $A_1, B_1, \cdots, E_1$ に対応する物体 2 の点を $A_2, B_2, \cdots, E_2$ として示す．ここで v_1' と v_2' のなす角は π であることに注意する．実験室系の速度ベクトルは，和 $V_2' = v_2' + V_{CM}$ であり，V_2' の (V_1 の方向に関する) ふれの角は φ_2 である (図 2.24b)．実験室系における速度ゼロを示す点は O で示されており，実験室系の A_2 はふれの角ゼロ (すれ

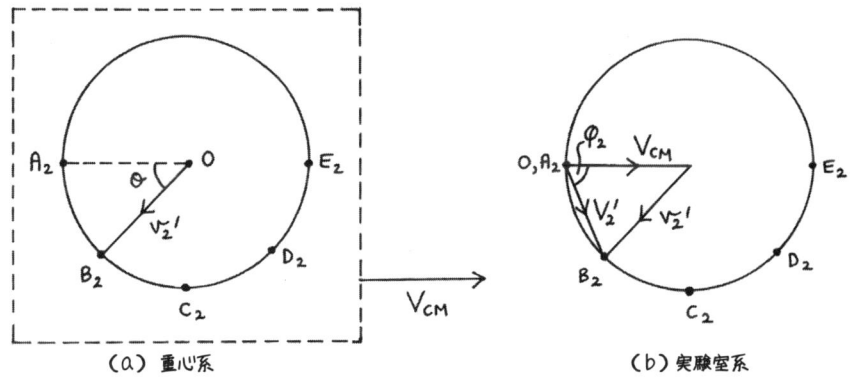

(a) 重心系　　　　　　　　　(b) 実験室系

図 2.24

違い), すなわち $V_2' = V_2 = 0$ を表す. したがって, A_2 は O に一致する. 一方, 点 E_2 は正面衝突を示す. 物体は等質量であるから, このとき物体2は物体1の速度を獲得し, 物体1は静止する. したがって, 点 E_2 は $V_2' = V_1$ を表す.

ここで衝突後における実験室系での速度 V_1' および V_2' の間の関係を考えよう (図 2.25). 速度 V_1' は V_1 と角度 φ_1 をなし, V_2' は V_1 と角度 φ_2 をなす. ここで速度 V_1' および V_2' の間のなす角度は $\varphi_T = \varphi_1 + \varphi_2$ である. 2つのベクトルの内積は,

$$V_1' \cdot V_2' = |V_1'||V_2'| \cos \varphi_T$$

で定義される. もしベクトルが互いに直交していれば, 内積はゼロ, すなわち $V_1' \cdot V_2' = 0$ となる. これらのベクトルは,

$$V_1' = v_1' + V_{\mathrm{CM}}, \qquad V_2' = v_2' + V_{\mathrm{CM}}$$

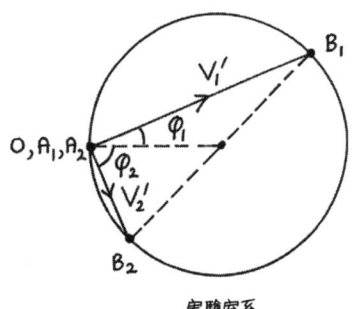

実験室系

図 2.25

で定義される．ここで $v'_1 = -v'_2$ であるから，$V'_1 = -v'_2 + V_{\text{CM}}$ である．したがって，

$$V'_1 \cdot V'_2 = (V_{\text{CM}} - v'_2) \cdot (V_{\text{CM}} + v'_2) = |V_{\text{CM}}|^2 - |v'_2|^2$$

を得る．しかし，$|V_{\text{CM}}| = |v'_2| = V_1/2$ であるから，

$$V'_1 \cdot V'_2 = 0$$

となる．これは下記の3つの場合のいずれかを意味する．

$$\cos\varphi_{\text{T}} = 0 \quad (\text{一般の場合})$$
$$|V'_1| = 0 \quad (\text{正面衝突})$$
$$|V'_2| = 0 \quad (\text{すれ違い})$$

正面衝突とすれ違いの特別な場合を除いて，一般の場合は $\varphi_{\text{T}} = \pi/2$ であることがわかる．したがって，V'_1 と V'_2 は互いに直交している．こうして弾性衝突では，2つの等しい質量の物体の一方がはじめに静止していれば，物体は互いに直角に散乱されることが示された[*30]．

アゲイト夫人の肖像画に穴を空けた弾の位置によれば，弾と同じ重さであったベラ・フィオリのエメラルドは，ホームズが特定したように窓を通る直角な軌道をとったであろう．この現象は，衝突がほとんど弾性的であるビリヤードの玉付きゲームで容易に見ることができる．

エレガントな解法

2つの物体の衝突における運動量の保存則に対する一般的なベクトル方程式は，

$$m_1 V_1 + m_2 V_2 = m_1 V'_1 + m_2 V'_2$$

等しい質量 $m_1 = m_2$ かつ2番目の物体が静止し，$V_2 = 0$ の場合は，この式は，

$$V_1 = V'_1 + V'_2$$

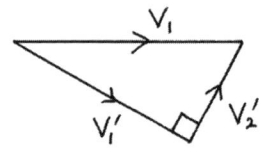

図 **2.26**

[*30] 正面衝突以外の場合について．この場合は $|V'_1| = 0$ であり，V'_1 の方向は定義されないことに留意しよう．

となる (図 2.26). 2 つの物体の間が完全弾性衝突の場合 ($e = 1$), 運動エネルギーは保存され，その保存則は，

$$\frac{1}{2}m_1 V_1^2 + \frac{1}{2}m_2 V_2^2 = \frac{1}{2}m_1 V_1'^2 + \frac{1}{2}m_2 V_2'^2$$

となる．等質量でかつ 2 番目の物体がはじめに静止していれば，この式は

$$V_1^2 = V_1'^2 + V_2'^2$$

となる．この 2 つベクトル方程式を満たすベクトル V_1' と V_2' は互いに $90°$ をなす．

2.7　1 次元衝突に対する記述の等価性 ★★★

今回はその証明が驚くほど代数的になされるよく知られている問題を考えよう．

問題　質量 m_1 および m_2，初速度 v_1 および v_2 をもつ 2 つの球が 1 次元衝突し，速度が v_1' および v_2' になる場合を考えよう．弾性衝突を運動エネルギーが失われないか，または反発係数が 1 に等しい

$$e = -\frac{v_1' - v_2'}{v_1 - v_2} = 1$$

のいずれかの場合であると定義した．これらの記述の等価性が (加速されていない) すべての慣性系で成り立つことを示せ．

解答　衝突において運動エネルギーが保存されるということから始めよう．

$$\frac{1}{2}m_1 v_1^2 + \frac{1}{2}m_2 v_2^2 = \frac{1}{2}m_1 v_1'^2 + \frac{1}{2}m_2 v_2'^2$$

$r = m_2/m_1$ とおいて整理すると，

$$v_1^2 - v_1'^2 = -r(v_2^2 - v_2'^2) \tag{1}$$

を得る．この系の 1 次元の運動量保存則は，

$$m_1 v_1 + m_2 v_2 = m_1 v_1' + m_2 v_2'$$

と書ける．これは，

$$v_1 - v_1' = -r(v_2 - v_2') \tag{2}$$

と書ける．現在の座標系から，これに対して速度 $-v$ で動いている座標系に移れば 2 つの物体の初速度は $v_1 + v$ および $v_2 + v$ となる．エネルギー保存則の式 (1) は，以下のように書ける．

$$(v_1^2 + v^2 + 2v_1 v) - (v_1'^2 + v^2 + 2v_1' v) = -r[(v_2^2 + v^2 + 2v_2 v) - (v_2'^2 + v^2 + 2v_2' v)]$$

整理して，

$$v_1^2 - v_1'^2 + 2v(v_1 - v_1') = -r(v_2^2 - v_2'^2) - r[2v(v_2 - v_2')] \tag{3}$$

を得る．ここで，(3) = (1) + 2v × (2) である．こうして，エネルギー保存則の任意の慣性系での等価性，つまり，1つの慣性系でエネルギー保存則と運動量保存則が成り立てば，任意の慣性系でそれらが成り立つことが示された．

この結果を用いて，運動量とエネルギーの方程式を簡単化するために，$v_2 = 0$ の座標系に移ろう．式 (1) および式 (2) は以下のように簡単化される．

$$v_1^2 - v_1'^2 = rv_2'^2 \tag{4}$$

$$v_1 - v_1' = rv_2' \tag{5}$$

式 (4) および式 (5) の 2 つの未知数は，v_1' と v_2' である．式 (5) を v_1' について解き，式 (4) に代入すれば，

$$v_2'^2(r^2 + r) - v_2'(2rv_1) = 0$$

を得る．これは 2 つの解を与える．

$$v_2' = 0, \qquad v_2' = \frac{2}{r+1}v_1 = \frac{2m_1}{m_1 + m_2}v_1$$

第 1 の解は衝突が起こらない場合の解である．第 2 の解を式 (5) に代入すると，

$$v_1' = v_1 \frac{m_1 - m_2}{m_1 + m_2}$$

を得る．ここで 1 次元衝突における v_1' と v_2' 対する解を得たので，1 次元衝突での反発係数の定義に戻り，$v_2 = 0$ と置き，得られた v_1' および v_2' の表式を代入すれば，

$$e = -\frac{v_1' - v_2'}{v_1 - v_2} = -\left(\frac{m_1 - m_2}{m_1 + m_2} - \frac{2m_1}{m_1 + m_2}\right) = 1$$

となる．ここで，運動エネルギー損失ゼロ ($\Delta E_\mathrm{K} = 0$) はすべての慣性系で反発係数 1 を意味することを示した．証明を完結するためには逆，すなわち $e = 1$ は $\Delta E_\mathrm{K} = 0$ を意味することを示す必要がある．これは読者の宿題にしよう．

3 円運動

　この章では円運動，あるいは**回転運動**を考える．ここでは他の動力学の問題とは異なっていて，多少奇妙に思えるかも知れない．高校では通常，円運動はこれだけで閉じた形で教わるが，ほとんど数学を用いずに豊富な基礎概念を学べるものである．私自身，これまでの問題の目録を見返してみると，回転運動から 2, 3 年分の収穫を得ることができる．円運動はしばしばエネルギー保存則 (たとえばヨーヨーやジェットコースターなどのふるまい) ないし摩擦限界を含む問題 (自動車が曲がるときのような) と結びついている．

　では基礎方程式から復習しよう．

- **向心加速度**：一定の速さ v，半径 R で回転する物体の向心加速度 a は，

$$a = \frac{v^2}{R}$$

加速度は円の中心を向いている．速さ v と角速度 ω は $v = \omega R$ で結びつけられ，その結果

$$a = \omega^2 R$$

となる．

- **向心力**：円運動では質量 m の物体が円の中心に向かう加速度 $a = v^2/R$ を受けている場合に，力 F はニュートンの第 2 法則を満たす必要があり，$F = ma = mv^2/R$ となる．この力を向心力という．この力は系に依存する．たとえば，ボールが固定したばねの一端で回転しているとき，向心力はばねの張力で与えられる．ジェットコースターが固定した軌道を回るときは，軌道面から受ける力によって与えられる．自動車が道路のコーナーを曲がるときには車輪と道路との間の摩擦力によって向心力がもたらされる．飛行機が急旋回飛行するときは，翼により生ずる揚力の成分が向心力をもたらす．したがって，向心力は付加的な力ではなく，私たちが関知できる自然に存在する単純な力，あるいはその力の成分によって与えられる．

3.1 バイクレースでの摩擦 ★

　2011 年に私はバンクーバーの会議に出席した．その後，カナダから国境を越えて米国のシアトル近郊のレドモンドにいる兄を訪ねた．当時，彼はマイクロソフトに勤めていた．私は長年彼とご無沙汰していたし，夫人や 2 人の姪とは会ったことがなかった．

姪は当時3歳と4歳だった．米国の北西部はイングランドに気候が似ていて，にわか雨が多くほとんどの時間を屋内で過ごした．多くの子供たちと同じくわが姪っ子もオンラインゲームに熱中していた．片親が数学者でもう一方が経済学者であっても，姪っ子の熱中しているゲームがすべて数学パズルなどということはありえないであろう．

やっと雨が上がったので，ワシントン州で最も高い山に登ろうと提案した．私はいつもそこで最も高いところに行く習わしだったが，この計画は兄がサンダル履きで現れたのを見て雲行きが怪しくなってきた．私は彼に数千メートルの山頂は深い雪に覆われていると注意した．彼は2つのプラスチックの袋をつくり，これを実験的に履物として試すつもりだと言った[*1]．

山までは遠かった．思い出すのにかなり手間取ったが，兄はいつもまったく違う2つの運転スタイルを交互に繰り返すという，やや一貫性のない運転をしていた．1つは途方もなくかったるい運転で，左側の車線と危険防止のため大きな音をたてるように溝を施した右の車線 (これを左側の車線に戻る合図に利用していた) の間をゆっくり縫うように運転する．彼は頭の中で方程式を解いているときにそのスタイルを用いる．もう一方は，レーサーのようなスタイルだ．通常のドライバーの車線から外れ，エンジンを強く吹かし，ギアを小刻みにシフトしてレーサーがとるような正確なコースでコーナーを駆け抜ける．これが方程式を解いていないときのスタイルである．

どちらのスタイルもめいっぱいの集中が必要である．そこで私はじっくりと時間をかけて熟視していた．高速道路に素早く入る際，後部タイヤがスリップしたことに気づいた私は，意を決して単刀直入に聞いた．

「しょっちゅうこんな入り方をしているの？」

「いや，そんなにしょっちゅうじゃないよ」と兄はぽうっとして答えた．

「それじゃあ，こんな入り方をしたらみんなは何と言う？」

私の質問に兄はかろうじて答えた．

「僕はただ摩擦の法則に従っているだけだ」

米国でかつてパトカーに捕まったが (私は運転していなかったが)，英国で巡査と関わったときの思いやりのある扱いとはまったく違っていた．拳銃をもった警官の苛立ちが何とも軽い違反ではなかったようになってしまう．最も能天気な違反者でさえ，常習的違反者に対するような厚かましい警告にびっくりするだろう．

一般的な問題では，道路の最大摩擦を多く扱っており，自動車やバイクが平坦な道，あるいは傾斜した道を周回する例題も多い．次の最も簡単な問題は，高校物理でしば

[*1] 彼は準防水スパッツの類としてサンダルの下の他，靴下を覆うようにプラスチック製の袋をはこうとしていた．彼の考えは，熱は伝導ではなく，主に空気と水の出入りによって失われるので，その出入口をうまく遮断すれば，深い雪の中でも防寒できるというものだった．この袋は，雪の積もった稜線に達しておよそ5分ほどは完全に役立っていたが，その後，兄の足はかじかんで感覚がなくなってしまったので，われわれは車に戻った．山はレーニア山であったということを記しておくことは意味があろう．この山は，厚い氷河で覆われ，頂上は標高 4,392 m であるから，この登山を断念した理由は，兄のせいだけではない．

しば扱われている．もしやさしすぎたら，円形トラックが傾斜している場合 (難易度は ★★) を解いてみよう．

問題 バイクレースで半径 r の平坦な円形のトラックを回る．タイヤとトラック面との間の静止摩擦係数は μ である．バイクができるだけ速く走行するとき，バイクが鉛直方向となす最適角 θ はいくらか (図 3.1)?

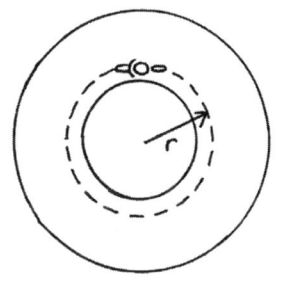
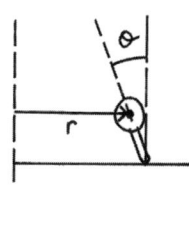

図 **3.1**

解答 質量 m のバイクが可能な限り速く走行するとき，タイヤには最大摩擦力が作用する．面からタイヤに作用する静止摩擦力 F は，垂直抗力を R として $F \leq \mu R$ となり，その最大摩擦力は $F = \mu R$ である．バイクには 3 つの外力がはたらく (図 3.2)．

- 重心から下方にはたらく重力 mg
- 接地点から鉛直上方に作用する地面からの垂直抗力 R：鉛直方向の加速度はゼロであることから，これは mg に等しい．ニュートンの第 2 法則より，鉛直方向の力はつり合わなければならない．
- 地面からの最大摩擦力 μR

バイクが水平面内で円運動し，タイヤに最大摩擦力 μR が作用するとき，その向心加速度を与える力は μR である．バイクが (一定の角度 θ を保って) 安定的に円運動する

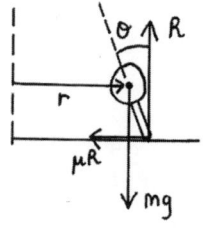

図 **3.2**

ためには、バイクの重心のまわりの力のモーメントはゼロでなければならない。よって、重心と地面の接点の間の距離を L として、

$$RL\sin\theta = \mu RL\cos\theta$$

が成り立つ。これより次式を得る。

$$\mu = \tan\theta$$

すなわち、

$$\theta = \arctan\mu$$

$\mu = 1$ の場合、$\theta = 45°$ である。

3.2 バイクレースでのスタート位置 ★★

問題 バイクレースで、同じバイク 1, 2, 3 がそれぞれ半径 r_1, r_2, r_3 ($r_1 < r_2 < r_3$) の円軌道のコースを 100 周する (図 3.3)。どのバイクが勝つか？ ただし、3 台のバイクのタイヤとコース面の間の静止摩擦係数は等しいとする。

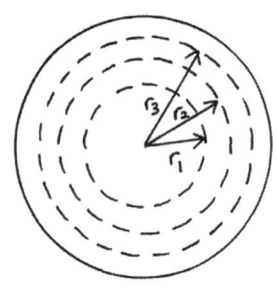

図 **3.3**

解答 前問で、バイクに作用する最大摩擦力を考察した (図 3.2)。この問題でも同じ力を考えるが、さらにバイクがどれだけの最大スピードを出すことができるかを考える必要がある。

バイクの速さを v とすると、円運動の中心に向かう向心加速度は $a = v^2/r$ と書けるから、最大摩擦力が作用する場合、円運動の運動方程式は簡単に、

$$F = ma = \frac{mv^2}{r} = \mu R$$

となる．$R = mg$ を用いて，
$$v = \sqrt{\mu g r}$$
を得る．バイクの走るべき距離はそれぞれの円周 $c = 2\pi r$ に比例する．1周まわる時間すなわちラップタイムは，円周を速さで割り，
$$t_{\text{lap}} = \frac{c}{v} = \frac{2\pi r}{\sqrt{\mu g r}}$$
となる．したがって，
$$t_{\text{lap}} \propto \sqrt{r}$$
バイク1の r が最小であり，勝利する．このバイクレースに勝つには半径，すなわちトラック距離を最短にすればよい．

3.3　ジェットコースター ★★★

　私はこの問題が好きで，数年前にそれに気づいて以来，学生にいろいろ出題してきた．たいていジェットコースターの周回軌道の様々な位置で車に作用する力を描かせる問題を出したが，ペンや紙を使って方程式を解くのではなく，純粋に議論をさせるようにした．たいていの学生には問題のヒントを与えたり，激励の言葉が必要だった．問題は以下のようなものである．

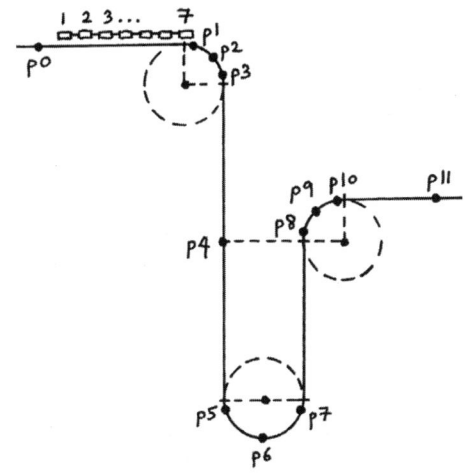

図 3.4

72   3 円運動

問題　駆動力なしの7個の車両 (図 3.4 に示した 1 から 7) が，摩擦のない軌道上で押され，先端からゆっくりと落下する．軌道は円周の弧と直線からなる．図には，p_0 から p_{11} までの点を示してある．車両は軌道に束縛されていて軌道から外れることはない．次の問に答えよ．

(1) 座席と乗客の間の力が最大となる点はどこか？
(2) 車両に固定した肩当てと乗客の間の力が最大となる点はどこか？
(3) 車両と乗客の間の力が最小となる点はどこか？
(4) (1) から (3) までの答の点で，車両 1 から 7 までの各車両の乗客はまったく同じ力を受けるか？　もし同じ力を受けないなら，(1) から (3) で最大の力と最小の力を受ける乗客を特定せよ．

解答　問題に取り組む前に，全般的なことについて初等的な注意をいくつかしておこう．エネルギー保存と円運動の方程式を考える必要がある．これは定量的な問題ではないので，方程式を書き出す必要はない．必要なのは原理の理解である．

　最初にエネルギー保存を考える．ジェットコースターが降下すると，位置エネルギーは減少し，運動エネルギーが増加する．再び上昇すると運動エネルギーは減少し，位置エネルギーが増加する．ジェットコースターの速さは，いつも出発点 p_0 とコースターの位置との間の位置エネルギーの差で決定される．このエネルギー差は，p_0 とコースターの重心の間の高さの差に比例している．したがって，コースターの中心 (車両 4) が点 p_6 に来たとき，最高速度をもつ (図 3.5)．ここではおおざっぱに高さの差を用いた．ジェットコースターは軌道の移動に伴って形を変える．ここで重要なのは，重心間の高さの差である．2つの例を考えよう．

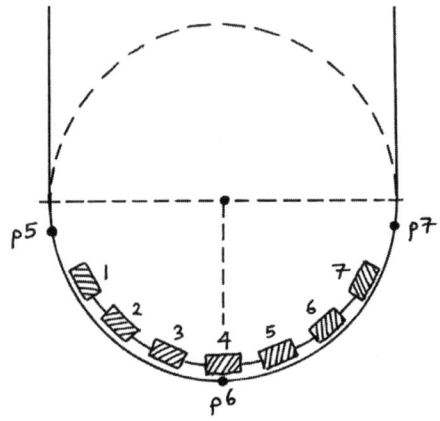

図 **3.5**

- ジェットコースターが点 p_0 を通過するとき重心もまた p_0 と同じ高さである (軌道上の車両の高さは無視する). これは全車両 1 から 7 すべてに同じである.
- これと対照的なのはジェットコースターが点 p_6 を通過するとき重心は常に p_6 より上にある. 重心は車両 1 から 4 までみな異なる. すなわち, 車両 4 が p_6 を通過するとき一番低く, 車両 1 (ないし 7) が p_6 を通過するとき一番高い. (1, 7), (2, 6), (3, 5) の対は同じ値となる. したがって車両 4 が他の車両より速い最高の速さで p_6 を通過する. また p_6 を通過するとき 1 と 7 が最も遅い.

さて, 円運動を考えよう (図 3.5). 物体が円運動をする場合, 運動の中心 (円の中心) への正味の力が必要である. 力の大きさは加速度に比例するので, 物体の速さの 2 乗に比例する.

それでは, (1) から (3) までについてそれぞれ考えよう. (4) は, (1) から (3) の答を説明する中で答える.

(1) 座席と乗客の間の力が最大となる点　座席から乗客にはたらく力は, 車両 4 が点 p_6 に来たとき最大となる. ここで, 座席から乗客 (その質量を m とする) への力は, 乗客にはたらく重力 mg を支えるだけでなく, 乗客に円の中心への加速度をもたらす. 点 p_6 で座席から乗客へはたらく力は,

$$F_6 = mg + \frac{mv_6^2}{r}$$

である. ここで, 点 p_6 での乗客の速さ v_6 は, 車両番号に依存した 4 つの異なる値をもつことに注意しよう. 各車両が点 p_6 を通過するとき, その中で車両 4 の乗客が最大の力を受ける. なぜなら, 車両 4 が p_6 を通過するとき, 他の車両が p_6 を通過するときより速く走っているからである. p_6 で最小の力を受けるのは, 車両 1 と 7 の乗客である (図 3.6).

(2) 車両に固定した肩当てと乗客の間の力が最大となる点　乗客は曲線軌道の内側を回るときより外側を回るときに座席からよりも肩当ての方から力を感じる. 肩当てか

図 3.6　　　　　　　　　　　　　　図 3.7

74   3 円運動

らの力は原理的に p_1, p_2, p_3[*2]と p_8, p_9, p_{10} の各点で生じている．ジェットコースターは，これらの最低点 p_8 を最も速い速さで通過する ($v_8 > v_1, v_2, v_3, v_9, v_{10}$)．さらに，$p_8$ では，重力の向きと軌道と車両の間に作用する力[*3]の向きが，ほぼ垂直になる (図 3.7)．ここで，v_8 は車両番号に依存し，7 つの異なる値をもつことに注意しよう．車両 7 の人は肩当てから最大の力を感ずる．なぜなら，車両 7 は p_8 を通過するとき他のすべての車両より速く通過するからである．同様の考えから，車両 1 の人は最小の力を感ずる．

(3) 車両と乗客の間の力が最小となる点　ジェットコースターが p_4 を通過するとき自由落下となり，車両と乗客の間の力がゼロとなる．このことは，すべての乗客に当てはまる．

3.4 脱線したジェットコースター ★★

　ジェットコースターの問題は，大学入試の問題としては最も人気のある課題の 1 つのようである．これらの問題は，多くの変形が可能であり，様々な活気あふれる議論のもとになるであろう．またこれらは学生たちに馴染みがあり，物理，その中でも力学とはどのようなものかを学生が理解する助けになる．もちろん，ほとんどの学生に馴染みのあるものであっても，彼らの理解度を実際にテストできるように，問題を工夫しなければならない．ジェットコースターの問題を解くとき，類似の問題の解法を思い出そうとする学生たちと，このような問題を解くのに必要な道具立てをしっかり身に付けて，それを新しい問題に応用しようとする学生たちに二分される傾向がある．ジェットコースターの問題は私が特に楽しめるものの 1 つである．

問題　ジェットコースターが静止していた高さ h の点から，水平面と 45 度の角をなす斜面を滑り下り，滑らかに接続している半径 r の円形軌道を a→b→c→d→e と回転し，滑らかにつながった水平な軌道に入る (図 3.8)．ジェットコースターと軌道の間の摩擦は無視できるとする．以下の問に答えよ．

(1) 軌道から車両に作用する垂直抗力の大きさが最大となる点はどこか？　この点での力の表式を導け．
(2) 垂直抗力の大きさが最小となる点はどこか？　この点の力の表式を導け．

[*2] 問題の図 3.4 に示したように，点 p_1 では誰もが肩当てからの力を感じるということはない．なぜなら重力が円の中心へ向かう加速度を生じさせるからである．もし，点 p_1 で乗客の誰かが肩当てからの力を感じるとしたら，それは車両 1 の乗客である．なぜなら，p_1 を通過する速さは車両 1 が最も速いからである．この説明は同様に点 p_2 にも当てはまる．でもこのときはもっと多くの乗客が肩当てからの力を感じるであろう．点 p_3 では車両 1 で強く感じた人も含めほとんどの乗客が肩当てからの力を感ずるであろう．

[*3] 肩当てと人との間の力は軌道と車両との間の力と正確に同じふるまいをする．

3.4 脱線したジェットコースター ★★   75

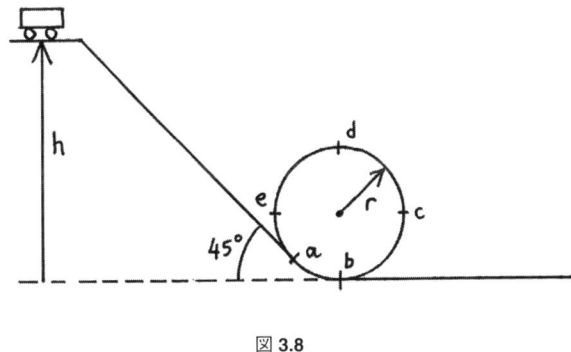

図 3.8

(3) 普通の車輪[*4]でも脱線することなく回転し続ける最小の高さ h を定めよ.

解答　このタイプの問題では，エネルギー保存則，すなわち位置エネルギーと運動エネルギーの和が一定に保たれることを考えればよい．与えられた場所での速さは，そこでの高さと初期条件の高さ (速さがゼロ) の差に依存している[*5]．

　もし，車両がある速さで円運動したとき，必要な加速度を生み出せる力が必要である．その力は車両にはたらく重力と軌道から車両に作用する垂直抗力である．この後者の力こそ，この問題で考えて欲しいものである．

　さらに発展させて議論する前に，45度の斜面を半分下ったときの力を書き出してみよう (図 3.9)．基礎的な力の分解に精通しているかチェックできる．もし，力を分解できなければもっと先に進むことは困難である．この段階でもがいてしまう学生も見受けられる．

　さて，ここでエネルギー保存を考える．この問題では，位置エネルギー $E_P = mgh$ から運動エネルギー $E_K = (1/2)mv^2$ へ，あるいはその逆の変換が起こる．ここで，

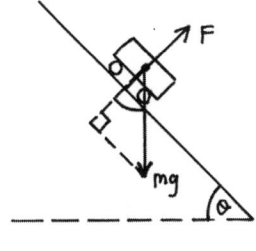

図 3.9

[*4] 脱線予防のためのケージのようなものが付いていない通常の車輪．
[*5] 摩擦の影響を考えたらどうなるかをきっと問いたいであろうが，これはかなり難しい．

v は車両の速さ，h ははじめに与えられた高さである．摩擦のない系ではそれらの和 $E_P + E_K$ は一定である．

3点 b, c, d での車両に作用する力を考える (図 3.10)．車両の速さは点 b で最も速く，点 d で最も遅い．また，点 b と点 d では，軌道から車両にはたらく垂直抗力の向きが反転する．それゆえ，このことは答に重要な影響を与えるであろう．しかし，これについてはしばらく後で考察することにする．点 e は点 c と同様であり，また点 a は特に考える必要はない．

点 b, c, d は，地面からの高さがそれぞれ 0, r, $2r$ の点である．出発点から点 b, c, d までに，車両はそれぞれ $mg(h-0)$, $mg(h-r)$, $mg(h-2r)$ の位置エネルギーを失う．$\Delta E_P = \Delta E_K$ とおくと，それぞれの点での車両の速さは，それぞれ，

$$v_b = \sqrt{2gh}, \qquad v_c = \sqrt{2g(h-r)}, \qquad v_d = \sqrt{2g(h-2r)}$$

となる．想定通り点 b が最も速く，点 d が最も遅い．

さて，半径 r の円周を速さ v で回る運動による車両の向心加速度を考えよう．向心加速度は $a = v^2/r$ で与えられ，円の中心を向いている．向心加速度には向心力が必要である．この問題で車両に作用する力は，重力と軌道からはたらく垂直抗力である．運動方程式より向心力は $F = mv^2/r$ であり，これは円の中心を向いている．

ここで，点 b, c, d の順に向心力を考えよう (図 3.11)．

- 点 b：重力 mg は鉛直下方にはたらき，軌道からの垂直抗力 F_b は鉛直上方にはたらく．向心力は mg と F_b のベクトルの和の鉛直上向きに作用する成分である．よって，

$$m\frac{v_b^2}{r} = F_b - mg$$

- 点 c：重力 mg は鉛直下方にはたらき，軌道からの垂直抗力 F_c は水平左方向にはたらく．向心力は mg と F_c のベクトルの和の，水平左方向に作用する成分である．

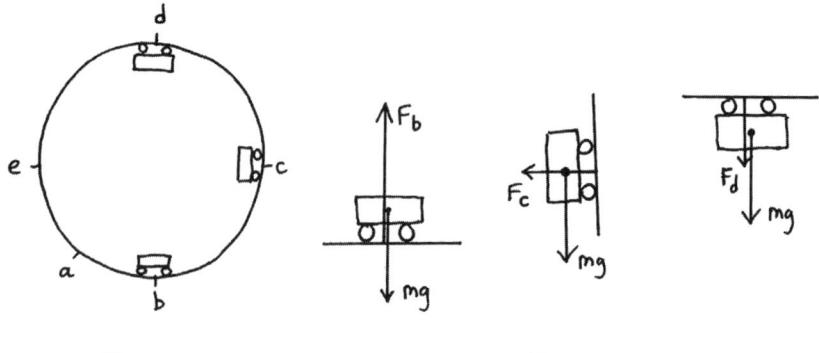

図 3.10   図 3.11

$$m\frac{v_c^2}{r} = F_c$$

- 点 d：重力 mg は鉛直下方にはたらき，軌道からの垂直抗力 F_d は鉛直下方にはたらく．向心力は mg と F_d のベクトルの和の鉛直下方に作用する成分である．

$$m\frac{v_d^2}{r} = F_d + mg$$

v_b, v_c, v_d の表式を代入すると，軌道からの垂直抗力はそれぞれ次のようになる．

$$F_b = mg + \frac{mv_b^2}{r} = mg\left(\frac{2h}{r} + 1\right)$$

$$F_c = \frac{mv_c^2}{r} = mg\left(\frac{2h}{r} - 2\right)$$

$$F_d = \frac{mv_d^2}{r} - mg = mg\left(\frac{2h}{r} - 5\right)$$

想定通り，$F_b > F_c > F_d$ となることがわかる．もとの問題に進む．

(1) 軌道から車両に作用する垂直抗力の大きさが最大となる点 点 b で垂直抗力は最大である．その大きさは $F_b = mg[(2h/r) + 1]$ である．この力は，次の 2 力の和である．

(i) 車両の速さが最大になっていて，向心加速度は最大となり，その加速度を与える力
(ii) 重力を支える力

(2) 垂直抗力の大きさが最小となる点 点 d で垂直抗力は最小である．その大きさは $F_d = mg[(2h/r) - 5]$ である．この力は，次の 2 力の和である．

(i) 車両の速さが最小になっていて，向心加速度は最小となり，その加速度を与える力
(ii) 重力は回転中心の向きにはたらいているので，重力の大きさで負の力

(3) 普通の車輪でも脱線することなく回転し続ける最小の高さ h 軌道からの垂直抗力がゼロ (すなわち車両と軌道の間に接触がない) となると，車両は軌道から離れて脱線する．h が小さくなっていくにしたがって，点 d で最初に脱線する．

$$F_d = mg\left(\frac{2h}{r} - 5\right) = 0$$

これより，車両が軌道から離れることなく回転を続ける最小の高さは，$h = 5r/2$ となる．$h > (5/2)r$ のとき，つねに $F_d > 0$ となり，回転を続けることができる．

3.5 無精教授の最後のそり滑り ★★

「氷で覆われた"半球ヶ丘"は私の摩擦のないそりを試す究極の場所である」と「無精」教授は言った．学生は「このそりにはブレーキがありません．凄惨な結末になることは目に見えています」と叫んだ．

「諸君，半球ヶ丘は完全になめらかだ．なぜブレーキが必要なのか？ 楽勝だよ」

そして彼らはアイゼンを着けて半球ヶ丘の頂上に登った．晴れた日だったので，そこからパズル州を一望できた．

「私は反対です．もし臨界角に至ったらそりは斜面を離れて空中滑空となります」と「明晰」教授は言った．

「ばかげているよ，明晰君！」と無精教授は言って，滑降の決意を示した．

学生たちは教授が丘の下方へゆっくり滑っていくのを見て，大声で叫び手を振ったが何もできなかった．無精教授はすでに最後のそり滑りを敢行してしまった．

問題 もし読者が摩擦のないそりに乗り，半球ヶ丘の頂上からまっすぐ滑り降りる (図 3.12) としたら，そりが斜面から離れる臨界角は存在すると考えるか？ もしそうならその角度はいくらか？

図 **3.12**

解答 この愛すべき小問は，一般に半球上の小球[*6]問題として知られ，すでに古典的な問題となっている．無精教授が斜面を下るに応じて位置エネルギーが運動エネルギーに転化してスピードを増していく．エネルギー保存則より，そりの速さ v_θ は半球が丘の頂上を通る鉛直線からの角度 θ の関数として計算できる．速さ v_θ のそりが半球の曲線に沿ってその円周から離れなければ，そりには 2 つの力がはたらく．すなわち，重力 mg と斜面からの垂直抗力 (円の中心から外に向かう方向を向いている) R_θ である．ここでは摩擦力ははたらかない．向心加速度は重力による中心方向の成分と垂直抗力の差で与えられる．そりの速さが速くなると，向心力は増大する．しかし，角度

[*6] 小球は摩擦のない半球の上にあり，頂上から滑り落ちる．

3.5 無精教授の最後のそり滑り ★★   79

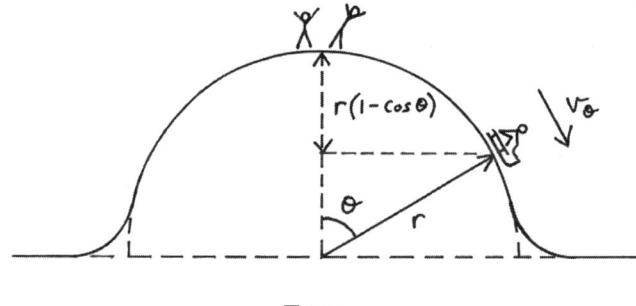

図 3.13

が増加すると，重力の円の中心方向の成分は減少する．そして，もはや円運動のために必要な向心加速度を維持できなくなる臨界角 θ_c で $R_\theta = 0$ となり，そりは斜面から離れる．

これらをもっと詳しく考えよう．はじめにエネルギーの保存を考える．そりが半球ヶ丘の頂上を通る鉛直線となす角 θ まで下ったとき，半球の半径を r として，そりは高さ $r(1-\cos\theta)$ だけ降下しており，失った位置エネルギーは $mgr(1-\cos\theta)$ である（図 3.13）．この点での運動エネルギーを $(1/2)mv_\theta^2$ とおくと，

$$v_\theta^2 = 2gr(1-\cos\theta)$$

を得る．そりにはたらく重力を mg，半球からの垂直抗力を R_θ として，そりが半球から離れていないとき，そりの円の中心方向の運動方程式は，

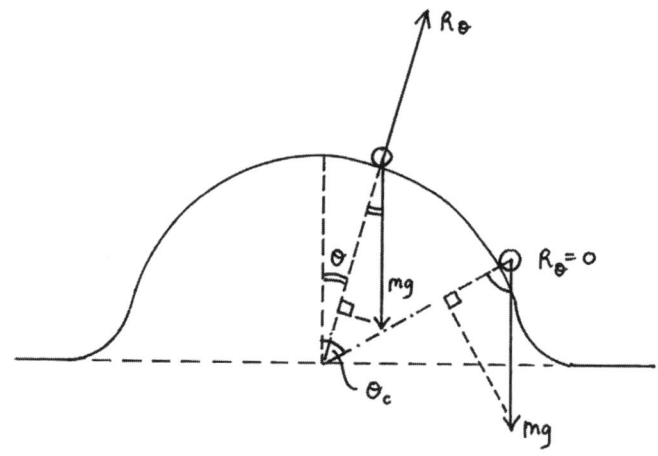

図 3.14

$$m\frac{v_\theta^2}{r} = mg\cos\theta - R_\theta$$

そりが半球から離れる瞬間，$\theta = \theta_c$ で $R_\theta = 0$ となるから，

$$m\frac{v_c^2}{r} = mg\cos\theta_c$$

となる (図 3.14)．ここで，離れる瞬間のそりの速さを v_c とおいた．v_c に $v_c^2 = 2gr(1-\cos\theta_c)$ を代入して，

$$\cos\theta_c = \frac{2}{3} \quad \therefore \quad \theta_c = \cos^{-1}\left(\frac{2}{3}\right) \approx 48.2°$$

を得る．無精教授は斜面を $\theta \approx 48.2°$ で離れ，空中飛行する．明晰教授が心配したのは正しかった．なぜなら，これが無精教授のそりでの最後の滑走となったからだ．

3.6　死の壁：自動車 ★★★

「死の壁」は，内側に垂直な壁をもった円筒形のトラックを自動車やバイクで走って回る昔の娯楽施設での曲芸である．最初のトラックは 1911 年にニューヨークのコニーアイランドでつくられたが，この曲芸はたちまち英国やインド，その他多くの場所に広がった．自動車やバイクは円筒の底の中央からスタートし，垂直の壁に移る前には，その速さは十分大きくなっている．観客は円筒形の壁の上にいて，ドライバーやライダーたちを見下ろす．そしてたぶん彼らが壁に張り付いたのを見てどんなにか驚いただろう．

米国や英国ではこの曲芸は廃れたが，それでもインドでは未だたくさんの壁がある．最も極端な見世物には，曲芸師がトラックを周回する自動車やバイクに乗って演技するものがある．もし，君たちがこの曲芸に満足しないなら，鋼の網でできた球の中でバイクレースをするという「死の球」という見世物があることも付け加えておこう．2010 年に中国のアクロバットグループが死の球を 10 周するという記録を打ち立てた．

問題　直径 12 m の「死の壁」の円周のまわりを走る自動車を考えよう (図 3.15)．自動車の重心は壁から 1 m の位置にあり，同じ車軸上の車輪の幅は 2 m あるとしよう．静止摩擦係数が次の場合の最小の速さを求めよ．

(1) $\mu = 1$
(2) $\mu = 1/2$
(3) $\mu = 3/2$

(1) から (3) までの答に対して，自動車に壁から作用する静止摩擦力と垂直抗力を求めよ．

3.6 死の壁：自動車 ★★★   81

図 **3.15**

解答 最初に自動車の絵を描こう．自動車の車輪の垂直の壁への接点を A, B とし，自動車の重心の位置を C とする (図 3.16)．重心と壁との距離は $x = 1\,\mathrm{m}$ であることは述べた．点 C と点 A の鉛直方向の距離 (C と A の高さの差) と点 B と点 C の鉛直方向の距離 (B と C の高さの差) はともに $y = 1\,\mathrm{m}$ である．それでは $\mu = 1$, $\mu = 1/2$, $\mu = 3/2$ の場合について考察しよう．

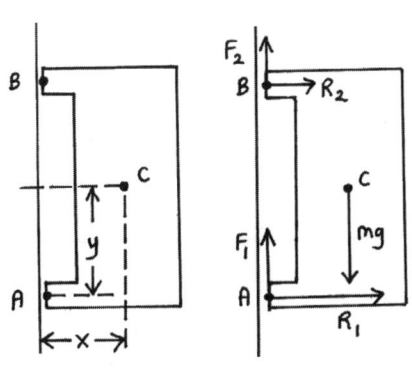

図 **3.16**

(1) $\mu = 1$ の場合　最も一般的な状況で自動車に作用する 5 つの力を考える．

- 重心 C から鉛直下方にはたらく自動車の重さ mg
- 点 A と点 B で，それぞれの壁からはたらく垂直抗力 R_1 および R_2
- 点 A と点 B で，それぞれ壁の鉛直上方へ作用する摩擦力 F_1 および F_2

ここでそれらの力がどのように関係するかを考えよう．鉛直方向と水平方向の力のつり合いを考え，次に重心のまわりのモーメントのつり合い考える．鉛直方向の加速度はゼロであることに注意して，この方向のつり合いの式は，

$$mg = F_1 + F_2$$

となる．円筒の中心に向かって作用する力，すなわち垂直抗力 R_1 および R_2 を考えよう．接線方向の速さを v，自動車の重心が運動する円の半径を r とすると，向心加速度は v^2/r であるから，

$$\frac{mv^2}{r} = R_1 + R_2$$

を得る．重心のまわりの力のモーメントのつり合いを考える前に，鉛直方向に作用する最大摩擦力を考える．一般に，静止摩擦力 F_1, F_2 は，

$$F_1 \leq \mu R_1 \quad \text{および} \quad F_2 \leq \mu R_2$$

を満たす．最大摩擦力が作用する場合，

$$F_1 = \mu R_1 \quad \text{および} \quad F_2 = \mu R_2$$

である．鉛直方向のつり合い条件は，

$$mg = \mu(R_1 + R_2) = \mu \frac{mv^2}{r}$$

となる．最大摩擦力が作用する場合の最小の速さ v は，

$$v = \sqrt{\frac{rg}{\mu}}$$

である．$r = 5\,\text{m}$, $g = 10\,\text{m/s}^2$, $\mu = 1$ とすると，$v = \sqrt{50} = 7.1\,\text{m/s}$（あるいは $25.5\,\text{km/h}$）である．これはきわめて容易に達成しうる速さで，「死の壁」の曲芸のビデオで自動車が走っているのを見るとゆっくりとした速さであり，この結果と矛盾しない．もちろんドライバーたちは最大摩擦力がはたらく速さよりずっと速く走行していて，確実に壁にはりついている．

この速さで自動車が安定して走行できることを保証するために，自動車の重心のまわりの力のモーメントを考えてみよう．ただし，最大摩擦力が作用すると仮定しよう．

重心 C は，壁との接点 A と B から水平に $x = 1\,\text{m}$ のところにある．点 A と B には鉛直上向きに静止摩擦力 $F_1 + F_2 = mg$ がはたらき，重心 C のまわりに時計回りに回転させようとする力のモーメント mgx を車に及ぼしている．一方，点 A から作用する垂直抗力 R_1 は C のまわりに反時計まわりに回転させようとするモーメント $R_1 y$ を，点 B から作用する垂直抗力 R_2 は C のまわりに時計回りのモーメント $R_2 y$ を及ぼす．ここで，R_1 と R_2 はともに正でなければならないことを注意しておこう．

これらより，重心のまわりの力のモーメントのつり合いは，

$$(F_1 + F_2)x + R_2 y = R_1 y$$

となる．最大摩擦力 $F_1 = \mu R_1$ および $F_2 = \mu R_2$ を代入して，

$$R_1 \left(1 - \mu \frac{x}{y}\right) = R_2 \left(1 + \mu \frac{x}{y}\right)$$

を得る．これは最大摩擦力が作用するとき，自動車が重心のまわりに回転しないための条件である．$\mu = 1$, $x = y = 1\,\mathrm{m}$ を代入すると左辺は 0 となり，方程式は $R_2 = 0$ のときのみ満たされる．これは極限として納得できる条件である．すべての重さは点 A で壁に接触している下側の車輪で支えられている．点 A に作用する垂直抗力と静止摩擦力の大きさは等しく，互いに重心 C のまわりに同じ大きさの逆まわりのモーメントを与えている (図 3.17)．こうして静止摩擦力と垂直抗力は，

$$F_1 = R_1 = mg \quad \text{および} \quad F_2 = R_2 = 0$$

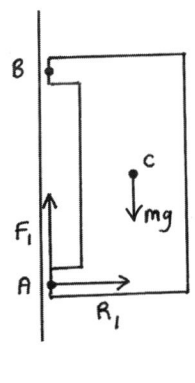

図 3.17

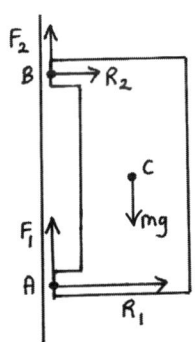

図 3.18

(2) $\mu = 1/2$ の場合　最大摩擦の場合の速さの条件 $v = \sqrt{rg/\mu}$ を思い出し，$r = 5\,\mathrm{m}$, $g = 10\,\mathrm{m/s^2}$, $\mu = 1/2$ とすると，$v = \sqrt{100} = 10\,\mathrm{m/s}$ (あるいは $36\,\mathrm{km/h}$) である．思った通り，摩擦が減った分少し速さが増した．この速さの増分は確かにわずかである．それは垂直抗力が v^2 に比例しているためである．

自動車が重心 C のまわりに回転しない条件 $R_1(1 - \mu x/y) = R_2(1 + \mu x/y)$ を検証しよう．$\mu = 1/2$ および $x = y = 1\,\mathrm{m}$ に対して $(1/2)R_1 = (3/2)R_2$ を得る．すなわち $R_1 = 3R_2$ である．この結果は想定通りである．摩擦係数が小さくなったので，必要な摩擦力を得るために垂直抗力を増やす必要がある．摩擦力による力のつり合いと重心のまわりの力のモーメントのつり合いより，点 A と点 B での静止摩擦力と垂直抗力は，

$$F_1 = \frac{3}{4}mg, \quad R_1 = \frac{3}{2}mg \quad \text{および} \quad F_2 = \frac{1}{4}mg, \quad R_2 = \frac{1}{2}mg$$

となる (図 3.18)．

(3) $\mu = 3/2$ の場合 やや非現実的かもしれないが，$\mu = 3/2$ の場合は興味深い．まず，最大静止摩擦力が作用する自動車の最小の速さは，

$$v = \sqrt{\frac{rg}{\mu}}$$

に $r = 5\,\mathrm{m}$, $g = 10\,\mathrm{m/s^2}$, $\mu = 3/2$ を代入して，$5.8\,\mathrm{m/s}$（あるいは $20.8\,\mathrm{km/h}$）となる．これは，強い粘着力のあるゴムによって低速で鉛直方向のつり合いを保つ場合である．

このとき，自動車が重心 C のまわりに回転しない条件 $R_1(1 - \mu x/y) = R_2(1 + \mu x/y)$ を検証しよう．$\mu = 3/2$ および $x = y = 1\,\mathrm{m}$ に対して $-(1/2)R_1 = (5/2)R_2$ となり，$-R_1 = 5R_2$ である．先に述べたように，R_1 と R_2 はともに正でなければならないので，このようなことはありえない．これは，いまの状況で静止摩擦力は最大摩擦力にはならないということを意味している．この点をもう少しはっきりさせてみよう．

自動車の平衡条件が成り立っている場合を考える．すなわち，

水平面内での円運動の運動方程式： $\qquad m\dfrac{v^2}{r} = R_1 + R_2$

鉛直方向のつり合い： $\qquad F_1 + F_2 = mg$

重心 C のまわりに車が回転しない条件： $(F_1 + F_2)x + R_2 y = R_1 y$

が成り立っている．これらより，$x = y = 1\,\mathrm{m}$ を用いて，

$$R_1 = \frac{m}{2}\left(\frac{v^2}{r} + g\right), \qquad R_2 = \frac{m}{2}\left(\frac{v^2}{r} - g\right)$$

となる．ここで，$r = 5\,\mathrm{m}$, $g = 10\,\mathrm{m/s^2}$ とし，$F_2 = R_2 = 0$ とすると，$v^2 = gr$ より $v = 7.1\,\mathrm{m/s}$ となる．また，$F_1 = R_1 = mg < \mu R_1$ $(\mu = 3/2)$ となり，車が安定的に回転運動する条件を満たすことがわかる．すなわち，静止摩擦力の大きさは最大摩擦力の大きさより小さい．自動車の速さをこれより速くすれば R_2 は正になり，車は安定して回転運動することができる．

より進んだ議論

上記の議論では，壁からはたらく垂直抗力 R_1, R_2 と鉛直方向にはたらく静止摩擦力 F_1, F_2 の間には，$F_1 \leq \mu R_1$ および $F_2 \leq \mu R_2$ という制限が課されることを述べた．しかし，実際の静止摩擦力がどのような値になっているかについては言及しなかった．もし，「死の壁」の中で，ドライバーがハンドル操作をしたら，車は危険な状態で渦巻き状に落ち，彼はきっと死んでしまう．ドライバーが円筒を登るようにハンドルを回せば摩擦を生む．普通の道路を運転するとき，カーブでは横方向の力が生じるのと同じである．自動車全体に作用する力は，ハンドルをどのように操縦するかに依存し

ている*7. ジョン・キャロル大学のクラウス・フリッシュは,「死の壁」について, 1998 年の The Physics Teacher 誌に, このテーマの記事*8を載せた.

> ウェブを探すと, いろいろな半径, 速さ, 角度で演じられているのを見つけることができる. リングリング兄弟 (Ringling Brothers), バーナムとベイリー (Barnum & Bailey) の「死の球」は直径 16 m (52 フィート) あり, 27 m/s (時速 60 マイル, 97 km/h) でうまく乗り切っているが, フュージョンライダーズ (Fusion Riders) の死の球の直径はわずか 4.1 m (13.5 フィート) である. 水平赤道面内の円周での走行で, 静止摩擦係数 $\mu = 0.7$ を仮定すると, 最小の速さは 7.6 m/s (27.4 km/h), 負荷が $1.7g$, バイクが水平面となす角度は $35°$ である.
>
> 他のウェブサイトには, 半径 12 m (38 フィート) 程度の木製の円筒の「死の壁」の写真が載っている. これらの写真ではたぶん角度は $30°$ で, 幾人かのライダーは負荷 g がほとんどないことを示すように腕を揚げている. また, 死の壁をうまく乗り切っているゴーカートの写真もある. バイクのライダーは, 走る方向に前輪の車軸を維持し続けて身体を傾けるのに対し, ゴーカートのドライバーはカートを傾けることができないので, 壁を渦巻き状に下ることがないように, つねに右 (壁を上る方向) にハンドルを維持しなければならない. これらを見るのは興味深い.

3.7　死の壁：バイク ★★/★★★★

問題　バイクが直径 12 m の「死の壁」の水平な円周のまわりを走行する場合を考えよう. バイクとライダーを, タイヤが壁に接している点から距離 1 m の点に集中している質点であるとみなす.

(1) 静止摩擦係数が $\mu = 1/2$ のとき, 最小の速さはいくらか？ バイクにはたらく力を図に描き, 水平面に対するバイクの角度を計算せよ ★★.
(2) 速さが 2 倍になった場合, 水平面に対するバイクの角度を計算せよ. 必要ならば近似を用いよ ★★★★.

解答

(1) 静止摩擦係数が $\mu = 1/2$ のときの最小の速さ　まず, バイクが傾くことに注意しなければならない. これにより, 重心のまわりのモーメントは 0 となり, 回転安定性が保たれる. 鉛直の壁に接触している点を A とし, 重心を C とする. C と A の距離

---

*7　接点での詳しい物理的なメカニズムは複雑でタイヤの変形に関係する.
*8　Fritsch, K., 1998, "More Physics on the Wall of Death," The Physics Teacher, **36**, p. 390, http://dx.doi.org/10.1119/1.879902.

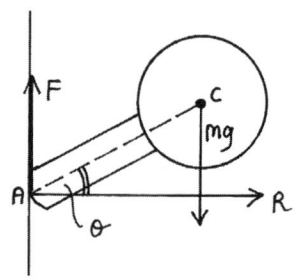

図 **3.19**

は 1 m である．バイクと水平とのなす角度を θ とする．最初にバイクに作用する 3 つの力を図に描こう (図 3.19)．

- C から鉛直下方に重さ mg
- 接触点 A で壁からはたらく垂直抗力 R
- 接触点 A で鉛直上方にはたらく摩擦力 F

力の間の関係を考えよう．鉛直方向の加速度はゼロであるから，力のつり合いは，

$$mg = F$$

となる．壁からはたらく垂直抗力 R は，向心加速度を与える力であり，

$$R = \frac{mv^2}{r}$$

と書ける．ここで，v は接線方向の速さで，r はバイクと運転手の重心によって描かれる円の半径である．その半径は $r = 12/2 - \cos\theta = 6 - \cos\theta$ によって与えられる．一般に摩擦力は $F \leq \mu R$ を満たす．最大摩擦力が作用する場合，$F = \mu R$ より，

$$F = \mu R = \mu \frac{mv^2}{r} = \frac{\mu m v^2}{6 - \cos\theta} = mg$$

となる．したがって，

$$v = \sqrt{\frac{g}{\mu}(6 - \cos\theta)}$$

である．バイクが回転しないように，重心のまわりのモーメントのつり合いをとると，$F = \mu R$ を用いて，

$$F \cos\theta = R \sin\theta \qquad \therefore \quad \mu = \tan\theta$$

を得る．$\mu = 1/2$ とすると $\theta = 26.6°$ となる．この角度はライダーが「死の壁」を回転するときの特徴的な角度である．これは接触点で作用する垂直抗力のモーメントと最大摩擦力のモーメントがつり合う角度であり，$\theta = 0°$ ではバイクは壁から転げ落ちる．

θ を v に対する表式に代入し，$g = 9.81\,\mathrm{m/s^2}$ とすると，$v \approx 10\,\mathrm{m/s}\,(36\,\mathrm{km/h})$ を得る．バイクとライダーの系の重心が回転運動するときの半径 r の値は，$r = 6 - \cos\theta \approx 5.1\,\mathrm{m}$ と求まり，バイクが傾くことを考慮しない場合 $(\theta = 0°)$ の値 $r = 5\,\mathrm{m}$ より少し大きい．

(2) 速さが2倍になった場合の水平面に対するバイクの角度　速さが2倍，すなわち $v \approx 20\,\mathrm{m/s}$ としたときについて考える．速さが2倍になると垂直抗力は4倍に増加する．このとき，静止摩擦力は最大摩擦力にはなっていない．静止摩擦力はバイクとライダーの重さに等しく，鉛直方向の力のつり合いを成り立たせている．バイクが回転せずに平衡を保つとき，最大摩擦力が作用したときより，バイクは小さい角度で上側を向き，バイクの重心から垂直抗力 R の作用線に引いた垂線の長さは減少する．

鉛直方向のつり合いより $F = mg$ となり，水平方向のつり合いより，$R = mv^2/r$ (円周の中心方向の加速度は v^2/r) となる．重心のまわりの力のモーメントのつり合いより，

$$F\cos\theta = R\sin\theta \quad \therefore \quad mg\cos\theta = \frac{mv^2}{r}\sin\theta$$

である．$r = 6 - \cos\theta$ を思い起こすと，

$$\tan\theta = \frac{g}{v^2}(6 - \cos\theta)$$

と書ける．これを $v = 20\,\mathrm{m/s}$ に対して解く必要がある．$\cos\theta = c$ とおいて三角関数公式 $\tan^2\theta = (1 - c^2)/c^2$ を用いて，

$$\frac{1 - c^2}{c^2} = (6 - c)^2 \frac{g^2}{v^4}$$

$$1 - c^2 = c^2(36 - 12c + c^2)\frac{g^2}{v^4}$$

$$0 = c^4 - 12c^3 + \left(36 + \frac{v^4}{g^2}\right)c^2 - \frac{v^4}{g^2}$$

この4次方程式は代数的に求めることができる4つの解をもつ[*9]が，たくさんの代数式を立てなければならない．1次の反復法で近似解を得る方が簡単である．角度 θ は小さいと予想できるので，$\cos\theta$ はきわめて1に近いであろう．そこで，$g = 9.8\,\mathrm{m/s^2}$，$v = 20\,\mathrm{m/s}$ として，

$$\tan\theta = \frac{g}{v^2}(6 - \cos\theta)$$

の右辺に $\cos\theta = 1$ を代入して $\tan\theta$ を求め，

$$\cos\theta = \frac{1}{\sqrt{1 + \tan^2\theta}} \approx 0.9926$$

を得る．これより，$\theta \approx 6.98°$ を得る．これは水平に対して非常に小さな角度である．

[*9] 方程式を解いて4つの解を求めることは，宿題として残しておこう．

より進んだ議論

「死の壁」のもっと詳細な解析を行うと，バイクと自動車との状況の相違はなかなか興味深い．それはジャイロスコープ効果に関連している．なぜならバイクが傾いて円筒のまわりを周回するために[*10]，バイク自身の回転軸のまわりの角運動量ベクトル[*11]と車輪の回転運動量ベクトルはともに連続的に変化する．角運動量が変化するためには力のモーメントが必要である．この力のモーメントはバイクの重心の位置を変えることにより得られる．これがなされる機構は上述の通りであるが，ジャイロスコープ効果が加わって系の安定点が変化する．私自身の「簡単な計算」によればこの影響は無視できるとはとてもいえない．典型的な「死の壁」では必要な力のモーメントの変化はたぶん 5% となる．

[*10] 角 θ だけ傾いているとして解析を実行した．
[*11] バイクは円筒のまわりを回転するのに応じて同じ割合で重心のまわりに回転している．

4 単 振 動

　この章では，単振動 (振動運動の中でも最もシンプルなタイプ) を見てみよう．振り子，ばねに取り付けられた質量のある物体，一部分が水に沈んでいる浮き[*1]，LC回路 (コイルとコンデンサーが直列につながった回路)，これらの系はすべて，振幅が小さい場合，単振動に近似される．これらの系には，物体が静止すなわち力の平衡位置から変位したとき，復元力が平衡位置に向かって作用するという共通点がある．この復元力 F は，平衡位置からの変位 x に比例する．これが単振動の条件である．つまり系は，

$$F = -kx$$

の式に従わなければならない．ここで k は，系の「ばね定数」あるいは，より一般的に「堅さ」とよばれている．ニュートンの第2法則 $F = ma = m(d^2x/dt^2)$ (m は物体の質量，a は加速度) を適用することにより，以下の運動方程式を得る．

$$m\frac{d^2x}{dt^2} = -kx$$

いま，単振動の一般解を得るために，この式を解いてみよう[*2]．

$$\frac{d^2x}{dt^2} = \frac{d}{dt}\frac{dx}{dt} = \frac{dx}{dt}\frac{d}{dx}\frac{dx}{dt} = v\frac{dv}{dx}$$

であることに注意すると，

$$v\frac{dv}{dx} = -\frac{k}{m}x$$

となる．これを積分すれば，

$$\int_{v_0}^{v} v\,dv = -\frac{k}{m}\int_{x_0}^{x} x\,dx$$

ここで，$x_0 = x\,(t=0)$，$v_0 = v\,(t=0)$ である．すると，

$$\left[\frac{v^2}{2}\right]_{v_0}^{v} = -\frac{k}{m}\left[\frac{x^2}{2}\right]_{x_0}^{x}$$

[*1] 物体が振動する際に，水面と交差する部分の断面積が変化しない場合．
[*2] 変数分離法を使うことのできる1階微分方程式を用いる解法 (特解を必要としない) を使うことにする．これはおそらく，標準的な方法ではない．特解を用いた標準的な方法については，別の教科書を参照のこと．

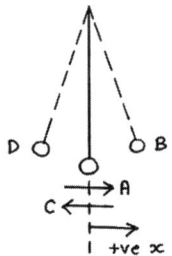

図 4.1

$$v^2 = \frac{k}{m}(x_0^2 - x^2) + v_0^2$$
$$= \frac{k}{m}\left(x_0^2 + \frac{m}{k}v_0^2 - x^2\right)$$

さらに, $x_0^2 + (m/k)v_0^2 = a^2$ とおくと, $v^2 = (k/m)(a^2 - x^2)$, あるいは $v = dx/dt = \pm(k/m)^{1/2}(a^2 - x^2)^{1/2}$ となり, これを積分すれば,

$$\int_{x_0}^{x} \frac{dx}{(a^2 - x^2)^{1/2}} = \pm\left(\frac{k}{m}\right)^{1/2}\int_0^t dt$$

$$\left[\sin^{-1}\left(\frac{x}{a}\right)\right]_{x_0}^{x} = \pm\left(\frac{k}{m}\right)^{1/2}[t]_0^t$$

$$\sin^{-1}\left(\frac{x}{a}\right) = \pm\left(\frac{k}{m}\right)^{1/2}t + \sin^{-1}\left(\frac{x_0}{a}\right)$$

$$x = a\sin\left[\pm\left(\frac{k}{m}\right)^{1/2}t + \sin^{-1}\left(\frac{x_0}{a}\right)\right]$$

$$= a\sin\left[\pm\left(\frac{k}{m}\right)^{1/2}t + \phi\right]$$

位相定数は, $\phi = \sin^{-1}(x_0/a)$ である. これが単振動の一般解である. ここで a は振動の振幅であり, $\omega = (k/m)^{1/2}$ はラジアン毎秒で測った振動の角振動数である. 図 4.1 に示すように, $t = 0$ の際の初期条件によって, A, B, C, D の 4 つの特別な場合が存在する. それぞれについて簡単に見ておこう.

- 場合 A, $x_0 = 0$ で, x の正方向に動いているとき: $x_0 = 0$, $\phi = \sin^{-1}(0) = 0$ なので, $x = a\sin(+\omega t + 0) = a\sin\omega t$ である.
- 場合 B, $x_0 = +a$ で, x は最大, 初速 0 のとき: $x_0 = a$, $\phi = \sin^{-1}(1) = \pi/2$ なので, $x = a\sin[+\omega t + \pi/2] = a\cos\omega t$ である.
- 場合 C, $x_0 = 0$ で, x の負方向に動いているとき: $x_0 = 0$, $\phi = \sin^{-1}(0) = 0$ なので, $x = a\sin(-\omega t + 0) = -a\sin\omega t$ である.

- 場合 D, $x_0 = -a$ で, x は最小, 初速 0 のとき：$x_0 = -a$, $\phi = \sin^{-1}(-1) = -\pi/2$ なので, $x = a\sin(+\omega t - \pi/2) = -a\cos\omega t$ である.

特別な場合 A, B, C および D 以外の状況では, 初期条件を満足するように位相定数 ϕ を計算すればよい. 本書の中では, 標準的でないような (上記以外の) 初期条件の問題は考えない.

単振動の問題を解く場合に覚えておくべき重要なことは, 以下の通りであろう. この要約は教科書のかわりにすべきでなく, むしろすでにきちんと学習している人のメモとでもいうべきものである.

- **単振動をもたらす系の方程式**　単振動をもたらす系の方程式は, $F = -kx$ の形をしている. 物体に変位が生じたとき, 力 F は, (i) 平衡位置からの変位 x に比例し[*3], (ii) 平衡位置に戻そうとする向きにはたらく. これが復元力である. 比例定数 k はしばしば系の弾性定数, あるいはばねにちなんでばね定数とよばれている.
- **単振動の一般解**　単振動の系の方程式を運動方程式に代入すると,

$$m\frac{d^2x}{dt^2} = -kx$$

これを解いて単振動の一般解を得ることができる.

$$x = a\sin(\omega t + \phi)$$

この運動方程式は 4 つの特別解をもつ. 初速ゼロでそのとき変位最大となる解 $x = \pm a\cos\omega t$, および, はじめ変位ゼロで速さ最大である解 $x = \pm a\sin\omega t$ である.
- **復元力**　復元力 $F = -kx$ は, 系のタイプに依存し, 多くの形をとることができる. たとえば, (i) 復元力が単振り子の糸の張力の水平方向成分である場合：振動の最大角が小さいことが条件である. (ii) 復元力が質量のある物体を付けたばねの伸びあるいは縮みによる力の場合：線形, あるいはフックの法則に従う. (iii) 水面と交差する部分の断面積が変化しない浮きに作用する浮力の場合：復元力は平衡点と非平衡点 (変位点) の間で, 排除される流体の重量の差に等しい. さらに, 単振動をもたらす力と等価であると判定しにくいような物理量による単振動の例はたくさんある.
- **重力と加速度の効果**　いくつかの系では, 復元力は重力に比例する. たとえば単振り子の場合, 糸の張力が重力に比例するので, 復元力は重力に比例する. また, 地

[*3] これは微小変位を生じた際のほとんどの系でほぼ正しい. 変位 x に依存する復元力 F を考えてみよう. 一般的には, F は x の複雑な非線形関数 $F(x)$ である. 変位が大きければ, 振り子やばね振動子などであっても, 関数形は複雑になる. $F(x)$ は $x = 0$ のまわりにテーラー展開すると,

$$F(x) = \sum_{n=0}^{\infty} a_n x^n = a_0 + a_1 x + a_2 x^2 + \cdots$$

$F(0) = 0$ とすると $a_0 = 0$, すなわち系によらず, もし x が「十分小さい」なら, $F(x) \approx a_1 x$ と表すことができる (「十分に小さい」かどうかは, 考えている系に依存する).

球表面よりも重力の大きい惑星に行ったとすれば，復元力は増加し，振り子の周期は短くなるであろう．重力が変わらなくても，あたかも重力が変わったかのように復元力が変わる系をつくることもできる．これらの系に対し，実際に重力が変わった系と区別するために，「見かけの重力」という語を用いることがある．参考のために加速度系を考えてみよう．上向きに加速するエレベーターに乗っているとすれば，重力が増加したように見え，単振り子の張力は上向きの加速度を生じるのに必要な分だけ増加する．もし飛行機から飛び降りれば，見かけの重力は（少なくともしばらくの間は）減少する．なぜなら，重力に起因する力の一部または全部が物体を下方に加速するために使われるからである．見かけの重力が変化したとき，いくつかの系では，復元力もまた変化する．

- **運動の周期** 単振動では，運動の角振動数は $\omega = (k/m)^{1/2}$ [rad/s] により与えられる．運動の周期 T は系が完全にひとめぐりする時間であり，$\omega t = 0$ から $\omega t = 2\pi$ までの時間である．したがって，$\omega T = 2\pi$ と書くことができ，$T = 2\pi(m/k)^{1/2}$ となる．

- **エネルギー** エネルギーには，運動エネルギー $E_\mathrm{K} = (1/2)m\dot{x}^2$ とポテンシャルエネルギー[*4] $E_\mathrm{P} = \int_0^x F\,dx = \int_0^x kx\,dx = (1/2)kx^2$ があり，全エネルギー E は1サイクルのすべての点において，運動エネルギーとポテンシャルエネルギーの和に等しく，

$$E = E_\mathrm{K} + E_\mathrm{P} = \frac{1}{2}m\dot{x}^2 + \frac{1}{2}kx^2$$

と書ける．単振動では全エネルギー E は保存される．
変位が最大のとき，系のエネルギーはすべてポテンシャルエネルギーの形をとり，速さはゼロである．変位がゼロのときは，平衡点を基準としたポテンシャルエネルギーはゼロで，系のエネルギーは，運動エネルギーに等しい．このとき，速さは最大になっている．系が振動するにつれて運動エネルギーとポテンシャルエネルギーとの間でエネルギーのやり取りが行われる．

4.1 振動球 ★★

港で船が揺れているのを見たことがあるだろう．航海に関して，他のすべての分野と同様，その運動を述べる専門用語がある．船員たちは船の左右の揺れをスウェイ (sway)，前後の揺れをサージ (surge)，上下振動をヒーブ (heave) とよぶ．もしかしたら，読者は揺れの周期が船の大きさに依存していることにお気づきかもしれない．たとえばフェリーを眺めているとき，他の船が通過した後，しばらくの間数秒の周期で，フェリーが上下にゆっくり揺れるのを見たことがあるであろう．一方，カモメが釣り

[*4] ここでは，最も単純なばねによるエネルギーを考えている．より一般的な場合では，ばねに蓄えられているポテンシャルエネルギーと重力のポテンシャルエネルギーを併せもつかもしれない．たとえば，鉛直方向に振動するばねが考えられる．

の浮きの上に止まって，1秒に満たない周期で振動しているのを見たことがあるかもしれない．力学的な系の振動では，多くの場合その周期は質量と復元力 (より厳密には復元力の比例定数) の関数である[*5]．

問題 半径 r の固体球が高密度の流体の表面上に，正確にその体積の半分だけ出して浮いている (図 4.2)．球を下方にわずかな距離 $y \ll r$ だけ変位させて放したとき，その運動の周期を与える表式を求めよ．液体の運動は無視してよい．

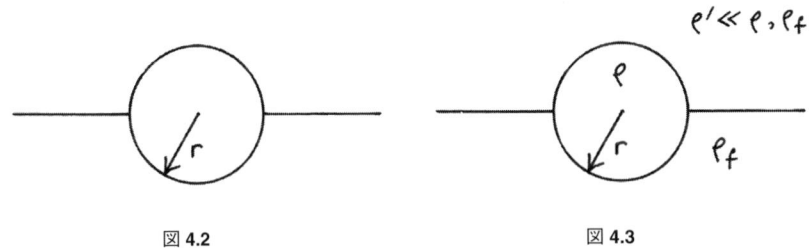

図 4.2　　　　　　　　図 4.3

解答 長年にわたり私は学生にこの問題を出してきた．わかりやすいので，ほとんどの学生は，あまり手助けしなくても筋道だって解いているようである．学生の多くは，直観的に変位が十分小さいとき ($y \ll r$) の単振動の型のどれかだろうと見当を付ける．私は，はじめに単振動の話をしていないので，学生が自らその関連を発見したときは非常にうれしい．私がこの問題が好きな理由は，最初はいくつか情報が欠けているように見えるので，方程式を立てる前に全体状況を考えなければならないからだ．

ではどこから始めたらよいのか？もちろん，問の中にある情報を理解することからである．固体球が高密度流体の表面から半分だけ出て，浮いているとしよう．この場合，流体の密度を ρ_f とすれば，固体球の密度 ρ は，

$$\rho = \frac{1}{2}\rho_\mathrm{f}$$

である．ここで，固体球の上半分が浸かっている第2の流体 (おそらく空気) の密度による浮力は無視している．これは第2の流体の密度 ρ' が十分に小さい ($\rho' \ll \rho, \rho_\mathrm{f}$) と仮定しているということである (図 4.3)．

ここまでは順調だが，ここで既知の量で固体球の質量および固体球に作用する力を表す必要がある．ねらいは，単振動の方程式の形の表現を導くことである．まず，固体球の質量を考えよう．

$$m = \frac{4}{3}\pi r^3 \rho$$

[*5] 単振り子のようないくつかの特殊な場合では，復元力が質量に比例しており，その結果，周期は質量にはよらない．実際，単振り子の周期は，$T = 2\pi\sqrt{l/g}$ と書ける．

今度は固体球にはたらく力を考えなければならない．固体球の「重さ」に起因する下向きの力がある．これは mg に等しい．これを相殺する浮力がある．これは排除された液体の重さに等しい．平衡状態では，浮力は固体球の重さと大きさが等しく反対方向に作用し，物体に正味の力ははたらかない．

さて，平衡位置から固体球を下方に小さい距離 y だけ変位させて放す．ここで「小さい」とは $y \ll r$ を意味する．すると，上向きに正味の浮力 F_net が生じる．これは新たに排除された体積の分の流体の重さに等しい．この力は，流体の掃引体積 (新たに沈んだ体積) に流体の密度と重力加速度 g をかけたものに等しい．変位は小さいので，掃引体積はほぼ薄い円盤の体積に等しく，$\pi r^2 y$ である．こうして，浮力 F_net は，

$$F_\text{net} = -y\pi r^2 \rho_\text{f} g$$

となる．負号は，力が変位ベクトルとは逆方向であるために付けられている．この表式は $y \ll r$ のとき，つまり浮き沈みする部分の断面積が一定値と見なされるときのみ成り立つ，ということに注意しよう (図 4.4)．

ニュートンの第 2 法則を用いて，m に上で得た値を代入し，$\rho = (1/2)\rho_\text{f}$ であることに注意すると，固体球の加速度 a は，

$$a = \ddot{y} = \frac{d^2 y}{dt^2} = -\frac{3g}{2r} y$$

となる．これは単振動の方程式の形をしている．標準的な方法 (たとえば，本章のはじめに説明した方法) で解いて，振動の角振動数 ω は，

$$\omega = \sqrt{\frac{3g}{2r}}$$

周期 T は，1 サイクルに要する時間であり，$T\omega = 2\pi$ によって与えられるので，

$$T = 2\pi \sqrt{\frac{2r}{3g}}$$

となる．単位はもちろん秒である．周期 T が物体の質量に依存しないところに注目しよう．これにはいささか驚くかもしれない[*6]．これは，周期が質量に依存しない単振り

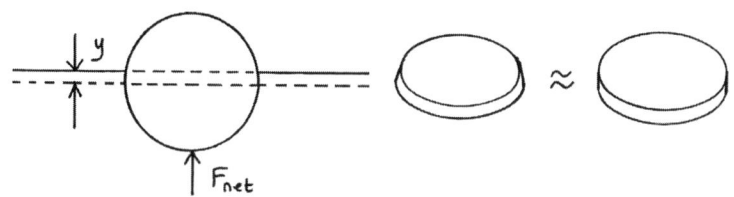

図 **4.4**

[*6] 球が半分だけ浸かってつり合うという事実さえあれば，流体および振動球の密度の具体的な数値を特定する必要はなく，振動球の質量を知る必要はない．

子に類似している．物体が高密度流体のうちに半分は浸かり半分は出ているので，単振り子と同様に，復元力は質量に比例している．

実際の理想化されていない系では，流体の動きを考慮する必要がある．それは運動に含まれる質量を増加させるであろうし，また両方の流体の粘度に起因する減衰効果を考慮する必要もあるだろう．

より進んだ議論

振動の周期が，1秒と10秒になる固体球の大きさを計算してみよう．上で得た結果を用いると，

$$r = \frac{3g}{2}\left(\frac{T}{2\pi}\right)^2$$

$T = 1\,\mathrm{s}$ とすると $r = 0.37\,\mathrm{m}$ で，釣りに使う大きな浮きぐらいのサイズである．$T = 10$ 秒ならば，$r = 37\,\mathrm{m}$ で，典型的な氷山ぐらいのサイズである．ここで，より詳しい正確な計算をやってみよう．実際のところ，どれくらいの大きさの氷山がありうるのか考えよう．

南極のロス棚氷から生成される氷山は，とんでもない大きさになることがある．2000年3月には，11,000 km^2 にも及ぶ氷山が生成された．単体の氷山としては史上最大のものである．それは B-15[*7] とよばれ，最終的には嵐によって割れるまで数年間存在し続けた．巨大なテーブル型氷山の水面からの高さが 30–40 m であれば，その厚さは 300–400 m と推定できる (淡水の氷の密度 920 kg/m^3，海水の密度 1,025 kg/m^3)．上記と同様の方法を用いて，この巨大な物体の周期を計算できる．やってみよう．

テーブル型氷山の上面の面積を A，厚さを h，氷の密度を ρ_{ice}，周囲の水の密度を $\rho_{\mathrm{H_2O}}$ とする (図 4.5)．

小さな変位 y について，上記と同様の方法を用いて，

$$F = -A y \rho_{\mathrm{H_2O}} g = A h \rho_{\mathrm{ice}} \frac{d^2 y}{dt^2}$$

と書ける．したがって，

$$\frac{d^2 y}{dt^2} = -\frac{\rho_{\mathrm{H_2O}} g}{\rho_{\mathrm{ice}} h} y$$

これより，

$$\omega^2 = \frac{\rho_{\mathrm{H_2O}} g}{\rho_{\mathrm{ice}} h} \qquad \therefore \quad T = \frac{2\pi}{\omega} = 2\pi\left(\frac{h \rho_{\mathrm{ice}}}{g \rho_{\mathrm{H_2O}}}\right)^{1/2}$$

[*7] 米国立アイスセンターは，世界最大クラスの氷山を監視するために 1995 年に設立された．通常の距離の単位とは異なる単位を用いて，10 海里 (船乗りは，いつも変わったことをやりたがる！1 海里 = 1,852 m) 以上の大きさの氷山は，英数字コードを与えられる．生成した場所を英字で，生成した順番を数字で表す．

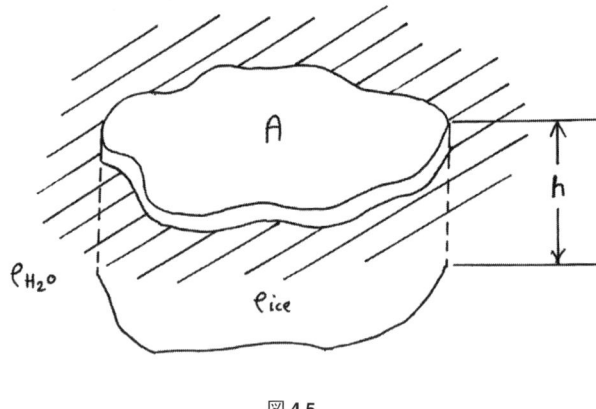

図 4.5

$\rho_{\text{ice}} = 920\,\text{kg/m}^3$, $\rho_{\text{H}_2\text{O}} = 1{,}025\,\text{kg/m}^3$, $h = 300\,\text{m}$, $g \approx 9.81\,\text{m/s}^2$ とすると, $T = 32.9$ 秒を得る. 周期は上面の面積とは無関係である.

4.2 時止教授の時間操作機 ★★★

「時止(ときとめ)」教授は時間の秘密を発見したと思っていた. 彼は自作の時間操作エレベーターを使って時間を速くしたり遅くしたりできると信じている. 彼は, 時止家の田舎屋敷に塔を設置し, 中を吹き抜けにして 2 台連結した「時間操作エレベーター」を特設した. ちょうど井戸のくみ上げ塔に釣瓶(つるべ)を 2 つ吊したみたいな形になる. 時間操作エレベーターは 2 つのエレベーターをもち, それらは互いに同じ速度で反対方向に移動するようにつながれている. このとき, 加速度の大きさは等しく, 逆方向である.

この 2 つのエレベーターを, 以下のような連続したサイクルで作動させる.

- 第 1 段階:エレベーター A と B は最初は互いに同じ高さで静止.
- 第 2 段階:エレベーター A (B) を, 加速度 $a = (3/10)g$ で上向き (下向き) に 7.5 秒間加速.
- 第 3 段階:エレベーター A (B) を, 上向き (下向き) に加速度 $a = -(9/10)g$ で 2.5 秒間加速 (つまり静止するまで減速).
- 第 4 段階:エレベーター A を非常にゆっくりと等速度で下げ, 同様に B を上げ, 再び同じ高さにする.

時止教授は, 2 つの同じ床置き振り子時計 (一方をエレベーター A に乗せ, 他方を B に乗せる) により, その時間操作機の素晴らしさを示せると言う. 教授によれば, エレベーター A では通常よりも時間が速く経ち, B では通常より遅い. すなわち, エレベーター A に乗せた時計はより多く時を刻み, B に乗せた時計はより少なく刻む. 彼

は，年配の客を招待して時間操作機をテストし，その効果を見ることができるようにした．その間，教授は踊り場で待っていた．幸いにも，招待された「か弱き」紳士は物理学者であり，教授と物理学者がエレベーターホールに到着すると，物理学者は教授の推理がどこで間違っているかを説明した．物理学者は第3の同一の床置き時計Cをホールに設置するよう求めた．この第3の床置き時計により，本当の経過時間を計ることができるという．執事が3つの床置時計の時刻を合わせ，時計が動き出すと同時に操作機も作動し始めた．それぞれの時計が示す時刻がわかるように，1サイクルの終わりにエレベーターのドアが開かれる (図 4.6)．

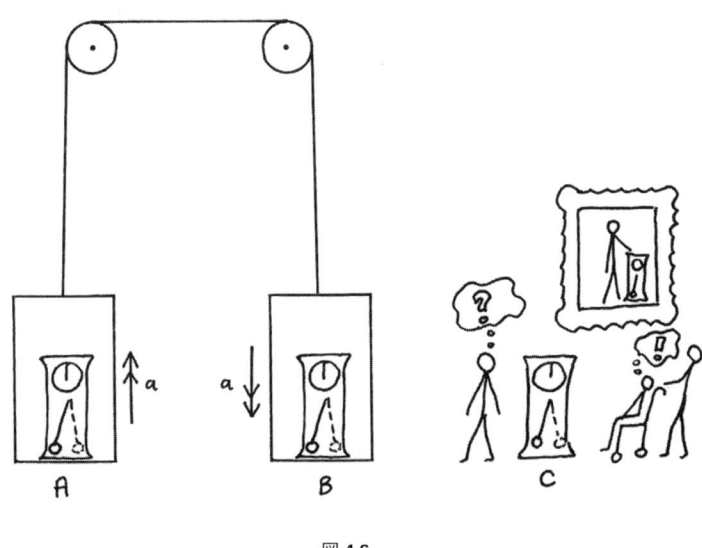

図 **4.6**

問題 1回のサイクルが終わったとき，それぞれの時計の読みは互いにどのような関係にあるか？ また，それはなぜか？

解答 振り子時計は単振動の原理で動作する．単振り子の糸の長さを L とするとき，単振動の方程式 $\ddot{x} = -\omega^2 x$ における角振動数 ω は，単振動の復元力が重力 mg (m は振り子に付けるおもりの質量) に比例するため ω の表式の中に g が現れ，一様な重力加速度 g の重力場では，$\omega = \sqrt{g/L}$ となる．

重力と反対方向に一定の大きさ a で加速する加速度系において，復元力は見かけの重力 $m(g+a)$ に比例し，角振動数 ω は増加する．重力と同じ方向に一定の大きさの加速度 a なら，復元力は見かけの重力 $m(g-a)$ に比例し，角振動数は減少する．特殊な例として自由落下 $|a| = |g|$ の場合，復元力はゼロになり振り子はもはや揺れず，角振動数はゼロである．

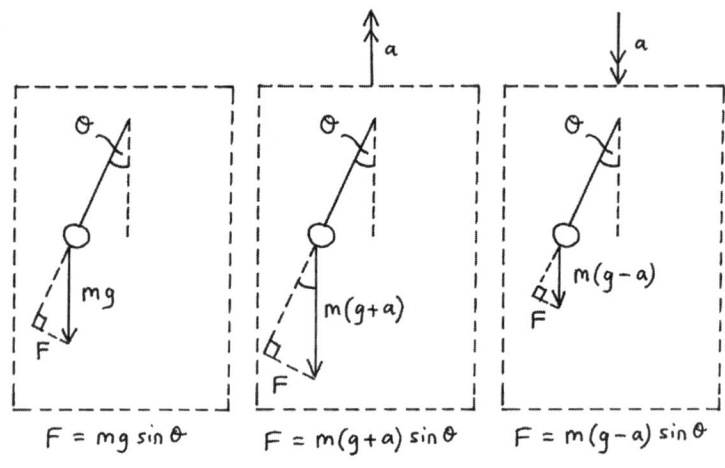

図 4.7

図 4.7 からわかるように，3 つの状況のすべてで，復元力は上向きの加速度によって強められ，下向きの加速度によって弱められる．$\Delta t_1 = 7.5$ 秒と $\Delta t_2 = 2.5$ 秒の 2 つの期間の置き時計 A, B, C の運動を考えてみよう．総振動回数 n は，それぞれの期間の振動数 f で数えたものの総和である．すなわち，$f = \omega/2\pi = (1/2\pi)\sqrt{g/L}$ に期間の長さをかけたものであり，$n = f_1\Delta t_1 + f_2\Delta t_2 = (\omega_1/2\pi)\Delta t_1 + (\omega_2/2\pi)\Delta t_2$ である．サイクルの一部 (エレベーターがゆっくりと等速度で戻ってくる第 4 段階のところ) は無視する．さらに，この非常に遅い速度をもたらすために必要な加速度の効果も無視できる．重要な加速が行われている 10 秒間 (第 2 段階と第 3 段階) の時計 (振り子) の総振動回数は以下のようになる．

時計 A：$\quad n_A = \dfrac{1}{2\pi}\sqrt{\dfrac{g}{L}}\left[\sqrt{1 + \dfrac{3}{10}}\Delta t_1 + \sqrt{1 - \dfrac{9}{10}}\Delta t_2\right]$

時計 B：$\quad n_B = \dfrac{1}{2\pi}\sqrt{\dfrac{g}{L}}\left[\sqrt{1 - \dfrac{3}{10}}\Delta t_1 + \sqrt{1 + \dfrac{9}{10}}\Delta t_2\right]$

時計 C：$\quad n_C = \dfrac{1}{2\pi}\sqrt{\dfrac{g}{L}}(\sqrt{1}\Delta t_1 + \sqrt{1}\Delta t_2)$

10 秒間の総振動回数の比 $n_A : n_B : n_C$ は

$$9.34 : 9.72 : 10.00$$

したがって，ホールに置かれた時計 C よりも，A は 0.66 秒，B は 0.28 秒だけ遅れる．これが正解である．振動数の時間平均が，A と B いずれも C の振り子より小さいた

めである．これが，変動する加速度の下での振り子時計のふるまいである[*8]．

　物理学者は，「時止教授，まずあなたの間違いはですね，AとBの加速度は逆向きだから，その大きさが同じなら，時計Aで振動数が増加すれば同じ分だけ時計Bの振動数が減少する．したがって，時計Aでの「時の刻み」が増えればその分だけ時計Bの「時の刻み」が減少する，と思い込んだところにあります．実際には振り子の振動数は「見かけの重力加速度」にそのまま比例するのではなく，その平方根に比例するので，加速度の大きさが同じでも時計Aでの増加(減少)と時計Bでの減少(増加)は同じにならず，結果として時計AとBの総振動回数(「時の刻み」の総数)は，時計Cの総振動回数より減少してしまったのです」と言った．

　「私は間違っていた．あなたが正しい！」と教授は言った．「しかし，Aは上方に，Bは下方に永遠に加速し続けることができれば，時間操作機としてはちゃんとはたらくだろうに…」

　長い沈黙が流れた．時止教授は「時の刻み」と時間そのものについて混乱している様子を見せ，物理学者は指摘する優先順位を間違えたかと困惑している様子を見せ，執事は無表情であった．

　「シェリー酒をお出ししましょうか，先生？」と執事は言った．
　「それよりも！」と物理学者は答えた．「階段を使いませんか？」

4.3　ばね好き博士の発振器 ★

　人間の歴史の中で，互いに傷つけ殺しあう最も忌まわしい方法が考案され，その目的のためにしばしば科学を利用されきたことは悲しむべき事実である．私たちは暴力をふるうための，より洗練された兵器を開発するために科学を用いている．実際，多くの技術は，自分の対戦相手よりも高度な武器をもつことの必要にかられて革新されてきた．

　以下で，その技術発展の歴史を考えてみよう．槍と弓と石の矢尻のついた矢(BC20000年頃)，馬の家畜化(BC4000年頃)，強くて軽い剣を生み出した冶金技術の進歩(BC5000–1000年)，火薬の発明とそれを用いた最初の爆裂砲弾(AD1000年頃)，高速の銃器(およそ1200年以降)，ロケット弾(1800年代)，潜水艦(1775年)，インパクトの強い榴

[*8] さらに印象的な例として，大きな大砲の砲身から振り子時計の1つを上向きに発射する場合を考えよう．空気抵抗を無視するとして，打ち出された時計は，上っていくときも落ちてくるときも加速度は $a = g$ であり，見かけの重力はゼロとなる．したがって，振り子の振動数はゼロであり，時計の振り子はまったく振れず，「見かけの時間」(撃ち出された時計で測った時間)は止まっている．「見かけの時間」が変化するのは，大砲の中で発射されている瞬間と地面に着弾する瞬間だけである．これらの期間は非常に短く，ほとんど無視することができる．もし床置き時計が非常に大きな弾道軌道上に発射され，地面に着くたびに非常に素早く再発射されたなら，空気抵抗は無視するとして，時止教授は「見かけの時間」(時計によって測られた時間)がほとんど止まっている，という結果を導くことになる．

弾 (1800 年), 機関銃 (1884 年), 戦車 (1914 年), 核爆弾 (1945 年), メーザーおよびレーザー (1960 年), テイザーすなわち電気スタンガン (1974 年), そして空中レーザー (2008 年). これらは, 航空, 宇宙, 造船技術の発展同様, 空や公海上の戦場での競争上の必要にかられてつくられたものであった. もちろん, 科学的な知見の結果は, 害を与えるのと同じくらい, 偉大なる善行のためにも使われてきた. 核時代と核軍拡競争における発展は, 現在世界のエネルギーの大きな部分を供給する原子炉の開発を導き, また, われわれの経済成長と持続不能なほどの多くのエネルギーを求める欲望との矛盾に対する解決策をもたらすかもしれない, 核融合炉の発展にもつながっている.

つましい振り子さえ拷問用具になり, 中世の終わり (1500 年頃) から 19 世紀になるまでスペインの異端審問では, 自白を強いるために用いられた. 長い (堅い腕の) 振り子の端には, おもりのかわりに斧がつけられていた. 斧は, 犠牲者の上を揺れながら, 特殊な機構によって往復のたびごとに少しずつ下げられていった. 1826 年に刊行されたジャン・アントワーヌ・ジョレンテ異端審問長官の手になる本[*9]の序文には, 以下のような心を痛める一節がある.

> これらの囚人の一人が有罪とされ, 翌日には苦しめられた. 彼への刑罰は振り子による死刑であった. 犠牲者を殺害する方法は, 以下のようである. 罪人はテーブルの上のくぼみに仰向けに縛り付けられる. 彼の上には, 鋭い刃をもつ振り子が吊され, それは動くたびに腕が長くなるようにつくられている. 哀れなその罪人は, この殺害装置が行きつ戻りつ揺れながら, 刻々と, 鋭い刃が近づいて来るのを見ている. 鼻先をかすめ, だんだんと切り刻まれ命が尽きるまで続けられる. 聖職者が異端を根絶する, より人間的な方法の開発に努めたかは疑わしい. これが, なんと 1820 年における秘密裁判の刑罰であったことは記憶されるべきである.

この表現はあまりにも残忍で生々しいので, 文学作品に繰り返し取り上げられている. 最も有名なのは, アメリカのミステリー (そしてサスペンス) 作家エドガー・アラン・ポー (Edgar Allan Poe) による 1842 年の短編小説『落とし穴と振り子』であろう. この話は際限なく換骨奪胎されて, さまざまな言語による同名の多数の映画の原作となっている. 私は, このジャンルの大ファンというわけではないが, この小説は, 私たちすべてが少なくとも一度は読むべき古典であろう.

同じ原理にもとづく, もう少し「ましな」装置を考えてみよう. そうすれば異端審問の振り子機械の不気味な面の多くを払拭できる.

問題 「ばね好き」博士は, 自白させるための奇妙な装置をもっている. それは, シカゴの彼のアパートの地下にある「ばね好き発振器」として知られており, 拷問される犠牲者を縛り付けた台にばねが付けられている.

[*9] Llorente, J. A., 1826, "The history of the Inquisition of Spain, from the time of its establishment to the reign of Ferdinand VII," printed in London for Geo. B. Whittaker.

4.3 ばね好き博士の発振器 ★

全質量 M である被害者を含む物体系 (以降，これを単に物体という) が，質量の無視できるばね定数 k のばねによって天井から吊り下げられている (図 4.8)．博士は物体を少し変位させて静かに放すことにより，この犠牲者が自白するまでその装置を作動させる．物体 M に作用する力を描き入れ，平衡位置からわずかに変位させて静かに放した後の運動の周期を求めよ．

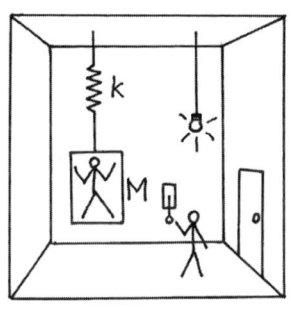

図 **4.8**

解答 これは単振動の単純な例である．この問では力の明確な説明を通して，物体 M がどのような運動をするのかが明らかになるであろう．一般に，この種の比較的簡単な問題に関して，力を正確に描写するように学生らに注意している．たとえば，多くの高校生は，重力を本能的に重心からではなく物体の底面から描く．また，ばねの力を接触点ではなく質量中心にはたらくかのように描く．私には，彼らがなぜそうするのかわからない．おそらくは多くの高校で，このレベルの正確さを必要としないのかもしれない．なぜそれが問題であり，間違って描かれた力のベクトルを，私がそっと直したりするのかわからないという人には，次のように説明する．「力が単一の軸に沿って並んでいるという最も単純な問題以外では，物体の質量中心のまわりの力のモーメントは，その動きを決定する上で非常に重要である」．

問題に戻ろう．質量のないばね定数 k のばねに吊り下げられた質量 M の物体がある．平衡位置では加速度がゼロであるので，正味の力 $\sum F = F_{\text{net}}$ は 0 である．上向きの (ばねの) 力と下向きの重力は，大きさは等しく符号が逆である．重力は質量中心から下向きに作用する[*10]．ばねによる反対方向の力は接触点から上向きにはたらく．力と変位の向きを下向きに正ととると，物体にはたらく力がつり合って平衡状態になっているとき，

$$F_{\text{net}} = -kY + Mg = 0$$

と書ける．ここで，Y はばねの自然長からの伸びであり，F_{net} は物体にはたらく正味の力である (図 4.9)．

[*10] 一様な重力場中では，質量中心と重心は同じである．

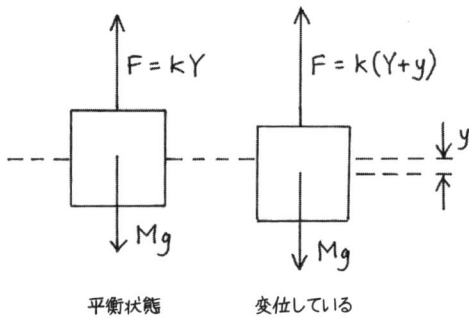

図 4.9

平衡位置から下にわずかな距離 y_0 だけずらして静かに放す．平衡点からの変位が y のとき，ばねの弾性力は $k(Y+y)$ であるから，そのときの正味の力は，$F_{\text{net}} = -k(Y+y) + Mg = -ky$ で与えられる．そうすると運動方程式は，

$$M\ddot{y} = -ky$$

となり，この方程式の一般解は，

$$y = a\sin(\pm\omega t + \phi)$$

と書ける．ここで，初期位相は $\phi = \sin^{-1}(y_0/a)$，角振動数は $\omega = (k/M)^{1/2}$，a は振幅である．初期変位 $y_0 = y(t=0) = a$，$v_0 = v(t=0) = 0$ であるから，$\phi = \sin^{-1}(1) = \pi/2$ より，

$$y = a\sin\left(\omega t + \frac{\pi}{2}\right) = a\cos\omega t$$

となる．求める振動の周期 T は，$\omega T = 2\pi$ より決まり，$T = 2\pi(M/k)^{1/2}$ と書ける．

鉛直ばね振り子が，考えうる最も簡単な水平面上のばね振り子と唯一異なる点は，物体 M の平衡位置でばねが Y だけ伸びていることである．水平面上のばね振り子は，この鉛直ばね振り子と同じ質量とばね定数であっても，平衡位置でばねに伸びは生じない．

4.4 ばね好き博士の地獄の発振器 ★★

「ばね好き発振器」に満足せず，ばね好き博士は，自ら「地獄の発振器」とよんでいる装置を開発した．拷問の犠牲者は，摩擦のない車輪の付いたテーブルに紐で縛られている．

問題 犠牲者を含めた物体系全体 (物体) で質量は M である．テーブルは 2 つの同じばね定数 k のばねに挟まれており，物体は水平面上に置かれている (図 4.10)．質量 M の物体にはたらく力を描き，平衡位置からずらして静かに放したときの運動の周期を計算せよ．

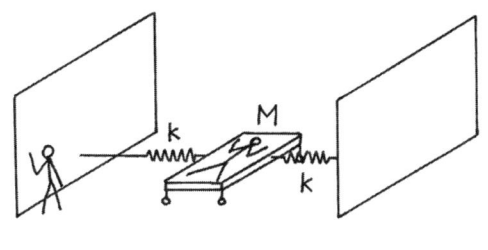

図 4.10

解答 これは，標準的な単振動の問題の中で，簡単に思いつく応用問題の 1 つである．高校生たちとの議論でわかったことは，多くの高校生達が予想よりも難しいと感じることである．何人かは力の符号でミスをし，また別の何人かは山勘で何が起こるか当てようとした．たとえば，何人かの学生は力がすべての変位でキャンセルして振動は起こらないだろうと考えた．彼らは聡明な生徒だと私は信じている．ただ，その聡明さを標準的でない問題に使えなかっただけなのだ．ちょっとしたひねりのせいで，彼らが単振動について知っているすべては忘れられてしまったのだ! だから，標準的な単振動に対するいくつかの応用問題についても，知っている原則が適用できると信じて考察することが重要なのだ．

では，問題を考えよう．

質量 M の物体が，ばね定数 k の 2 つのばねにつながれている．ばねが伸びているか，縮んでいるか，あるいは伸び縮みのない自然長であるかは問題にしない．与えられた装置のふるまいは線形なので，それが伸びているか縮んでいるかは問題ではないのだ．そのことは前の問題で，鉛直に置かれた 1 つのばねについてではあったが，示されている．しかし，力を描けという問題であるから，はじめが引く力の場合と押す力の場合の両方の可能性を考えなければならない．平衡位置において，力はこのような 2 つの場合がある．

図 4.11 は，自然長からのばねの伸びまたは縮み Y が物体の両側で等しい場合である．正味の力は，いずれの場合も平衡位置ではゼロである．

さて，小さな追加的な変位 y を考えよう．そのとき力は $k(Y+y)$ と $k(Y-y)$ に変わる．つまり，一方の側の力が増加し反対側の力は減少する．変位が右向きで，ばねがはじめ伸びていたとすれば，左側の力の方が大きくなる．ばねがはじめ縮んでいたとすれば，右側の力の方が大きくなる．この 2 つの場合の力は，図 4.12 に示す通りであ

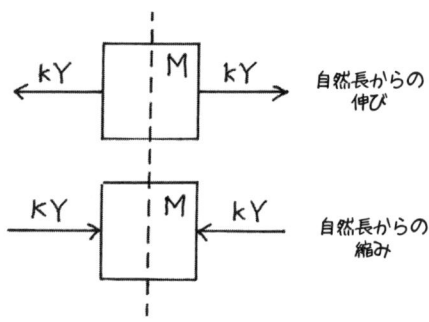

図 4.11

る．正味の力はどちらの場合でも，変位と反対方向で，$-2ky$ に等しいことがわかる．

こんな問題はつまらないと思うかもしれないが，こういう問題を入れたことをわびるつもりはない．この問題を出したとき，何人かの高校生は図を描くことができず，力の起源を説明することができなかった．実際かなり多くの学生が，2 つのばねの間でどこが正確な平衡位置になるかについて混乱し，他の学生は，すべての変位において力がキャンセルすると主張した．すべての力を正しく求めるには，いささか考えを巡らす必要がある．

変位 y から生じる力が $-2ky$ であるという事実に戻ろう．解答は，標準的な単振動の問題と同様に進めることができる．運動方程式は，

$$M\ddot{y} = -2ky$$

となる．初期条件 $y_0 = y(t=0) = a, v_0 = v(t=0) = 0$ を満たすこの方程式の解は，

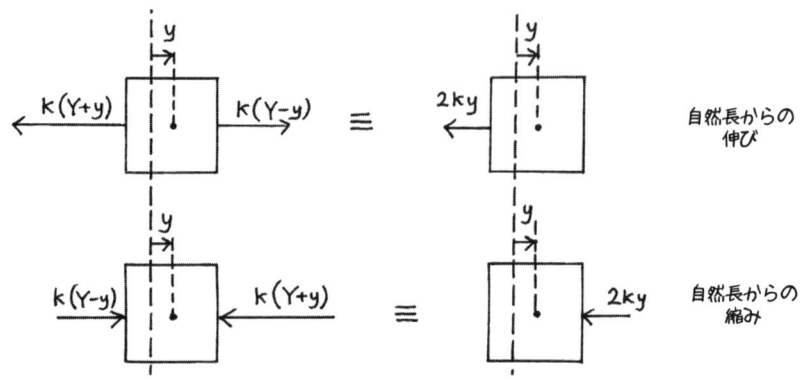

図 4.12

$$y = a\cos\omega t$$

で与えられる．ここで，振動の角振動数は $\omega = (2k/M)^{1/2}$ となる．周期 T は，$\omega T = 2\pi$ で決まり，$T = 2\pi(M/2k)^{1/2}$ である．2つのばねによる発振器の周期は，1つのばねによる発振器の $1/\sqrt{2}$ 倍になる．

4.5 ばね好き博士の改良型地獄の発振器 ★★★

「地獄の発振器」でも満足できず，ばね好き博士は，自ら「改良型地獄の発振器」とよんでいる装置を開発した．

この装置では，犠牲者のまわりに，それぞればね定数 k の6つの同じばねが対称的につながれており，犠牲者は摩擦のない車輪のついたテーブルに紐で縛られている（図 4.13）．

問題 犠牲者を含めた物体系全体（物体）の質量は M であり，物体 M は水平面上に置かれている．平衡の位置にあるときのばねの長さは L である．力を描き，物体を平衡の位置から1つのばねの作用線方向にわずかな距離 $\Delta x \ll L$ だけ変位させて静かに放したときの運動の周期を求めよ．

解答 私は高校生にこの問題を出す勇気がない．ばねが2つになるだけでかなりの混乱を引き起こすのに，学生のほとんどが助けなしにこのような問題を解けるなどと考えるのは楽観的過ぎるだろう．これまで考えてきた単振動の例とたいして違わないのだが，本書の中で，これが過度に挑戦的な問題ではないことを願っている．以下の解

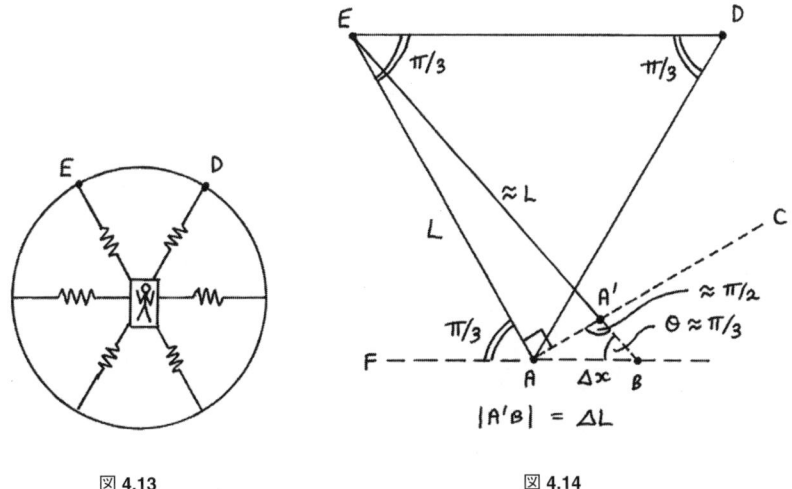

図 4.13　　　　　　　　　　　　　図 4.14

は正しいのだが,早期に幾何学的な近似をするので,少しばかり数学的にはずさんである.より正式なアプローチは (それは少なくとも ★★★★ レベルの難度だが),完全な運動方程式を展開して $\Delta x \ll L$ の 1 次の項までをとることによって得られる.挑戦する気があれば,ぜひ正式なアプローチを試みてもらいたい!

問題の対称性から,平衡の位置では,6 つすべてのばねの引く力あるいは押す力は同じであり,正味の力も,したがって加速度もゼロである.

まずしなければならないことは,1 つのばねの作用線方向に変位させたときのすべてのばねの伸びを決めることである.

どの方向でもよいのだが,右方向に物体系を Δx だけ変位させたとしよう.4.4 節の問題より,2 つのばねが変位 Δx の方向に並んでいるときの扱い方はすでにわかっている.やるべきことは,残り 4 つのばねについて考えることである.

図 4.13 の上側にある 2 つのばねについて考えてみよう.図 4.14 において,点 A は物体系の平衡の位置を表している.変位した後の物体の位置を B とすると,$|AB| = \Delta x$ である.三角形 ADE は正三角形であり,内角は $\pi/3$ に等しい.物体が平衡の位置 A にあるとき,ばね DA および EA の長さは L である[*11].補助線 AC は EA と直交している.物体の変位 Δx は非常に小さいので,$\angle AED \approx \angle BED$ であり[*12],したがって,$\angle AA'B = \angle EA'C \approx \angle EAC = \pi/2$,$\angle EBF \approx \angle EAF = \pi/3$ である.また,$|EA'| \approx |EA| = L$ と見なすことができるので,変位したばね EA の長さ $|EB|$ は,

$$|EB| = |EA'| + |A'B| \approx L + \Delta x \cos \frac{\pi}{3} = L + \frac{1}{2}\Delta x$$

で与えられる.

同様にして,変位したばね DA の長さ $|DB|$ は,

$$|DB| \approx L - \frac{1}{2}\Delta x$$

となる.

こうして,物体が A から B へ Δx だけ変位すると,左右の 2 つのばねは Δx だけ,上下の 4 つのばねは $\Delta x/2$ だけ,伸び縮みする.平衡の位置においてばねは伸び縮みしていないとして (ばねは線形であるから,このように考えても一般性を失わない),図を描いてみよう (図 4.15).ここで,$F = k\Delta x$ であり,力は物体のまわりに対称的に作用する.図の水平右向きを正とすると,正味の力 F_{net} は,

$$F_{\text{net}} = -2F - 4 \times \frac{F}{2} \cos \frac{\pi}{3} = -3F = -3k\Delta x$$

となる.変数 Δx を x と置き換えて運動方程式

$$M\ddot{x} = F_{\text{net}} = -3kx$$

[*11] この長さ L は,一般的には,ばねの自然長とは異なる.先の問題で示したように,解析においてこれを考慮する必要はない.

[*12] 図では角度の変化が誇張されている.

4.5 ばね好き博士の改良型地獄の発振器 ★★★

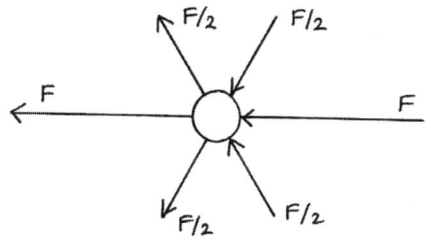

図 4.15

を得る．初期条件 $x_0 = x(t=0) = a$, $v_0 = v(t=0) = 0$ を満たすこの方程式の解は，

$$x = a\cos\omega t$$

であり，振動の角振動数は，$\omega = (3k/M)^{1/2}$ で与えられる．周期 T は，

$$T = \frac{2\pi}{\omega} = 2\pi\sqrt{\frac{M}{3k}}$$

である．この形の 6 つのばねによる発振器の周期は，1 つのばねによる発振器の $1/\sqrt{3}$ 倍になる．

5　運動学

　この章では，運動学に関する問題を考える．運動学では運動のみをしらべ，力とか質量などには言及しない．すなわちニュートンの法則，あるいは運動が起こる原因については言及しない．運動学では，距離，速度，加速度の関係を議論する．運動学はしばしば運動の幾何学とよばれる．運動学の問題を解くにあたって必要とされる専門的知識は多くはない．とはいえ，問題を解く上で役に立つことがいくつかあるので書き止めておこう．

- 2次元あるいは3次元の問題を扱う場合には，問題となっている物理量をベクトルで表示すると便利である．
- 必要とされる能力は，問題を分析して，明解かつ論理的に解に至る道を自分で考えることである．
- 問題文中の1つの変数と他の変数とを結びつける簡単な微分の関係式を用いると便利なことも多い．たとえば，速度 v と位置 x の関係 $v = dx/dt$，あるいは加速度 a と速度 v の関係 $a = dv/dt$ などである．ここで，太字で表された変数 x, v, a はベクトルである．

しかし，これらの手法は何も特別なものではなく，物理の多くの分野で共通するものである．

5.1　無精教授 ★★

　無精教授の住まいは，勤務先であるカレッジの真東にあって，両者の間は 4 km の直線道路でつながっている (図 5.1)．教授は東からの風が吹いているときにのみ，カレッジに行く気になる．風速 10 m/s のとき，彼は 4 km の距離を 300 秒で行くことができる．道路の最初の 2 km は一定の勾配をもつ緩やかな下り坂であり，教授は 20 m/s という無謀とも思える高速度で摩擦のない自転車，ペニー・ファージング[*1](教授が「普通の自転車」とよんでいるもの．以下では単に「自転車」という) で走り抜ける．それに続く 2 km は平地であり，教授は正確に 10 m/s で走る．実際のところ，その自転車は普通のものではない．なぜならば教授はペダルを取り外しているので，その走行は風の力頼みとなっているからである．教授は風が西風となり，その風速が 20 m/s となるとようやく帰宅の途につく．

---
　*1　(訳注) 前輪が大きく，後輪が小さい旧式の自転車．

5.1 無精教授 ★★

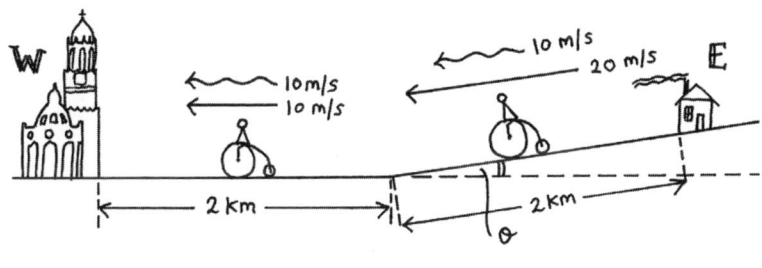

図 5.1

問題 教授がカレッジを出てから帰宅するまでに要する時間はいくらか？ここで，それぞれの区間において，一定速度になる時間は，行程全体の所要時間に比べて非常に短いとしてよい．さらに，風は平地でも坂道でも地面に平行に吹いているものと考えてよい．

解答 平地においては，教授は風と同じ速度で走ることになる．なぜならば，彼の自転車には摩擦がはたらかないからである．ここで，速度を地面に固定された静止系，すなわち大地系と，自転車に固定された系，すなわち自転車系で考えてみよう (図 5.2)．大地系においては，両者 (風と自転車) の速度は西に向かって $10\,\mathrm{m/s}$ である．この平地の部分を走破するには 200 秒かかる．両者の速度は等しいので自転車系においては実質的には無風状態である．

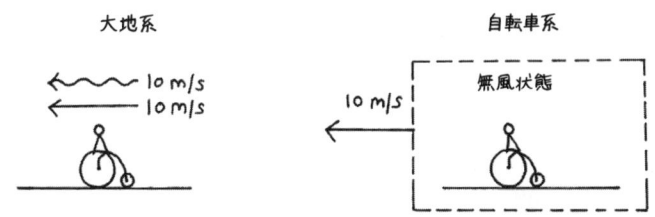

図 5.2

下り坂では，猛烈な速度 $20\,\mathrm{m/s}$ を出すので，100 秒で走り下る (図 5.3)．この区間の速度を大地系で眺めると，教授の速度は風速よりも $10\,\mathrm{m/s}$ だけ上回っている．どうしてそうなるかというと，教授の重量が下り坂の下方向にはたらいているからである．ここにおいて自転車系で眺めると，実質的に $10\,\mathrm{m/s}$ の東向きの風速がある．自転車に加わる力はつり合っている必要がある．そうでないと摩擦のない自転車は加速されて制御不能となってしまう．実質的な風速による力 F_w は，重力の坂道下方向成分 $mg\sin\theta$ とつり合っていることになる．すなわち，$F_\mathrm{w} = mg\sin\theta$ が成り立ってい

110 5 運 動 学

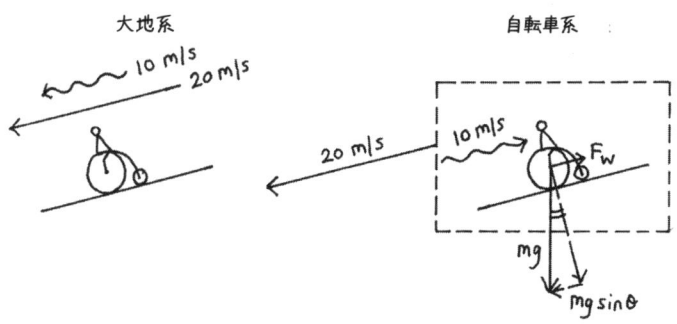

図 5.3

る.この式は本問題を解く際には必要ではない.とはいうものの,力のつり合いについて図を描いて考察することはよい勉強になる (図 5.3).

次に帰路を考えてみよう (図 5.4).平地において自転車は風速と同じ速度で走る.風は西から 20 m/s で吹いているので,風はこの速度で自転車を東へ動かす.このとき,自転車系においては無風状態である.20 m/s の速度では距離 2 km の平地を走り抜けるのに 100 秒かかる.

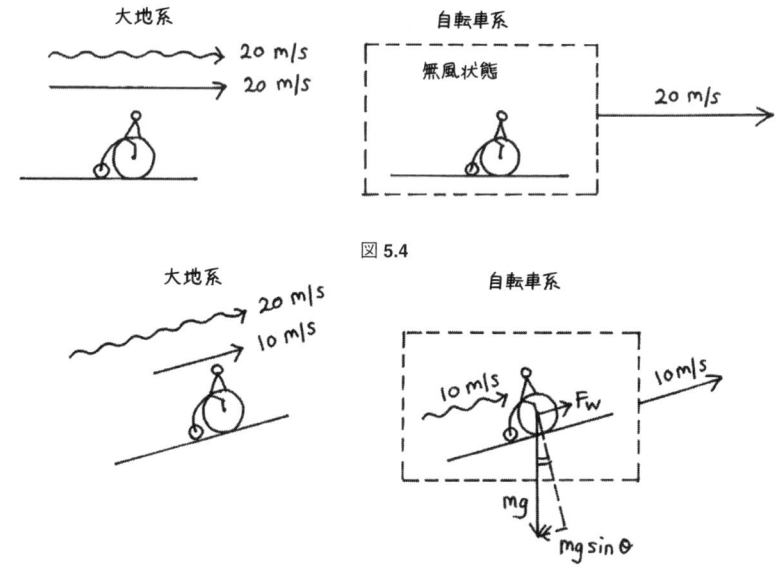

図 5.4

図 5.5

図 5.6

　その後，自転車は上り坂にさしかかる (図 5.5)．力のつり合いによって，すなわち加速度がゼロになるという条件のもとでは，自転車系で実質的風速は 10 m/s でなければならない．実際に吹いている風速は西から 20 m/s であるから，自転車は東に 10 m/s で走ることになり，これは実質的には風速 10 m/s と等しい．教授は 10 m/s で坂を吹き上げられ，この上り坂の部分では 200 秒かかることになる．

　教授がカレッジから家につくまでの全時間は 300 秒であり，これは家からカレッジに行く時間と等しくなる．この通勤時において，教授は暇つぶしに自転車には本当に摩擦がないかチェックする実験を行うことができる．すなわち，教授が強風のなかをパイプタバコを吹かしながら走り，パイプの煙が平地走行中にまっすぐ立ち昇っていれば，自転車の軸受けは理想的であって摩擦がないことがわかる (図 5.6)．

5.2　度胸のある飛行士 ★

　数年前のことであるが，ときどき一緒に岩登りをする 2 人の友人が，飛行機の操縦を習おうと決心した．彼らはある飛行同好会の会員なので飛行機 1 機を共有していたのである．その飛行機の正確な型名はうろ覚えであるが，たぶん年代物の単発のセスナ機[*2]であった．搭乗員が軽装ならば 4 人，登山者で重装備ならば 2 人を乗せることができた．彼らの飛行目的は登山のためであった．彼らが言うには，そのセスナ機で，

---

　*2　(訳注) アメリカのセスナ社製の小型飛行機．

オックスフォードから北ウェールズ (そこには夏期岩登りの最適地がいくつかある) まで 1 時間程度で行くことができ，また，ケアンゴーム (スコットランド東部にある山脈で，冬期の氷壁登山として知られた場所) にはちょうど 2 時間半で行くことができる．私は，そのような山岳地帯を車で往復するのに非常に長時間を費やしてきたので，時間を節約する点では飛行機を使うことの利点をよく理解できると述べた．すると彼らは調子にのって，私が飛行機に同乗する気があると思ったのだろう，付け加えて言うことには「何が素晴らしいかというと，車ではとても走れないようなひどい天候でもわれわれは飛行機を飛ばすことができる」．これを聞いた途端，私は小型機に乗るのをためらってしまった．

その後に聞いた話では，彼らは実際に車ではとても走れないようなひどい天候の中を確かに飛行したという．私と彼らには共通の友人がいて，その友人も小型機に乗るのをためらい，8 時間も車を走らせて東部の高地に出向き，飛行してきた彼らと飛行場で合流することにしたという．予定された時刻に，その友人は草原の滑走路をもった小さな飛行場にたどり着き，事務所のブリキ小屋の後方に退避していた．生き物といえば一頭の羊のみで，見るからに寒そうであった．雲は 100 フィート (約 30 m) まで低く垂れ込めていて，強風が氷壁の間をぬって谷から吹き上げており，とても小型機が着地するのは不可能に思えた．そのとき，何らかの合図のような音が聞こえてきた．その音はエンジンの唸りであって，数 100 フィート離れたところから飛行機が雲を破って草原に向かって恐ろしい急角度で降下して着地した．そこで友人は，地面が固められた駐機場に翼をベルトで固定するのを手伝ってから，彼らに向かって,「俺は乗らないぞ!」と言い渡した．機内は狭過ぎて，機内サービスはないからとのことであった．

もちろん，今日では小型飛行機でさえ何らかの GPS 装置が設置されている．しかしそれはまったく信頼できないものである．操縦士は黒雲の中を飛行するときは推測航法に頼ることになる．これは上空での航路を計算する方法であって，風速ベクトルとか対空速度ベクトルとよばれているベクトルの合成に頼るものである．個人パイロットが操縦免許を取得するための教科書には何ページにもわたって，異なった状況におけるベクトル合成の原理が説明されている．しかし，その原理は簡単なものなので，ここでは説明しない．もし，ベクトルとは何か，どのようにして合成するのか，ということを知っていれば基本論理を展開することは可能であって，それで十分である．

かなりの数の面接試験の問題で，ベクトル合成の基本的考えが出題されている．また問題にひねりを加えたり加えなかったりしている．たとえばある問題では，最適化問題 (すなわち最小とか最大を見つける問題) として出され，あるいは単純な問題に関して代数式がつくれるか，その能力をテストしてみようとする．ときには質問は明解であって，たとえばベクトル合成を用いて問題に固有な結果を計算させる．下記の問題はこのような種類のものである．

問題 度胸のある飛行士が W 島から E 島まで直線飛行を行い，西から東へ横切る航

5.2 度胸のある飛行士 ★

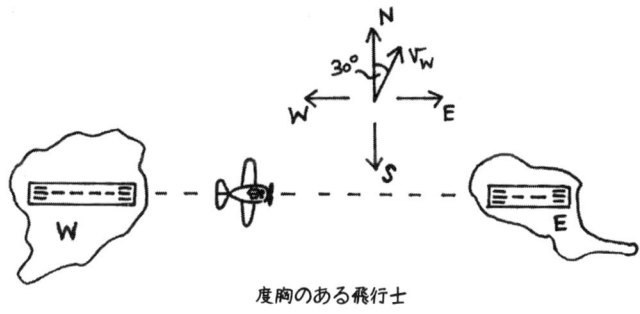

図 5.7

路をとった (図 5.7). このとき，定常的で一様な[*3]風が吹いており，その風速は v_w, 方向は北より東に 30 度を保っていた．巡航速度として，飛行士は上空で $3v_w/2$ の速度を出していた．飛行時間は正確に 1 時間であった．もし風速が変わらなければ，帰路において飛行士が費やす最短時間はいくらか？ もし飛行士が推測航法に頼るとしたら方位計を用いてどの方角に航路を向けるか？

解答 この問題のベクトルの合成は簡単だが，問題文から必要な情報を引き出すのはそう簡単ではない．対地速度ベクトル[*4] v_g, 風速ベクトル v_w, 対空速度ベクトル v_p に関して，この問題で与えられた情報の考察からはじめよう．まず，各速度ベクトルの用語についての正確な定義を行う．往路の飛行において，

- 対地速度ベクトル v_g は上空を飛行する飛行機の地面を基盤とした方向と速さを表す．問題では v_g の方向は方位計で 90° すなわち真東の方向であって速さは $|v_g| = 3v_w/2$ である.
- 風速ベクトル v_w は上空での風の地面を基盤とした方向と速さを示している．わかっていることは，v_w は方位計で 30° であって，速度の絶対値は，$|v_w| = v_w$ である.

[*3] 「定常的で一様 (均一)」ということは，空間と時間の両者に対して変化がない，ということを意味している．速度ベクトル v は空間座標の全成分，また時間の関数である可能性がある．その場合は $v(x, y, z, t)$ と表すことができる．「定常的」とは $\partial v/\partial t = 0$ を意味する．ここで ∂ は微分記号の一部であり，$\partial v/\partial t$ は，v の時間 t に関する偏微分を表している．偏微分 (これは，大学入学前の教育コースでは，非常に少数でしか教えていない) とは，いくつかの変数 (この場合は x, y, z, t) の関数に対して，特定の 1 つの変数に対する微分 (他の変数は一定とする微分) である．一様とは，$\partial v/\partial x = \partial v/\partial y = \partial v/\partial z = 0$ を意味している．

[*4] この言葉は日常用語としては使われることは滅多にない特殊用語であるが，飛行士と船員には馴染みの用語である．特殊用語を用いることは場合によっては意味がある．なぜならば科学的とはいえない日常会話において，速さ (スピード) と速度は同じように使われているからである．ここで，ベクトルという用語を意図的に用いることによって物理的に正しい意味を明らかにできる．

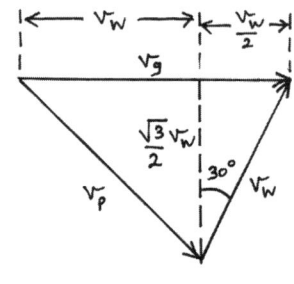

図 5.8

- 対空速度ベクトル v_p は，飛行機 (plane) を示す添字 p がつけられているように，飛行機の空気に対する方向と速さを表しているが，空気は地面に対して動いている．そこで，$v_\mathrm{g} = v_\mathrm{p} + v_\mathrm{w}$ の関係が成り立つ (図 5.8)．すなわち，対地速度ベクトルは対空速度ベクトルと風速ベクトルの和である．方向と大きさはベクトル合成の原理で計算できる．

ベクトルの合成には 2 つの方法のいずれかを用いればよい．1 つの方法は，ベクトルを x, y 成分で表す方法であり，成分ごとに和をとればよい (これがともかくベクトル合成のすべてである)．別の方法はベクトルの幾何学的表示を用いる方法である[*5]．すなわち平行四辺形の原理で合成を求める方法である．ここでは幾何学的表示を用いることにしよう．これで問題を簡単に図式的に理解することができる．問題で述べられている情報をもとに，3 者のベクトルの相互の関係を描くことは比較的簡単である．

図 5.8 をみれば，v_p を求めることができる．最初に興味があるのはベクトル v_p の大きさであり，それは，

$$|v_\mathrm{p}| = v_\mathrm{w}\sqrt{1 + \left(\frac{\sqrt{3}}{2}\right)^2} = \frac{\sqrt{7}}{2}v_\mathrm{w}$$

となる．もし v_p の方位を知りたかったら容易に計算できるが，ここではそれは不要である．

次に復路について考えよう．v_w はわかっており，往路のときと変化はない．また，v_g の方向は方位計での角度が 270°，すなわち真西方向であり，一方，v_p の大きさは往路と同じで $|v_\mathrm{p}| = (\sqrt{7}/2)v_\mathrm{w}$ である．ベクトルの合成法則 $v_\mathrm{g} = v_\mathrm{p} + v_\mathrm{w}$ はここでも成立する．そこでこれらの情報を利用して，復路における 3 つのベクトルを描くと，図 5.9 のようになる．

[*5] 2 次元ベクトルを xy 成分に分解する方法は，特定の座標系の下で問題を設定することを意味する．そのときの座標系は特定の問題において任意に設定することができる．一方，ベクトルの図式解法は座標系に依存しない方法として知られている．なぜならばそこでは特別の座標系を導入する必要がない．両方の解法において同じ答にたどり着く．

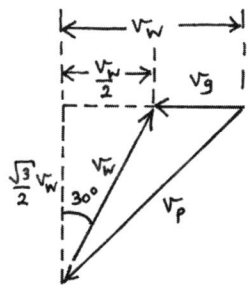

図 5.9

このベクトル図から，$|v_g| = v_w/2$ となる．往路の速さが $3v_w/2$ であり，復路の速さが $v_w/2$ であるので，復路は往路の 3 倍の時間 (3 時間) がかかる．このベクトル図から，v_p の方位は，

$$270° - \tan^{-1} \frac{\sqrt{3}}{2} \approx 229.1°$$

この度胸のある飛行士は，黒雲の中であっても帰路の操縦ができ，3 時間後には自信をもって W 島の目的地に正確に着陸できる．

5.3 射撃 ★

この短い問題は私の大好きなものである．これは私が昔，オックスフォード大学の物理の面接で出題されたもので，同じカレッジで一緒に勉強している友人たちにも同様に出題された．1 人の友人は，この問題は自分のために考案されたに違いないと思った．というのは，彼は高校で射撃を行っていたことがあり，そのことを出願書類に記載していたからだ．面接教員が自分に向かって，まさに君にうってつけの問題を考え出したよ，と述べたことを彼は思い出していた．そう言われれたとき彼は直感的に，この人は何か誤解している，あるいは冗談を言っているのか思った．とっさに問題を考えたのならば賢すぎると考えるかもしれないが，われわれの物理の教員は飛び抜けて賢く，控えめにいってもそれはありうることだ．

問題 高性能の射撃用ライフル銃は，室内ライフル競技において，銃弾が的の中心に当たるように照準が較正されている (図 5.10)．さて，的に対面しながら，射手は銃と的を結ぶ直線のまわりに銃を 90° 反時計方向に回転させる．射手は的を狙って引き金を引く．すると的のどの部分に銃弾は当たるか？

解答 これは，図を描いたり計算などせずに解答すべき問題であったと思う．この問題を出された学生は，みんな頭の中で考えて解答する．しかし，ここでは議論を明解

116   5 運 動 学

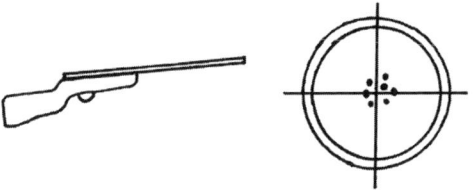

図 5.10

にするために図を用いよう．

　銃弾が的に到達するには多少の時間がかかる．的の方向を x 方向とする．銃弾は重力と空気抵抗の力を受ける．重力は銃弾を下方 ($-y$ 方向) に加速して，放物線軌道に沿って落下して的から離れてしまう．空気抵抗の効果は銃弾を少し減速するので，銃弾の飛行時間を遅らせて放物線軌道を少し変形する．この空気抵抗の効果は特に興味深いということもないので，ここでは無視しよう．

　さて，ライフル銃を通常の向き，すなわち軸まわりに回転させていない状態で構えたときに銃弾の運動がどうなるか考えてみよう．的の中心に照準を合わせる．ここで，ライフル銃の銃口と的の中心を結ぶ水平線を描き[*6]，的の中心をSとする (図 5.11)．銃弾の軌道は左右対称の放物線である (空気抵抗は無視しており，的は銃口と的の中心を結ぶ水平線に垂直な鉛直面内にあるとする)．放物線軌道を描いて銃弾の当たる点をPとする．ここで，PとSは同じ点である．放物線の初期勾配はライフル銃の銃身の方向であり，銃身はわずかに上を向いていることにより，的の中心を射ることができる．銃身方向に沿った直線を延長し，的の面と交わる点をBとする．

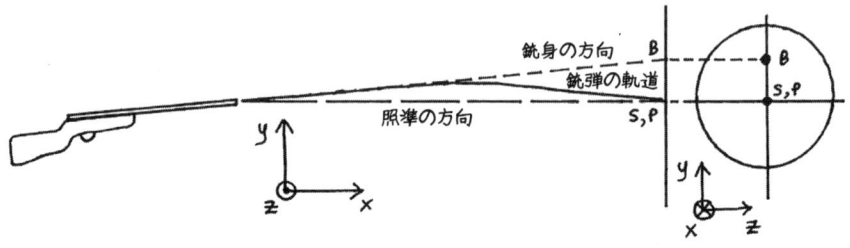

図 5.11

　次に銃と的とを結ぶ直線のまわりに反時計回りにライフル銃を 90° 回転させると，点Bは点Sのまわりに反時計回りに 90° 回転する．一方，点Bと点Pとの相対位置

[*6] この解析においては，ライフル銃の銃口と的の中心が同一水平面上にあることは求めていない．しかし，発射はほぼ水平方向である，という条件は必要である．

5.3 射撃 ★　117

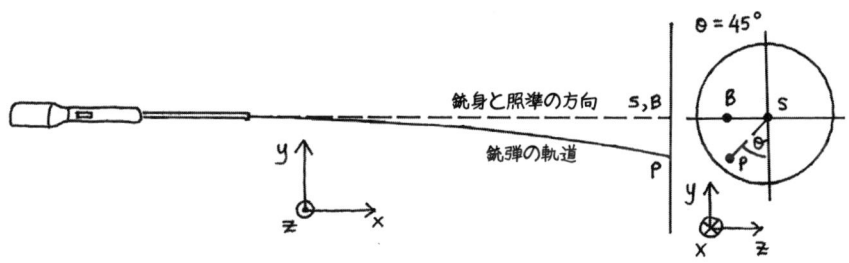

図 5.12

関係は変わらない．すなわち銃弾は最初の正常な場合と同じ距離だけ下方向に落ちる．よって，点 P は B より鉛直に下がった点となる (図 5.12)．

　ライフル銃を回転させる前後において，点 B と S，および点 B と P の間隔は変わらない．そこで，点 P は第 3 象限にあって，鉛直下方より正確に $\theta = 45°$ 回っている (ライフル銃の精度が非常に高い場合であるが)．回転後に的の中心を射たいのであれば，照準は第 1 象限において鉛直上方向より 45° 回った線上に狙いを定める必要がある．

　試験的な射撃でライフル銃の照準を較正できない場合，射手は較正表を利用する．較正表を用いることによって，射手は銃弾の落下，風速，的とライフル銃との垂直関係のずれなどの効果を補正することができる．

6 電 気

　この章では，電気に関する問題を眺めてみよう．いくつかの問題は，オームの法則，あるいは電力の定義などのような非常に単純な概念について，それらを応用する力があるかを試すものである．この種の問題のいくつかは，面接で出題するには簡単すぎるのではないかと思うかもしれない．しかしそれらはそう簡単なものではない．驚くことに，多くの生徒はどのような道筋をたどったら適切な解答にたどり着けるのか，それを整然と考え出すことにたいへん苦労している．私はこの種の問題のいくつかをもち合わせていて，いままでそのような問題を出すことによって，どの生徒がGCSE[*1]レベルの内容について，適正な知識をもっているのかを見分けることができた．

　さらに，問題数は少ないが「抵抗の問題」を加えている．この問題は，2次元あるいは3次元配列の抵抗の集合にかかわるもので，ここでの目的はこの抵抗配列の合成抵抗を計算することにある．この種の問題は面接試験では馴染みのものといえる．典型的な問題として立方体型の抵抗配置がある．すなわち，立方体の各辺に大きさが R で与えられた抵抗が挿入されていたとき，2つの頂点の間，通常は (これは最も単純な場合といえるが) 最長の対角線の両端の間の合成抵抗を計算せよ，という問題である．この種の問題を解くときの規則は単純であり，物理問題というよりも論理問題として解かれる．

　ここではコンデンサーの充電と放電，CR 回路の時定数などの過渡現象の問題は一切含めていない．しかし断っておくが，面接では過渡現象はよく出題されている．過渡現象は多くの教科書に出ており，解法は決まりきったもので，私にとってはあまり興味ある課題とはいえない．しかし，過渡現象は重要な領域なので，大学入学前に学ぶ物理として十分に勉強しておく必要がある．

　この過渡現象を解く際に有用となる簡単な定義をいくつか復習しておこう．

- **電流の定義**：電流 I は，単位時間あたりに通過する電荷であり，$I = dQ/dt$ として定義される．電流 I が一定のとき，時間 t に通過する電荷を Q とすると，$I = Q/t$ と表される．
- **オームの法則**：導体を流れる電流 I は，導体に沿っての電位差[*2] V に比例し，導体の抵抗 R に反比例する[*3]．すなわち，$I = V/R$ である．

[*1] (訳注) 英国の一般中等教育終了試験 (General Certificate of Secondary Education) のこと．義務教育終了時の16歳で受験する統一試験で，大学進学や就職の際の選考基準として広く採用される．

[*2] (訳注) 「電圧」とよばれることが多い．

[*3] この関係は，抵抗が電流の関数ではない $R \neq f(I)$ ということが条件になる．実際には多くの

− 118 −

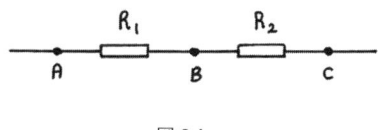

図 **6.1**

- 電力：抵抗 R の負荷で消費される電力 P は負荷を通して流れる電流 I と負荷の電位差 V の両者に比例する．よって，$P = IV$ と表される．この式とオームの法則を組み合わせると，P は $P = I^2 R$，あるいは $P = V^2/R$ で表される．
- 抵抗の直列接続：直列に接続された抵抗 (図 6.1) は足し合わされる．すなわち，R_1，R_2 が直列に接続されると，合成抵抗は $R_T = R_1 + R_2$ となる．
 この関係式はこれから出す問題の多くで利用されるので，ここで証明しておこう．この式はオームの法則 $V = IR$ から導かれる．R_1 と R_2 を通しての電圧降下[*4]は足し合わされるから，A–C 間の電圧降下は $V_T = V_1 + V_2$ で与えられる．ここで V_1 と V_2 はそれぞれの抵抗の電圧降下である．また，A から B へ流れる電流と B から C へ流れる電流は等しい[*5]．そこで上式を書き直すと，$IR_T = IR_1 + IR_2$ となる．この式を I で割れば，$R_T = R_1 + R_2$ を得る．
- 抵抗の並列接続：抵抗が並列に接続されている場合 (図 6.2)，合成抵抗は，

$$\frac{1}{R_T} = \frac{1}{R_1} + \frac{1}{R_2}$$

で与えられる．この式を証明しよう．A–B 間の電圧降下を V_{AB} とする．さらに C–D 間の電圧降下は E–F 間の電圧降下に等しい[*6]ことに着目する．この結果，$V_{CD} = V_{EF} = V_{AB}$ が成立する．あるいは，$V_1 = V_2 = V$ とも書ける．一方，電流については加法則が成り立つから，$I_T = I_1 + I_2$．ここでオームの法則を適用す

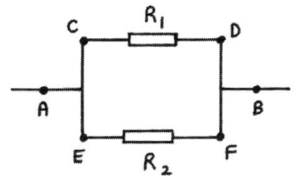

図 **6.2**

 負荷でこのような仮定は成り立たない．
- [*4] (訳注) 電位低下のこと．
- [*5] なぜならば，電荷は回路から外には出ていかない．また，電荷が蓄積する場所はないからである．このことは，保存する量 (いまの場合は電荷) に対する 1 次元の保存則と考えることができる．
- [*6] 導線の抵抗はゼロであり，電圧は直列に足し合わされるということを考慮すると，$V_{CD} = V_{CE} + V_{EF} + V_{FD}$．C–E 間，および F–D 間の抵抗は両者ともにゼロ．よって，$V_{CE} = 0$ および $V_{FD} = 0$．よって，$V_{CD} = V_{EF}$．

ると，
$$\frac{V}{R_\mathrm{T}} = \frac{V}{R_1} + \frac{V}{R_2} \quad \text{あるいは} \quad \frac{1}{R_\mathrm{T}} = \frac{1}{R_1} + \frac{1}{R_2}$$

- コンデンサーの直列接続：$\dfrac{1}{C_\mathrm{T}} = \dfrac{1}{C_1} + \dfrac{1}{C_2}$
- コンデンサーの並列接続：$C_\mathrm{T} = C_1 + C_2$
- コンデンサーに蓄えられるエネルギー：$E = \dfrac{1}{2}CV^2$

以上でいくつかの問題を解く準備ができた．先に指摘したように，立方体型の抵抗配位は，何十年にもわたって繰り返し出題されてきた有名問題である．私は少なくとも1冊の物理の教科書に載っているのを見たことがある．それ以外の抵抗問題は私が考案したもので，アメリカのデトロイト空港でアメリカ大陸横断の接続便を待つ間の成果といえる．この待ち時間はたいへん貴重で，仕事の能率が非常にあがる時間である．ウェイトレスがテーブルにきてコーヒーを注ぎ足してくれる．そのたびに，彼女は私に「まだ問題を解いているの?」と聞いてくる．私が「そう．でも，新しい問題を発見しながらね」と答えると「まあ，それならずっと続けていらっしゃったら!」と彼女は言った．これは問題を解こうとしている万人への適切な忠告といえよう．

6.1 抵抗ピラミッド ★★

問題 抵抗ピラミッドは図 6.3 に示すように枝分かれした構成をしている．もし階層数が N であり，個々の抵抗は等しく R とした場合，ピラミッドの頂点と底辺との間の全抵抗 R_N はどのように表されるか? さらに，階層が無限大であるときの全抵抗はいくらか?

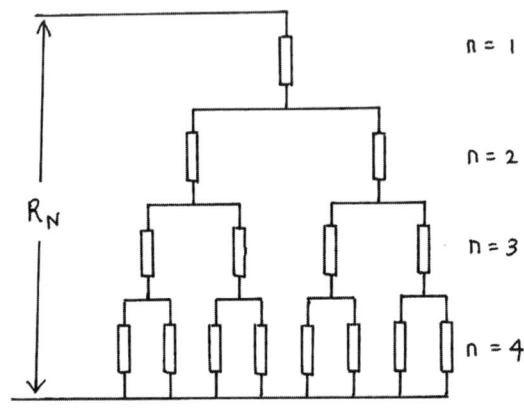

図 **6.3**

解答 このピラミッド状の抵抗配置は直列接続と並列接続が合わさってできている。この構成の対称性によって、n 番目のレベルの節点のすべては等電位にある。そこで、それらの等電位の点の間を仮想的な電線で結んでも抵抗を流れる電流は変化しない（図 6.4 中の破線の部分）。この場合の等価回路は n 階層が直列に接続され、n 番目の階層には 2^{n-1} の抵抗が並列接続されている。

そこで、n 番目の階層の抵抗は、

$$R_n = \frac{R}{2^{n-1}}$$

であるから、階層が N のピラミッド構成の全抵抗は、R_n を $n=1$ から N まで足したものとなる。

$$R_N = \sum_{n=1}^{N} \frac{R}{2^{n-1}} = R\left(1 + \frac{1}{2} + \frac{1}{4} + \cdots + \frac{1}{2^{N-1}}\right)$$

上式右辺は等比数列[*7]であって、その和は[*8]、

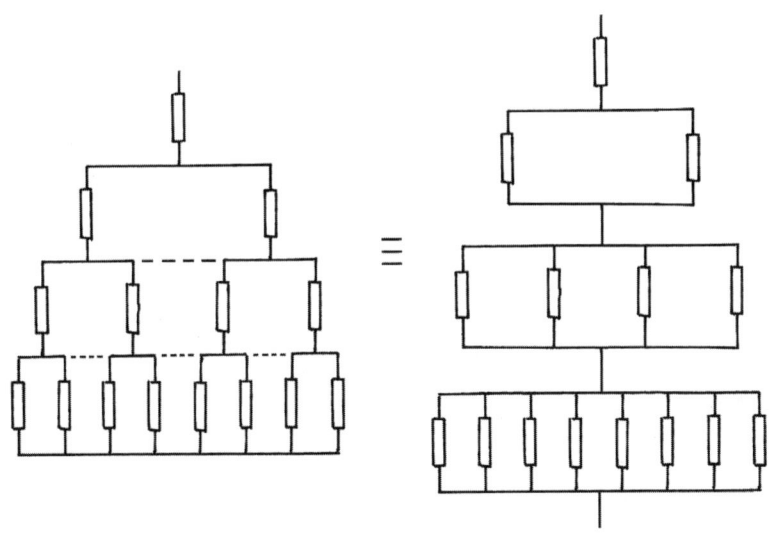

図 **6.4**

[*7] n 次の等比数列は、$S_n = a(1 + r + r^2 + \cdots + r^{n-1})$ で表される。ここで第 1 項は a であり、公比は r である。この総和は以下のようにして簡単に得られる。上式の両辺に r をかけると、$rS_n = a(r + r^2 + \cdots + r^{n-1} + r^n)$。第 2 式から第 1 式を引くと、$rS_n - S_n = ar^n - a$、これを整理すると、$S_n = a(r^n - 1)/(r - 1)$
[*8] 脚注*7 において、$a = R, r = 1/2$ とすればよい。

122　6 電　気

$$R_N = 2R\left[1 - \left(\frac{1}{2}\right)^N\right]$$

階層が無限大である場合は，無限項までの等比級数の和を求める必要がある．等比数列の公比は $r = 1/2 < 1$ である．そこで $N \to \infty$ の場合，和は収束して，

$$R_\infty = 2R$$

となる．これをみれば，抵抗 R を 2 個直列接続した場合の全抵抗はどうなるか，という単純な問題と同じ結果となるが，そのような問題を出したらすぐに解かれてしまうであろう．

電流対称性の議論

別の解法として，ピラミッドのそれぞれの段における電流対称性を利用する方法がある．ピラミッドの n 段目には 2^{n-1} 個の抵抗があり，回路構成の対称性によって，その段での各抵抗を流れる電流は等しい．このピラミッドに流れる電流を I とするとき，n 段目の電流は $I_n = I/2^{n-1}$ である．その段の電圧降下は $V_n = I_n R = IR/2^{n-1}$ である．そこで，段数を N とすると，全電圧降下は各段の電圧降下の総和となるから，

$$V_N = \sum_{n=1}^{N} \frac{IR}{2^{n-1}} = IR\left(1 + \frac{1}{2} + \frac{1}{4} + \cdots + \frac{1}{2^{N-1}}\right) = 2IR\left[1 - \left(\frac{1}{2}\right)^N\right]$$

ここで全抵抗は $R_N = V_N/I$ で与えられるから，

$$R_N = 2R\left[1 - \left(\frac{1}{2}\right)^N\right], \qquad R_\infty = 2R$$

エレガントな解法

もっと数学的思考に訴える解法を紹介しよう．この解法は友人が思いつき，それを私が兄とともに発展させたものである．

図 6.5 において，R_∞ を書き込んだ二重線三角形は，無限大ピラミッドの抵抗を表している．このピラミッドを 1 段だけ増大させたとしたら，その構成は 2 つの同じピラミッドを並列に接続し，それに 1 つの抵抗 R を直列に接続させたものに等しい．もし，この無限大ピラミッドの抵抗が収束するのならば，1 段増大させたピラミッドの抵抗は，もとのピラミッドの抵抗と同じになるはずである．そこで，

$$R_\infty = R + \frac{R_\infty}{2} \quad \text{よって，} \quad R_\infty = 2R$$

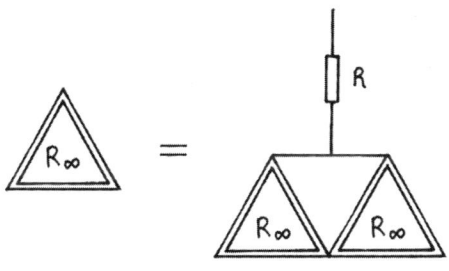

図 6.5

これはたいへん簡潔な解法といえよう.

次に段数が無限大ではなく,有限の N 段である場合にこの考えを拡張してみよう.図 6.6 に示すように,段数が N のピラミッドの抵抗を R_N としてそれを中央部に描いた二重線三角形で表す.そうすると,1 つの抵抗 R を加えて 1 段増大させたピラミッドの抵抗は,

$$R_{N+1} = R + \frac{R_N}{2}$$

で表される.ここで考慮すべきことは,R_N と R_{N+1} は求めるべき数列の項となっていることである.そこで,無限ピラミッドの数列の和は $R_\infty = 2R$ であることを考慮して,新たな数列として $Q_N = R_N - 2R$ を定義する.この数列 Q_N は無限大ピラミッドにおいては 0 に収束する.すなわち $Q_\infty = 0$.そこで上記の R_{N+1} を Q_N で書き換えると,

$$Q_{N+1} + 2R = R + \frac{Q_N + 2R}{2}$$

よって,

$$Q_{N+1} = \frac{Q_N}{2}$$

ここで $R_1 = R$, すなわち $Q_1 = -R$ であって,

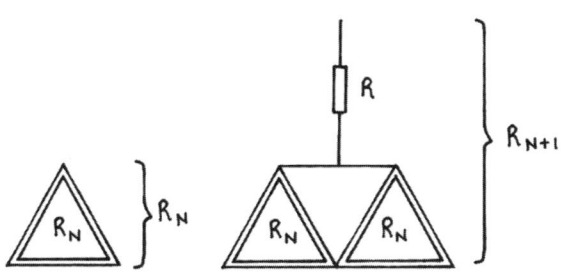

図 6.6

$$Q_N = \frac{-R}{2^{N-1}} = -\frac{2R}{2^N}$$

が求まる．$Q_N \equiv R_N - 2R$ を用いると，R_N に対する表現

$$R_N = -\frac{2R}{2^N} + 2R = 2R\left[1 - \left(\frac{1}{2}\right)^N\right]$$

を得る．無限大ピラミッドの場合の先の解法がエレガントといえるのならば，この有限の場合の解法はさらにエレガントといってよいであろう．

6.2 抵抗四面体 ★

問題 四面体の各辺に同じ大きさの抵抗 R が挿入されているものが抵抗四面体である (図 6.7)．この回路において任意の頂点 1 対間の全抵抗はいくらか？

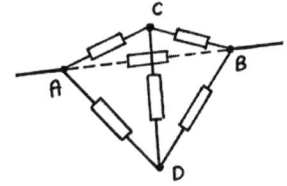

図 6.7

解答 この回路を立体構造で考えるよりも，2 次元平面に書き写したほうがより簡単に解けるであろう．2 次元にすればどのような問題を解こうとしているのかの本質が見えてくる．A–B 間の全抵抗を考えてみよう．図 6.8 に示すように平面上に書き写せ

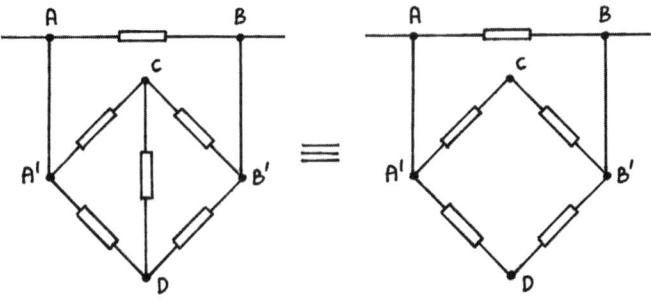

図 6.8

ば，この回路は1個の抵抗 (上部に描かれた A から B への抵抗) と，それに並列接続された5個の抵抗群 (下部の A′ から B′ への抵抗群) から構成されていることがわかる．全部の抵抗が同じ R であれば下部の抵抗群の全抵抗は R である．どうしてかというと，回路の対称性より点 C, D の電位は等しく，よって C–D 間に挿入されている抵抗 R には電流が流れない．そこで，その抵抗 R を取り外しても，回路の各部分を流れる電流に変化はない．その場合はこの部分は 2 つの直列抵抗 $2R$ が 1 対並列に接続されていることとなって，全抵抗は R となる．また上部 A–B 間の抵抗は単純に R．そこで，A–B 間の全抵抗は $R_\mathrm{T} = R/2$ である．またこの回路の対称性によって，どの 1 対の頂点間であっても同じことである．

6.3 抵抗正方形 ★★★

問題 同一抵抗 R が $N \times N$ の配列 (図 6.9 には 4×4 の構造が例として示されている) を構成している回路が抵抗正方形である．この場合の対角線の間 (図に示す A–B 間) の全抵抗はいくらか？

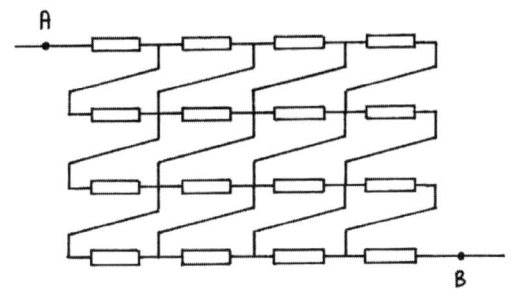

図 **6.9**

解答 $N \times N$ の抵抗正方形は，図 6.10 の回路に書き換えられることに注目しよう．
次に各セルを閉回路と考える．すべての抵抗は同じ大きさであり (ここで導線の抵抗はゼロと仮定している)，各セルは 2 個の抵抗をもっている．そこでセルの閉回路 1 周の電気条件 $\sum IR = 0$ を考えると，同じ閉回路に挿入されている抵抗には同じ大きさの電流が流れることがわかる．このことをそれぞれの各列のセルに適用すると，ここに描いた回路網において同じ列に属する抵抗には同じ大きさの電流が流れることがわかる．これより，抵抗を流れる電流は図 6.11 に示したような大きさとなる．
そこで，4×4 配置の全抵抗を R_4 とすると，最下段の回路に沿って (あるいは A–B 間のどのようなルートに沿っても) 端子間の電圧 $V = IR_4 = \sum IR$ であって，

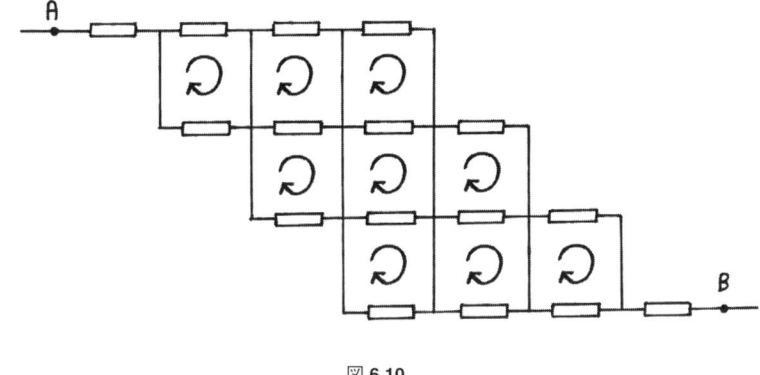

図 6.10

$$IR_4 = IR + \frac{I}{2}R + \frac{I}{3}R + \frac{I}{4}R + \frac{I}{3}R + \frac{I}{2}R + IR$$
$$R_4 = R\left(1 + \frac{1}{2} + \frac{1}{3} + \frac{1}{4} + \frac{1}{3} + \frac{1}{2} + 1\right)$$

この考察を $N \times N$ の場合に一般化すると,

$$R_N = R\left[\left(2\sum_{r=1}^{N}\frac{1}{r}\right) - \frac{1}{N}\right]$$

この数列式は無限の大きさをもつ場合は収束せず, $R_\infty = \infty$ となる[*9].

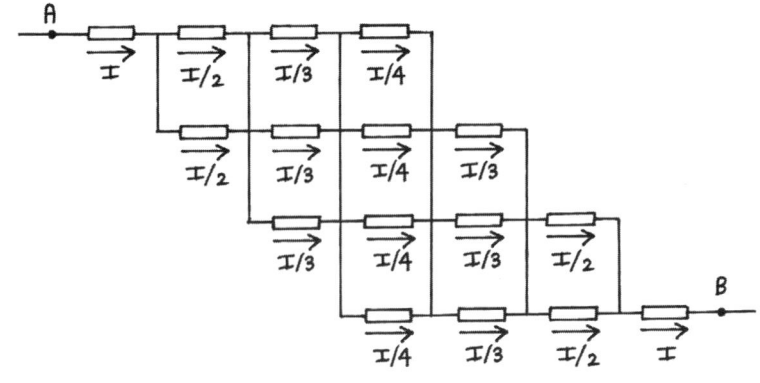

図 6.11

[*9] 数列 $\sum_{r=1}^{n}(1/r)$ は調和級数 (数列) として知られており, 音楽理論で応用されている. 音楽理論

6.4 抵抗立方体 ★★★

物理の問題としてよく知られているものは他でも見る機会が多いので，それらは本書には掲載しない方針であった．しかし，以下の問題はたいへん簡潔な解法があるので載せたいという気持ちを抑えられなかった．

問題 立方体の各辺に同じ抵抗 R が挿入されているものを抵抗立方体という．立方体の対角線上の頂点間 (図 6.12 の A–B 間) の抵抗 R_T を求めよ．

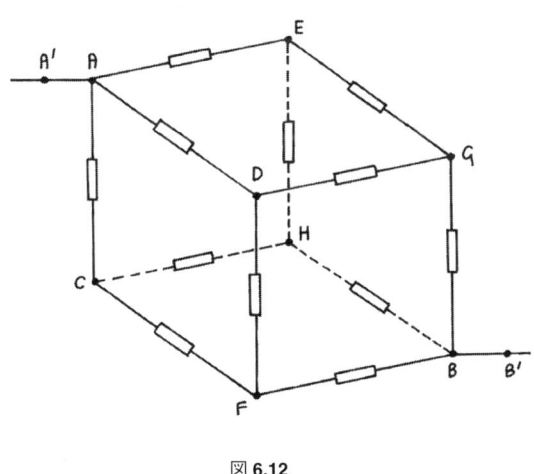

図 **6.12**

解答 先の抵抗四面体と同様，この問題においても回路を平面上に展開すると，基本的な回路構成がわかって，比較的簡単な解法が見つかる．図 6.13 に示すように立方体回路を平面状の等価回路に変換できることを確かめてみよう．両方の図において対応する頂点に同じ記号を割当てておけば，相互に参照するときに便利である．この形にしてみると，問題は比較的すっきりとしたものに見え始めるであろう．すなわち，その

では，各項は弦の基本波長に対する倍音 (振動数が基音の整数倍であるような上音) の波長を表している．n が無限大において，この数列が発散することは最初に中世のフランス人哲学者ニコル・オレーム (Nicole Oresme, 1323–1382) によって証明された．しかし，その成果は数百年間も忘れられており，17 世紀中頃になってようやく再度，証明された．この発散を証明する 1 つの方法に，この数列を他の発散する数列と比較することがある．最初に 2 項を分離して，それに続く残りの項を 2, 4, 8, 16, … というような項数でブロックに分ける．そうするとそれぞれのブロック内の和は 1/2 よりも大きいことがわかる．

$$\sum_{r=1}^{n}\frac{1}{r} = 1 + \frac{1}{2} + \left(\frac{1}{3}+\frac{1}{4}\right) + \left(\frac{1}{5}+\frac{1}{6}+\frac{1}{7}+\frac{1}{8}\right) + \cdots > 1 + \frac{1}{2} + \left(\frac{1}{2}\right) + \left(\frac{1}{2}\right) + \cdots$$

最右辺の 1/2 の無限項の和は発散するから，調和級数は発散する．

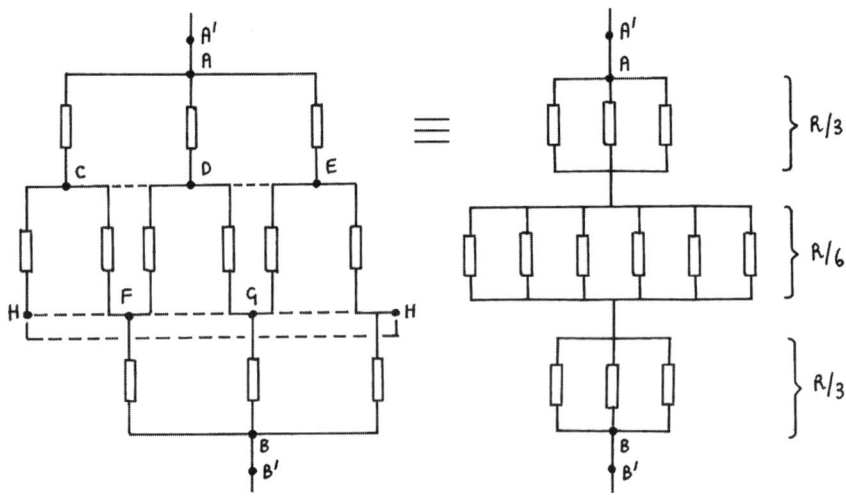

図 6.13

対称性によって，C, D, E は等電位であることがわかり，H, F, G も同様である．それらを仮想的な導線 (破線で示すように) で結ぶと，抵抗が並列接続されている 3 つの群が互いに直列につながっている回路に変換される．この 3 つの群のそれぞれの全抵抗は，$R/3, R/6, R/3$ であるから，これらの直列接続したものの全抵抗は $R_T = 5R/6$ で，これが解となる．

この解き方を見ると，特に困難な問題とは思えない．しかし，いままでの経験によると，多くの生徒が簡単なのだが見たことがない，とても難しい回路問題と考えるようである．いままでに見たことがないと，この問題を解くのにたいへん苦労するようである．

電流対称性の利用法

次に電流対称性を考慮した解法を示す．立方体の頂点 A, B を結ぶ対角線を軸とすると，その軸のまわりに 3 次の回転対称性をもっている．この構成はこの軸に対して完全に対称であって，頂点から入力された電流 I は最初の分岐において 3 分割される．すなわち，$I \to I/3 + I/3 + I/3$．次の分岐においてはそれぞれの節点においてそれぞれ 2 分割されるので，$I/3 \to I/6 + I/6$．3 番目の分岐においては，再結合されて，$I/6 + I/6 \to I/3$．4 番目の分岐ではさらに再結合されて，$I/3 + I/3 + I/3 \to I$．そこで A–B 間の任意のルートに沿って電圧降下を計算すると，

$$V = \sum IR = \frac{1}{3}IR + \frac{1}{6}IR + \frac{1}{3}IR = \frac{5}{6}IR$$

よって，解は $R_\mathrm{T} = (5/6)R$ となり，同じ結果を得る．

6.5　電力輸送 (送電)★

以下の問題は，私がオックスフォードの物理面接を受けたときに出されたものである．最初はかなりややこしい問題と思った．

問題　よく知られているように，送電線 (図 6.14) は高電圧で運用されており，電流を小さくしようとしている．高電圧にすることによって送電線の導体内での電力損失は減少する．電力損失 P は $P = I^2 R$ である．ここで R は送電ケーブルの抵抗，I は送電電流であって，この電流 I をなるべく小さくしようとしているのである．

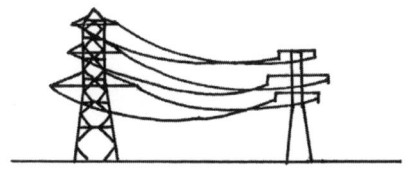

図 6.14

しかし一方，$V = IR$ であるから，$P = V^2/R$ で表される．そこで，この式から電力損失を小さくするには電圧 V を下げる必要がある．

このパラドックスについて考察せよ．

解答　これは勘違いを誘う問題である．パラドックスではない．電圧 V はまったく意味が異なった 2 つの量を表しているので，混乱を招いているに過ぎない．

前半の記述は正しい．まさに送電線はたいへん高い電圧で運用されている[*10]．この高い電圧 V は，送電系統の地面に対する送電線の電位として計測されるものである．

他方，式 $V' = IR$ (オームの法則) は導体を通過する電流 I と抵抗 R および導体両端の電位差 V' を関係づけているものである．よって，もしも V' が導体に沿っての電圧降下とすれば (地面に対する電位 V ではない)，式 $P = V'^2/R$ は正しい (といって

[*10]　イギリスにおける送電・配電電圧：長距離送電に対して，800 kV (80 万ボルト) 以上は UHV (超超高圧)，230–800 kV は EHV (超高圧)，また，都市郊外を通る基幹配電線に対して 1–33 kV の MV (中間電圧)，1 kV 以下は LV (低圧)，居住地域においては 400 V，あるいは 230 V の低圧 (LV) が用いられている．(訳注) 一般には欧米では，送電電圧 345–700 kV を EHV とよんでいる．日本における電圧の分類架空送電分野においては，1,000 kV を超超高圧，170 kV 以上を超高圧とよんでいる．配電分野においては，7–170 kV を超えるものを特別高圧，600–7,000 V のものを高圧，600 V 以下のものを低圧とよぶ．市街の架空配電線の電圧は 6,600 V である．

特に役立つ式ではない).そこで,もしも抵抗 R の電線の入力側の電圧が V であれば,他端,すなわち出力側の電圧は $V - V' \approx V$ となる.非常に効率のよい (損失の少ない) 送電線においては $V' \ll V$ である.

6.6 有効電力 ★

問題 交流回路において純粋な抵抗が負荷に接続されているとき,電圧と電流は $V = V_0 \sin \omega t$ および $I = I_0 \sin \omega t$ のようにつねに比例して変化する.そのような負荷の例としては電気ポットとか抵抗素子としての照明電球 (旧来の白熱フィラメントをもつ白熱電球) がある.最大瞬間電力 P_0 と時間平均電力 $\bar{P}$ の関係を求めよ.

解答 これはどちらかというとやさしく,かなり単純な問題である.しかし教科書に出ている周知の解法を知っていて損はしない.瞬時電力は $P = IV = I_0V_0 \sin^2 \omega t$ で与えられる.ピーク電力は瞬時電力の最大値であるから $P_0 = I_0V_0$ である.一方,時間平均電力 $\bar{P}$ は,瞬時電力の1周期,すなわち $0 < t < 2\pi/\omega$ の平均であり,

$$\bar{P} = \frac{\int_0^{2\pi/\omega} P \, dt}{2\pi/\omega} = \frac{I_0V_0}{2\pi/\omega} \int_0^{2\pi/\omega} \frac{1}{2}(1 - \cos 2\omega t) dt$$
$$= \frac{I_0V_0}{2\pi/\omega} \frac{1}{2} \left[t - \frac{\sin 2\omega t}{2\omega} \right]_0^{2\pi/\omega} = \frac{I_0V_0}{2\pi/\omega} \frac{1}{2} \frac{2\pi}{\omega}$$
$$= \frac{I_0V_0}{2} = \frac{P_0}{2}$$

ピーク電力は平均電力の2倍である.ここで問題を多少発展させてみよう.同じ座標軸上に電圧,電流および電力の曲線を描け.これはたいへん簡単なので宿題としよう.

6.7 沸騰時間 ★

問題 カップ4杯のお茶をつくるのに十分な量の水を電気ポット (図 6.15) で沸かすには,実効値電圧[*11]240Vの電源につなぐと3分かかる[*12].船乗りが同じ電気ポットのプラグを彼の船用に交換して船旅に出た.船上では24V直流電源が使える.この場合,同じ量の水を湧かすのに何分かかるか?

[*11] 実効値電圧とは (時間変化する) 交流電流の2乗平均の平方根の値のことをいう.
[*12] イギリスにおける公共の供給電圧は長らく 240 V±6% であった.しかし,EU の定圧電源基準にしたがって,現在は 230 V +10%/−6% である.この規格により,供給電圧を統一し,これまでヨーロッパ各国において使用されてきた電気器具の継続使用を可能にするように,比較的低電圧に設定し直して最適化した.(訳注) 低い電圧で使用されていた電気器具を,より高い電圧で使用すると故障とか破損が起こりやすい.

6.7 沸騰時間 ★   131

図 **6.15**

解答　電気ポットは純粋な抵抗からなる製品であって，内部の水への熱伝導は非常に良い．消費電力は $P = I^2 R$ で与えられる．ここで I は電流，R は電気ポットの抵抗である．I_{240}, I_{24} をそれぞれ 240 V, 24 V の電圧[*13]を加えたときの電流とすると，オームの法則 ($V = IR$) を用いて，

$$\frac{I_{24}}{I_{240}} = \frac{24}{240} = \frac{1}{10}$$

である．そこで電気ポットの消費電力の比は，

$$\frac{P_{24}}{P_{240}} = \left(\frac{I_{24}}{I_{240}}\right)^2 = \frac{1}{100}$$

よって，沸騰するまでに $100 \times 3 = 300$ 分 $= 5$ 時間かかる．もちろん，このように少ない電力では電気ポットでお湯を沸かすことはできない．なぜならば，ポットが少し熱くなると，加熱装置から受け取るよりも前に熱を失ってしまう (たとえば放射あるいは熱伝導によって) からである．ということで，船上において通常の電気ポットを使用しても役に立たないことがわかる[*14]．

これはやさしい問題だが，少なくとも私の見解では，良問といえる．私は船員である友人から，なぜ電気ポットが船上では使用されないのか，と聞かれたことがある．上記のことが本当の理由なのかは自信がない．しかし，航海において電気ポットで湯を沸かしたいのであれば，目的に合った設計をする必要がある．

[*13]　差込み口電源の交流電圧は通常，実効値で指定されている．よって，直流での電力についての式 $P = I^2 R$, $P = V^2/R$ を適用できる．これが交流電圧に対して実効値を用いる 1 つの理由である．

[*14]　実際問題ではより具合の悪いことに，ボートの電源は 24 V よりも 12 V が多いことである．

7 重力

　この章では，重力の関係する問題を扱う．重力は物体相互間の引力で，非常に遠く離れていてもはたらく不思議な力である．重力は「4つの基本的な力」[*1] の中では一番弱いが，膨大な宇宙全体をまとめている力でもある．もし重力がはたらかなければ，地球はその生命を支えている太陽のまわりを回ることもできない．古典物理学の多くの基本的な法則と同様に，(少なくとも実用的な意味では) 重力も簡単な式に従っている．距離 r だけ離れた質量 M と m の2つの物体間にはたらく引力の大きさは，

$$F = \frac{GMm}{r^2}$$

である．ここで，G は万有引力定数である．引力は「逆2乗の法則」に従い，相互作用する物体の質量に比例する．

　重力を含む問題を解くにはいくつかの定数が必要なので，あげておこう．

$$\text{万有引力定数 } G \approx 6.7 \times 10^{-11} \, \text{N}\,\text{m}^2/\text{kg}^2$$

$$\text{半径} \begin{cases} \text{地球} & R_\text{E} \approx 6.4 \times 10^6 \, \text{m} \\ \text{太陽} & R_\text{S} \approx 7.0 \times 10^8 \, \text{m} \\ \text{月} & R_\text{M} \approx 1.7 \times 10^6 \, \text{m} \end{cases}$$

$$\text{距離} \begin{cases} \text{地球–太陽間} & R_\text{ES} \approx 1.5 \times 10^{11} \, \text{m} \\ \text{地球–月間} & R_\text{EM} \approx 3.8 \times 10^8 \, \text{m} \end{cases}$$

[*1]　4つの基本的な力は

(1) **強い力**：この力は陽子間にはたらく非常に強い反発力に抗して原子核をまとめている．強い力は，名前の通り，4つの基本的な力の中で最も強いが，極端に短い距離にしかはたらかない．この力の起源についてはいまだに議論があるが，「素粒子の標準模型」では，陽子と中性子を構成するクォーク間にはたらく「グルーオン」の交換で伝えられると考えられている．

(2) **電磁力**：これはクーロンの法則に従う電荷間の力と，磁気的な力を合わせたものである．重力と同様にこの力も逆2乗の法則に従う．電磁力によって原子や分子はまとまっている．テーブルを平手でたたいたときに感じる力は，手の分子とテーブルの中の分子との静電的な反発力である．

(3) **弱い力**：この力はごく短距離 (陽子の直径の 0.1%，すなわち 10^{-18} m 程度) でしかはたらかず，クォークの「フレーバーの変換」を起こさせる．

(4) **重力**：この章で扱う．

$$\text{質量} \begin{cases} \text{地球} & M_{\text{E}} \approx 6.0 \times 10^{24} \text{kg} \\ \text{太陽} & M_{\text{S}} \approx 2.0 \times 10^{30} \text{kg} \\ \text{月} & M_{\text{M}} \approx 7.4 \times 10^{22} \text{kg} \end{cases}$$

7.1 空洞の月 ★

半径 R_0, 質量 M の一様な密度の固体球の表面あるいは固体球の外部においた質量 m の (小) 物体にはたらく重力は, ニュートンの万有引力の法則

$$F = \frac{GMm}{R^2} \tag{1}$$

で与えられる. ただし, R は球の中心から m までの距離で, $R \geq R_0$ である.

ニュートンは, もともと質点についてつくられたこの定理が, 球対称な質量分布をもつ物体についても成立することを示した. そのような物体としては, 一様な密度の固体球と一様な密度の球殻がある.

問題 外側の半径 R と質量 M がともに等しい一様な球殻と固体球 (図 7.1) について, 球殻と固体球の表面における重力が等しいことを積分を使わずに, 式 (1) のみを用いて示せ. さらにこの結果は, 球殻の内側の半径 r にはよらないことを示せ.

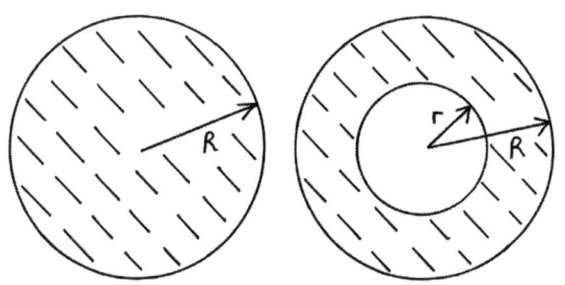

図 7.1

解答 まず, 半径 R で一様な密度の固体球を考えよう. 一様な密度の固体球の表面の質量 m の質点にはたらく重力は次の式で書ける.

$$F_{\text{solid sphere}} = \frac{GMm}{R^2}$$

固体球の質量は, 密度 ρ を使って次のように計算できる.

$$M_{\text{solid sphere}} = \frac{4}{3}\pi R^3 \rho$$

次に，外側の半径 R，内側の半径 r，密度 ρ' の球殻を考えよう．この球殻の質量は次の通りである．

$$M_{\text{spherical shell}} = \frac{4}{3}\pi(R^3 - r^3)\rho'$$

固体球と球殻の質量は等しいので，$M_{\text{spherical shell}} = M_{\text{solid sphere}} = M$ より密度の比が求められる．

$$\frac{\rho'}{\rho} = \frac{R^3}{R^3 - r^3}$$

これで球殻の密度を表す式が得られたので，ニュートンの万有引力の法則の式 (1) だけを使って，球殻の表面での重力を計算してみよう．

この球殻は，半径 R で密度が ρ' の固体球の中心から，半径が R よりも小さい r で密度が ρ' の固体球を取り除いたものと考えることができる．したがって球殻表面での重力は，この2つの固体球による重力の差なのである．

$$F_{\text{spherical shell}} = \frac{GM_R m}{R^2} - \frac{GM_r m}{R^2}$$

2つの固体球の質量は次のように計算される．

$$M_R = \frac{4}{3}\pi R^3 \rho', \qquad M_r = \frac{4}{3}\pi r^3 \rho'$$

ここで，重力がはたらくと考えている質点は球殻の外側表面にあるので，内側の固体球による重力を計算する際の半径は r ではなくて R であることに注意しよう．

これらの式を組み合わせて，

$$F_{\text{spherical shell}} = \frac{Gm}{R^2}\frac{4}{3}\pi(R^3 - r^3)\rho'$$

ρ' を代入すれば，

$$F_{\text{spherical shell}} = \frac{Gm}{R^2}\frac{4}{3}\pi R^3 \rho = \frac{GMm}{R^2}$$

となる．つまり $F_{\text{spherical shell}} = F_{\text{solid sphere}}$ である．質量と半径が同じで球対称であれば，固体球つまり「固体の月」と，球殻つまり「空洞の月」の重力は同じなのである．

この結果は面白い．簡単ですっきりしていて，球対称な質量分布の外側では，固体球と球殻が，さらに球や球殻の組合せに拡張しても，質点を含めて同じように扱えるということがわかる (興味があったらやってみよう)．この結果をまとめると，球対称な物体は外部の物体に対しては，その全質量があたかも中心に集中しているかのようにふるまうということである．ニュートンはこのことを 1687 年に示した．これは**球殻定理**とよばれている．この定理の含むもう1つの興味深い結論は，「殻の内側には重力ははたらかない」ということである．

7.2 最低エネルギーの周回軌道 ★★

問題 地球を半径 R_E で，重力を及ぼす一様な球であるとし，地球の中心のまわりを円運動する人工衛星のエネルギーを考えよう (図 7.2)．地表の位置エネルギーを基準 (ゼロ) とするとき，人工衛星の全エネルギー (運動エネルギー ＋ 位置エネルギー) が最小になるような円軌道の半径 R_2 はいくらか？ また，全エネルギーの最大値は最小値の何倍か？

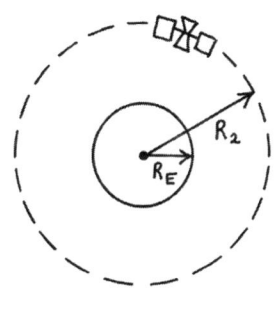

図 **7.2**

解答 ある円軌道の全エネルギーを，地表を基準とする位置エネルギー E_P と運動エネルギー E_K の和として，それぞれを順に考えてみよう．

(1) 軌道の位置エネルギー 半径 R_2 の軌道の位置エネルギーは，重力に打ち勝つために必要な力を地球の半径 R_E から軌道半径の R_2 まで積分することで計算できる．

$$E_P = \int_{R_E}^{R_2} F\, dr = \int_{R_E}^{R_2} \frac{GM_E m}{r^2} dr$$

ここで，G は万有引力定数，M_E は地球の質量，m は人工衛星の質量，r は地球の中心から人工衛星までの距離である．積分を実行すれば次のようになる．

$$E_P = GM_E m \left(\frac{1}{R_E} - \frac{1}{R_2} \right)$$

(2) 軌道上での運動エネルギー 次に，半径 R_2 の円軌道上を回っている人工衛星の運動エネルギーを考えよう．安定な円軌道の場合，軌道の中心に向かう向心加速度 v^2/R_2 と重力を用いた円運動の運動方程式は，

$$m\frac{v^2}{R_2} = \frac{GM_E m}{R_2^2}$$

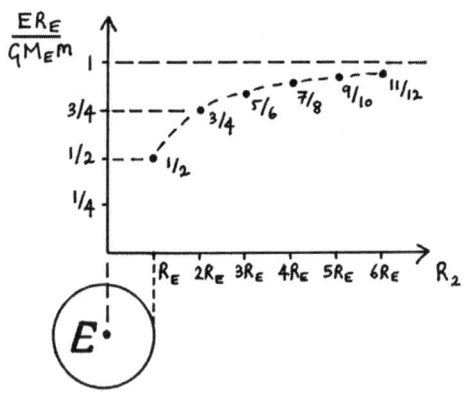

図 7.3

この式から運動エネルギーは,

$$E_K = \frac{1}{2}mv^2 = \frac{GM_E m}{2R_2}$$

となる.

(3) 軌道の全エネルギー 全エネルギーは位置エネルギーと運動エネルギーの和なので,

$$E = E_P + E_K = GM_E m \left(\frac{1}{R_E} - \frac{1}{2R_2} \right)$$

となる.半径 R_2 が最小のとき,エネルギーは最低となる (図 7.3).エネルギーが最大になるのは R_2 が無限大のときであり,そのときのエネルギー $GM_E m/R_E$ は,最低エネルギー,つまり $R_2 = R_E$ のときのエネルギー $GM_E m/2R_E$ のちょうど 2 倍である[*2].

7.3 宇宙での無重力 ★★

問題 ロシアの宇宙飛行士ブラストフとアメリカのメダリオン船長は地表から約 400 km 上空の国際宇宙ステーションで休日を過ごしていた (図 7.4).一方は医者,他方は物

[*2] ここでは地球の大気を無視しているが,実際には,現実の人工衛星の軌道の 1 次の近似としては完璧である.いわゆる「地球低軌道」は高度 160 km ぐらいから始まっている.これは大気のちょうど外側であって,地表からはわずかに地球半径の 2.5% 程度しかなく,地表すれすれといえる.

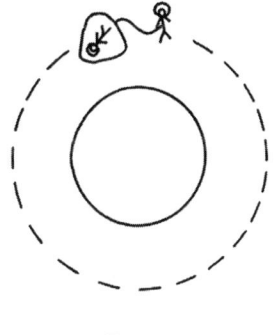

図 **7.4**

理学者で，どちらもそれぞれの分野では有名人だ．メダリオンはブラストフに向かって言った．

「ごらん，僕のメダルが浮かんでいるよ．こんなに重力の小さいところにいるってすごいねえ」

ブラストフはちょっと考えてからメダリオンに向かって言った．

「浮いていることと，重力はどう関係があるんだい？ ここでも僕らの体重はモスクワと同じだろう？ 違うのかい？」

2 人のうちのどちらが物理学者かを，計算によって明らかにせよ．

解答 宇宙での「無重力」という言い方は誤解されることが多い．実際，人の体にはたらく重力 (それが人の「重さ」の定義であるが) は，地表に近い低い軌道を回っているときと，地表にいるときとは大きくは違わない．地上 400 km での重力の大きさ F' と地表での大きさ F を比べてみよう．

地球の中心から任意の距離 r における重力の大きさは，

$$F = \frac{GMm}{r^2}$$

である．したがって 400 km 上空の軌道上での重力と，地表での重力の大きさの比は，

$$\frac{F'}{F} = \left(\frac{R_{\rm E}}{R_{\rm E} + 4 \times 10^5}\right)^2 \approx 0.89$$

となる．ここで地球の半径を $R_{\rm E} \approx 6.4 \times 10^6$ m とした．つまり国際宇宙ステーションの高度では，人の重さは 11% しか減っていないということだ．この影響は小さいから，それだけではメダリオン船長のメダルが襟から浮きあがったりはしない．よってブラストフのいうことは正しい．重力による重さ (重さは重力によると定義しているのだから) は，低い軌道を回っていても，モスクワにいても，いや地球上のどこにいてもほとんど同じである．

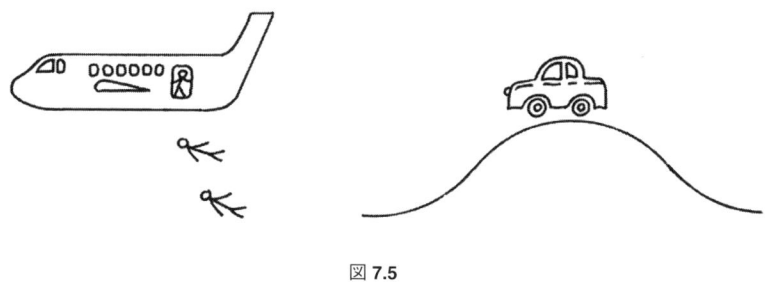

図 7.5

　メダリオン船長は勘違いをしていたとはいえ，相変わらず名誉のメダルを自慢しながら宇宙ステーションのカプセルの中をふわふわと，少なくとも見かけ上は重さなしで浮かんでいた．ブラストフ宇宙飛行士は，船長に対して基本的な生理学の講義をすることにした．
　「船長，アメリカの医学教育にはがっかりしたよ」とブラストフは言った．
　「人の身体は，外力が加わっているときの非等方的なストレス(応力)には敏感なんだ*3．だから外力は異常に感じられるんだ」
　ブラストフはやはり正しい．低い軌道を回っているとき，引力による力がちょうど向心加速度に必要な力を与えている．だから地表から一定の高度で安定な軌道上を，一定の速度と加速度で周回できる．周回中の宇宙船の中で経験する「重さのない」という異常な感覚は，体に何も外力がはたらいていないから起きる．こうして身体は，非等方的な力を何も感じることがなく，身体はゼロストレス，つまりまったく力のはたらかない状態にいる*4．これと似たことは，道路のでこぼこで車が急に跳ねあがったり，飛行機から飛び降りたりすると経験できる (図 7.5)．われわれの体にはたらく重力は変化しないけれども，いつも重力を感じさせてくれている地球からの抗力がなくなっているのである．
　まったく同じように，地球からの抗力を人工的に大きくすることもできる．加速しながら上昇するエレベーターの中に立っているときに感じるのがそれである．足の裏にかかる力は，体にかかる重力に抗するだけでなく，体の質量に対する上向きの加速度を与える力にもならなければならない．この例の場合には，ゼロストレス状態にな

---

*3　自由落下中に感じる重さがないという感覚は，「身体がストレスのない状態にある」ことの結果であると一般にいわれている．しかし，人の体は等方的なストレスには非常に鈍感であるらしいから，ここでは「非等方的なストレス」がないという意味であることを強調しておきたい．たとえば海岸でダイビングをすることを考えよう．水深が 10 m であれば，通常の大気圧の 2 倍の圧力を受け，等方的なストレスが 2 倍になる．しかしわれわれは水面にいるときと同じようにしか感じない．フリーダイビングの現在の世界記録は 253.2 m である (2012 年 6 月 6 日，「最深の人」ハーバート・ニッチが達成)．これは大気圧と 25.3 気圧もの差であり，大きな等方的ストレスを体内に生じているが人間は感じない．

*4　ここでは，体の内部に初めからある外力にはよらないストレスは無視している．

るのは頭のてっぺんだけだ．なぜなら頭のてっぺんは何も支える必要がないし，それより上には加速するべきものは何もないのだから．

したがって，重力がないという状態かどうかにはよらず，重さがないという感覚を得ることはできる．重力がない状態は，他の物体から無限に離れているとき，あるいは質量のあるものが両側にあって引力が相殺されるような場所にいるときにしか起こりえない．人類は，実際に地球の重力の及ばないところに行ったことはない．人類のほとんどすべての宇宙飛行は地球に近い低い軌道上を回っており，そこでの重力の大きさは地球上とほとんど変わらない．唯一の例外はアポロの月着陸ミッションで，そのときの宇宙飛行士たちは地球の引力が非常に小さい状況にいたが，それでも地球の重力場から完全に逃れていたわけではない．

重さの感覚を表現する g 力という言葉がある．g 力というのは加速と重力に対する抗力とによって受ける機械的な力の総計である．地球の表面に立っている人間は $1g$ に等しい力を受けている．これは重力に対する抗力によるものである．地球は表面にいる人間にはたらく引力に等しい力で押し返している．同じように，引力の源から遠く離れた宇宙船にいる人を考えてみる．この条件では彼は 0 (ゼロ) g の状態にいる．これは，重さの感覚をもたらす力がないということであって，必ずしも重力がまったくないから実際に重さがない，ということではない．これをみるために，宇宙船が g に等しい $9.8\,\mathrm{m/s^2}$ で加速しているとしよう．すると宇宙船の中の人は，地表にいてまったく加速されていない人と同じ $1g$ を感じる．もし，宇宙船の中の人と地表にいる人に目隠しをしたら，$1g$ の感覚，つまり g 力が重力によるものなのか，加速によるものなのかを区別することはできないだろう．$1g$ の感覚はどちらの場合も同じなのだから．

さて，地表に近い低い軌道上を周回する場合に戻ろう．ここでの万有引力は，地表での万有引力とほとんど変わらない．しかし，引力が地球の中心への加速度を生み，抗力はなくなる．軌道上の人は $0g$，つまり「重さのない状態」を経験する．この言葉はいかにも不適切ではあるけれど．

人間には，ごく短時間であれば極端な g 力に対する十分な耐性が備わっているらしい．普通の人は $2, 3$ 秒であれば，$5g$ 程度を失神せずに耐えることができる．$6g$ 以上だとパイロットでも数秒以上は耐えられないと思っていたが，現代のパイロットは，連続回転で $9g$ までもちこたえられるらしい．彼らの耐性は，ある筋肉を引き締めるという訓練と，回転中の g の大きい間は素早く膨張して腹部や脚に圧力をかけるという g スーツとの組合せで高められた．訓練と g スーツの目的は，低酸素症を引き起こすような脳の血液量の低下を防ぐことである．低酸素症になるとグレイアウト (視界が暗くなる) に，さらに進むとブラックアウト (視界が完全に消失する) に，そして g 力による意識喪失に至る．それは高速の飛行機を操縦するときの恐怖だ．もう 1 つの極端な例，周回する宇宙船での g 力の消失 (実際には微小な重力)，すなわち $0g$ は人体にとってはまことに快適な経験のようだ．問題が起こるのは主に訓練の不足によるらしい．

これまでで最も高い g 力にさらされたと思われる人は，おそらくアメリカ空軍の軍医，ジョン・ポール・スタップ (1910–1999) で，彼は人体が極端な g 力を受けたときの

影響を研究していた．1947 年から 1951 年までの間，急減速による人体への影響をしらべるプロジェクトに自ら志願して参加し，レールの上を猛スピードで疾走し，水制動システムで急減速するロケットスレッドに繰り返し搭乗した．骨折や網膜剥離，血管の損傷などの多くの負傷をしながらも，スタップは通常の限界とされる $18g$ の 2 倍を超える $46g$ もの急減速に耐えた．この研究は前向きの座席の安全ベルトの開発に利用されたが，後ろ向きの座席の方が衝突の際にははるかに安全であることも証明された[*5]．急減速への人間の耐性は，考えられていたよりもずっと高いものだった．

それでもまだ足りないかのように，スタップは，天蓋の壊れたジェット機での高速飛行に耐えられるかどうかをしらべるために，猛烈な強風の生理学的な影響の研究も行った．彼は天蓋なしで時速 570 マイル (時速約 917 km) で飛行し生還した．スタップはまた，面白い警句を考え出すことが好きだった．彼がつくった最も有名なものはマーフィーの法則「うまくいかない可能性のあるものは必ずうまくいかない」だ．「スタップのパラドックス」はもっとましだ．「誰でももっている馬鹿げたことをする能力がとんでもない偉業を達成する」．

7.4 宇宙へジャンプ ★★★

問題 惑星 X においては，「脚曲（あしまげ）」氏は高さ h_X までジャンプができる (図 7.6)．h_X は惑星の半径 R_X よりはるかに小さい．

「問題は重力だ」と脚曲氏は言う．

「重力さえなければ宇宙までだってジャンプできるんだが」

惑星 X と同じ物質でできていて，脚曲氏が重力場を完全に脱出できる最大の惑星 Y の半径を求めよ．

解答 惑星 X においては，脚曲氏は高さ h_X までジャンプすることができる．ただ

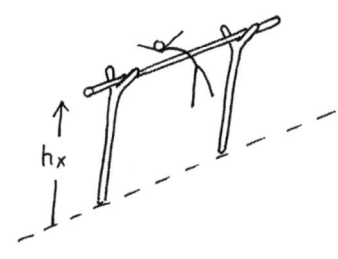

図 **7.6**

[*5] 後ろ向きの座席はある種の軍用機で使用されたが，おそらく乗客は前を向いて座ることを好むだろうという理由で一般の航空機には採用されなかった．

7.4 宇宙へジャンプ ★★★   141

し，$h_X \ll R_X$ である．ジャンプをするときには，彼は一様な重力場に抗して運動していると考えよう．彼のジャンプは惑星 X の半径よりはずっと小さいので，彼が飛び上がる高さまでは惑星の引力による重力はほとんど変わらない．重力に抗する仮想的な力によってなされる仕事を考えると，彼がジャンプするときのエネルギー E を計算できる．なされた仕事は，この力とジャンプの最高点の高さの積である．脚曲氏の質量を m とすれば，

$$E = Fh_X = \frac{GM_X m}{R_X^2} h_X$$

となる．

では質量 m の物体を半径 R の表面から，減少しつつある引力に抗する力で惑星から無限に離れるまで (言い換えれば惑星の引力圏から脱出するまで) 動かすのに必要な仕事の合計 W を考えよう (図 7.7)．この仕事を**脱出エネルギー**という．

脱出エネルギーを求めるには，重力 F_G に抗して物体に加えられる力 F_W を，惑星の表面から無限遠まで積分すればよい．同じ高度であれば，力 F_W は重力 F_G と同じ大きさで向きが逆であるから次のように書ける．

$$W = \int_R^\infty F_W dr = GMm \left[-\frac{1}{r} \right]_R^\infty = \frac{GMm}{R}$$

惑星 Y の重力圏を脱出するには，脚曲氏がジャンプする際のエネルギーが惑星 Y の脱出エネルギーに等しくなければならない．彼のジャンプのエネルギーは惑星 X においてすでにわかっているので次のようになる．

$$W = E$$

$$\frac{GM_Y m}{R_Y} = \frac{GM_X m}{R_X^2} h_X$$

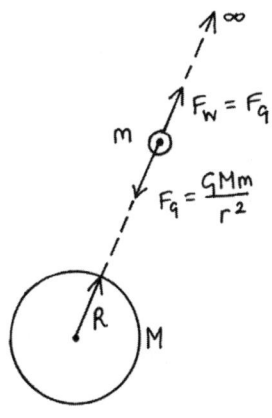

図 **7.7**

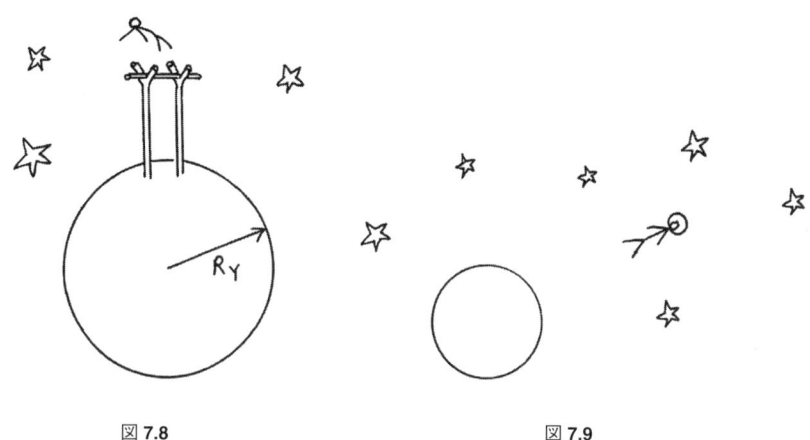

図 7.8　　　　　　　　　　図 7.9

もし惑星 X と Y が同じ物質でできていれば，つまり密度が等しければ，球の質量 M_X と M_Y は，
$$M_X = \rho \frac{4}{3}\pi R_X^3, \qquad M_Y = \rho \frac{4}{3}\pi R_Y^3$$
(ρ は密度) と書き換えることができて，
$$R_Y = \sqrt{R_X h_X}$$
を得る．これが脚曲氏の知りたい答だ．

　地球に戻ろう．高跳びの記録はおよそ 2 m 程度だ．地球上で 2 m の高跳びをするのに必要なエネルギーで脱出できる最大の惑星の半径 (図 7.8, 7.9) は，
$$R_Y = \sqrt{2R_E}$$
であるから，R_E に地球の半径 ($R_E \approx 6.4 \times 10^6$ m) を代入すれば，R_Y は 3,578 m，およそ 3.6 km となる．予想通りかもしれないが，この答はジャンプをする人の質量にはよらない．それがなぜかはっきりしないって？　少し復習が必要だね．

より進んだ議論

　高跳びの選手のジャンプのエネルギー E を計算するときに，微妙なところを無視したので，ちょっとそこへ戻ってみよう．
　膝を折り曲げ体の重心を低くし，それから脚を伸ばすと何が起こるだろうか？　脚を伸ばす (この動きをパワーストロークとよぶ) とき，重力に逆らい，潜在的に体を

加速している．これを十分にゆっくり行うならば，ストロークの終わりには運動エネルギーはなく，単に速度ゼロでまっすぐ立った姿勢に戻っただけだ．このときにした仕事は，パワーストロークの始めから終わりまでの重心の位置の変化を Δx として，$\int F_W dx = mg\Delta x$ となる．この仕事は惑星の重力圏を脱出する助けにはならず，膝を曲げる前にもっていた位置エネルギーを取り戻したに過ぎない．この動きでは，仕事をする力は重力によって体が受けている力にほぼ等しい ($F_W \approx F_G$)．したがって，この過程での加速度は非常に小さい[*6]．

加速をするための力は F_W と F_G の差であるから，

$$F_W - F_G = m\ddot{r}$$

となる．$\ddot{r}$ は動径方向の加速度で，$F_G = mg$ である．F_W が F_G に比べて十分大きければ，パワーストロークでなされる仕事の大部分は地面を離れるときの運動エネルギーになって高く飛ぶことができる．しかし F_W が F_G に比べてほんの少し大きいだけならば，パワーストロークの終わりに運動エネルギーとして使える分はほとんどない．

この解析は，人がジャンプをするときの動きを説明している．パワーストロークの間に地面を押す力の最大値とパワーストロークの間に移動する距離には生理学的な限界がある．したがって利用可能な全エネルギーははっきりとわかる．ただし，わかるのは正確なゼロエネルギーの位置に対してだけである．それは，パワーストロークのスタート時に膝を曲げたときの体の重心の位置であって，立っているときの重心の位置ではない．

地面に対してジャンプできる高さを $h_X = 2\,\mathrm{m}$ としたが，これは間違いだった．惑星 X と Y における正しい高さは (系のエネルギーという観点で考えるとき) パワーストロークの最初に脚を曲げたときの重心の高さから測るべきなのだ．これで答は少し変わる．原理はわかったと思うので詳しい計算は読者に任せる．

7.5 宇宙の墓場 ★★★

宇宙船が噴射[*7]をする際の速度の変化は，ツィオルコフスキーのロケット方程式[*8]に従う．

$$\Delta V = V_e \ln \frac{m_i}{m_f}$$

[*6] ストロークの最初に運動を開始するためには，重心を上向きに動かす速度が必要なので，F_W は F_G に比べてほんの少し大きくなければならない．ストロークの終わり近くでは再び速度をゼロに減速するために F_W を F_G に比べてほんの少し小さくしなければならない．

[*7] ここでは，ロケットエンジンが点火されてロケットの速度がただちに変化するという非常に短い時間を意味している．実際に軌道の変化をいう場合に，たいてい噴射は瞬間的だとみなせる．

[*8] ここで，ツィオルコフスキーのロケット方程式を簡単に導いておこう．実験室系で質量 m，速度 V のロケットを考える．速度 V で動くロケット自身の座標系ではロケットの速度はゼロである (図 7.10)．

ここで V_e はロケットの排気速度，m_i と m_f はロケットの噴射前後の質量である．厳密にいえば，ほかに力が何もはたらかないときに使える式であって，重力損失[*9]や空気抵抗があるときには使えない．しかし，推力が他の外力よりも十分に大きいときに

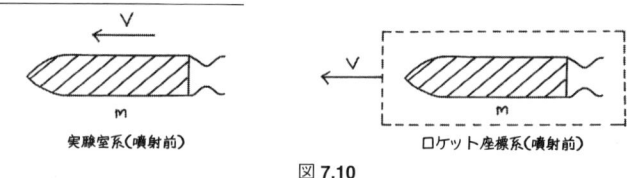

図 7.10

ロケットが少量の質量 dm の燃料をロケットに対して速度 $-V_e$ (つまりロケット座標系) で噴射するとする．すると実験室系ではロケットの速度は増加して $V + dV$ となる．噴射された質量 dm の実験室系での速度は $V + dV - V_e$ である (図 7.11)．

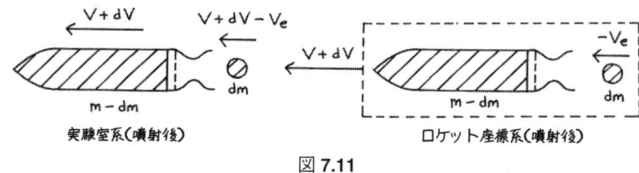

図 7.11

ロケットと噴射された質量にはたらく外力の合計はゼロなので，噴射の前後の運動量は等しい．実験室系では，左方向の運動量を正として，

噴射前の運動量 = 噴射後の運動量
$$mV = (m - dm)(V + dV) + dm(V + dV - V_e)$$

と書ける．展開して整理すると，

$$0 = mdV - dmV_e$$

を得る．これは m と V に関する微分方程式なので積分が可能である．

$$V_e \frac{dm}{m} = dV$$

積分の前に注意すべきことは，式の中で定義した正の質量 dm はロケットから噴射されたので m の減少を意味しているということだ．dm と m を整合させるためにここで負号をつけて dm を $-dm$ としなければならない．こうして最初の質量 m_i から最後の質量 m_f まで，最初の速度 V_i から最後の速度 V_f まで積分すれば，

$$V_e \int_{m_i}^{m_f} \frac{-dm}{m} = \int_{V_i}^{V_f} dV \quad \therefore \quad V_e \ln \frac{m_i}{m_f} = V_f - V_i = \Delta V$$

となり，ツィオルコフスキーのロケット方程式となる．もっと厳密な導出もインターネット上に紹介されているから興味があったら参考にされたい．

[*9] 重力場の中で推進するときに，ロケットの重さを支えるために使われる推力が重力損失である．この推力は加速には使えない．重力損失は，推力を与える時間をなるべく短くし，その位置での重力場にできるだけ垂直に推進するように軌道を設計することで最小化できる．

7.5 宇宙の墓場 ★★★

はこの式はよい近似であると考えてよい.

この方程式は, ロケットから物質を排出する際に相対的な排出速度が一定であるとして運動量保存則を用いて導かれた. ロケット技術者たちは ΔV に, 特定の軌道を飛行させるための「ΔV」として注目する. ロケット技術者は設計段階で, ミッションの操縦計画ごとに ΔV をリストして, ΔV の予定表を作成する. これによってロケットに必要な ΔV の合計が決まる. もし, ある ΔV を必要とするミッションで, 決められた運ぶべき質量 m_f があるならば, それも取り入れることでロケットの排出速度と初期の質量が決まる.

問題 ブラストフ宇宙飛行士とメダリオン船長は地球周回軌道上の実験用宇宙船に乗っている. 宇宙船は運行不能になり, 安全に処理して, かつロシアとアメリカの名誉を守るためには, 彼らには2つの選択肢しかない (図 7.12). 1つ目は, 地球の中心に向かって「死の降下」ができるように宇宙船の速度をゼロになるまで下げること (進路 A), 2つ目は脱出速度に達して地球の重力圏から離れること (進路 B) である. ロケットのエンジンは強力で, 燃料噴射中の推力は非常に素早くロケットに与えられる. しかしながら燃料には限りがあり, どれだけの ΔV が得られるかは彼らにもよくわからない. メダリオンはブラストフに向かって言った.

「われわれは地球周回軌道にいるのだから重力場を利用するべきで, 進路 A を選択しよう」

「そうじゃなくて」とブラストフは言う.

「推力がほとんど残っていないのだから, 進路 B の方が操縦しやすい」

進路 A か B か, どちらがより少ない燃料ですむか?

解答 半径 R の地球周回円軌道で動径方向の運動方程式は, 重力を用いて,

$$m\frac{V_1^2}{R} = \frac{GM_E m}{R^2}$$

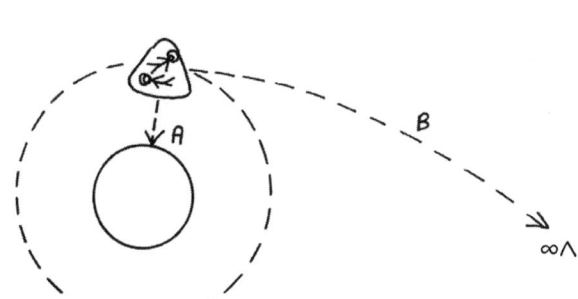

図 **7.12**

ブラストフとメダリオンが乗っている宇宙船の初速度 V_i は，軌道半径と地球の質量を使って次式から決まる．

$$V_\mathrm{i}^2 = \frac{GM_\mathrm{E}}{R}$$

進路 A と B に必要な ΔV を順に考えよう．進路 A は地球の中心に向かう死の降下である．この進路をとるには地球の中心に対する最終速度がゼロとなるような ΔV が必要だ．ΔV を常に正にとると (ロケットの推進力は望みの向きに与えられる)，次のようになる．

$$\Delta V_\mathrm{A} = |V_\mathrm{f} - V_\mathrm{i}| = |0 - V_\mathrm{i}| = V_\mathrm{i}$$

進路 B では地球からの脱出速度への加速である．脱出エネルギーは，重力 F_G に抗するために必要な力 F_W を R から無限大まで積分したものだ．F_W は F_G と同じ大きさで逆向きであるから次のように書ける．

$$W = \int_R^\infty F_\mathrm{W} dr = GM_\mathrm{E} m \left[-\frac{1}{r}\right]_R^\infty = \frac{GM_\mathrm{E} m}{R}$$

軌道速度 (初速度) を使うと，

$$W = m V_\mathrm{i}^2$$

となる．宇宙船の運動エネルギーを脱出エネルギーに等しくすれば，宇宙船は地球の重力圏を脱出できる．

$$\frac{1}{2} m (V_\mathrm{i} + \Delta V_\mathrm{B})^2 = W = m V_\mathrm{i}^2$$

$V_\mathrm{i} = \Delta V_\mathrm{A}$ を使えば，

$$2 \Delta V_\mathrm{A} \Delta V_\mathrm{B} = \Delta V_\mathrm{A}^2 - \Delta V_\mathrm{B}^2$$

したがって，

$$\Delta V_\mathrm{A} - \Delta V_\mathrm{B} = \frac{2 \Delta V_\mathrm{A} \Delta V_\mathrm{B}}{\Delta V_\mathrm{A} + \Delta V_\mathrm{B}}$$

である．上の計算では ΔV_A も ΔV_B も正であるから $\Delta V_\mathrm{A} > \Delta V_\mathrm{B}$ となり，ブラストフが正しい．つまり，進路 B をとった方が進路 A をとるよりも必要な ΔV は小さい．言い換えれば，機能不全に陥った人工衛星は，地球の中心に向けて「死の降下」をさせるよりも地球の引力圏外へ送り出した方がよい，ということだ．興味深いことに，この結果は軌道の半径には依存しない．

より進んだ議論

この議論とまったく同じ理由で，運用を終えた人工衛星は，軌道から外して大気中で破壊するよりも，墓場軌道として知られている高い軌道へ押し出すのが普通である．もちろん人工衛星が地球の大気圏に再突入すると，衛星が降下するために必要な ΔV は空気抵抗によって与えられる．しかし，地球の自転周期と同じ周期で回る軌道 (こ

れを地球同期軌道とよぶ)*10の人工衛星の場合には，墓場軌道へ上げるエネルギーの方が，大気圏に再突入させるエネルギーよりずっと小さい．最近発行された宇宙工学のハンドブック*11には次のように書かれている．

> 地球同期軌道上の人工衛星が寿命に近づいたり，推進燃料がほとんどなくなったりしたとき，墓場軌道へ移すことを試みる．その軌道は地球同期軌道の高度よりもわずか数百 km 程度高いだけである．もし宇宙船が動かなくなった場合には，ほかの人工衛星の運用に問題を起こさないことを確認しなければならない．理想的には，大気圏に再突入させて宇宙デブリ (宇宙ゴミ) にならないように燃え尽きさせるべきである．しかし，地球同期軌道上の衛星は地球からはずっと遠く，大気圏に到達するには 1,500 m/s 程度の速度の変化が必要になる．しかし墓場軌道に上げるためには速度をほんの少し，10 m/s 程度上げればよいだけである．いったんその軌道に入れば，地球の大気による抵抗もほとんどなく，わずかに太陽風の影響を受けるだけである．つまり，使用済みの観測機器は墓場軌道にかなり長い期間，少なくとも数百年間はとどまり続ける．

墓場軌道では宇宙デブリの蓄積を減らし，ケスラー・シンドロームの可能性を避ける必要がある．これはある軌道上で，連鎖的な衝突によって宇宙デブリの急激な増加（「なだれ」）が引き起こされるという暴走現象で，ドナルド・ケスラーが 1978 年の論文*12で初めてその可能性を指摘した．ケスラーの予想を再確認した 2010 年の興味深い論文*13でケスラーと共著者は次のように書いている．

> 「ケスラー・シンドローム」という言葉は，専門家ではない人たちの間で一般的に使われるようになった宇宙デブリ用語であるが，きちんと定義されていない．地球に近い低い軌道で登録された物体間のランダムな衝突によってできるかけらが 2000 年以降の小さな宇宙デブリの主要な発生源になり，さらに，「新しく投入される衛星がゼロであり続けても時間とともに指数関数的にデブリは増大する」と予測した 1978 年のわれわれの論文から意図的に使われるようになった．本論文の目的は，この言葉の定義を明確にし，30 年にわたる国際的な研究によってわかったことを理解し，この研究が将来の宇宙の開発にどのような意味を与えるかを議論することである．この言葉が一般に使われることによって 1978 年の論文

---

*10 地球の自転周期と同じ周期で回る軌道の中で特別なものは赤道上空の静止軌道である．この軌道の半径はおよそ 42,000 km，地球の半径の約 6.6 倍である．
*11 Darrin, A., O'Leary, B. L., 2012, "Handbook of space engineering, archaeology, and heritage (Advances in Engineering Series)," CRC Press, ISBN-10: 1420084313; ISBN-13: 978-1420084313.
*12 Kessler, D. J., Cour-Palais, B. G., 1978, "Collision frequency of artificial satellites: the creation of a debris belt," Journal of Geophysical Research, Vol. 83, No. A6, pp. 2,637–2,646.
*13 Kessler, D. J., Johnson, N. L., Liou, J. C., Matney, M., 2010, "The Kessler Syndrome: implications to future space operations," 33rd Annual AAS Guidance and Control Conference, Paper AAS 10-016, Breckenridge, CO, February 6–10, 2010.

の結論が誇張され，ゆがめられた一方で，今日までのあらゆる研究の結果から，宇宙デブリの状態がランダムな衝突によって決まるという時代にいよいよ入りつつあることは確かだという結論に達している．将来にわたって環境を制御するために，十分な衝突回避の手段がなければ，使用期間の過ぎた衛星やロケット本体を軌道上に残さないという，デブリ軽減のためのガイドラインを完全に実施しなければならない．加えて，すでに軌道に投入された物体のいくつかを回収する必要もあるであろう．

地球同期軌道高度より 300 km 上空では，太陽の放射圧は十分低く，使用済みの人工衛星が，人工衛星の集中する軌道に戻ってくるまでには何百年もかかるであろう．しかし地球に近い低い軌道からは物体を取り除く必要がある．欧州宇宙機関 (ESA) による 2005 年の記事[*14]には，地球に近い低い軌道の人工衛星を宇宙から取り除く問題に対する解決法の妥協案が提案されている．

> 地球に近い低い軌道では，解決法は簡単ともいえる．たとえば，欧州宇宙機関の地球観測衛星 (ERS) はおよそ 800 km の高度を周回している．理想的には，ミッション終了時に減速し，200 km まで高度を下げれば，自然に周回軌道を外れ，およそ 24 時間以内に燃え尽きてしまうが，これにはかなりの燃料が必要である．「しかし，ERS 程度の大きさの衛星ならば，高度を 600 km まで下げるだけで 25 年以内には周回軌道を外れて大気圏に突入するであろう．これは燃料節約のための折衷案になる」とジェーン博士は言っている．

これは興味深い問題だし，文献によれば (ドナルド・ケスラーによる最近の論文の控えめなコメントにもかかわらず) 事情はどんどん悪くなっているらしい．5 cm 以上の物体が 20,000 個，1 cm 以下のものは 30 万個も地球のまわりを時速何万 km という相対速度で回っていることを知ったら，私なら国際宇宙ステーション (ISS) に落ち着いて座ってなんかいられない．

この問題の重要性は，2009 年 2 月 10 日に 2 つの通信衛星 (アメリカのイリジウム 33 号とロシアのコスモス 2251 号) が，シベリアの上空で時速 42,000 km という相対速度でほとんど垂直な軌道上で偶然出くわしたことで現実のものとなった．合わせて 1.5 トンの質量のある 2 つの衛星は，ほぼ 0.1 ms (10,000 分の 1 秒) の間に数千個の宇宙デブリになってしまった．このうちの 2,000 個ほどを NASA が実際に追跡した[*15]．2012 年 3 月 24 日には追跡していたうちの 1 個が ISS のごく近くを通過し，その間，クルーはドッキングされた小さなランデブーカプセルに避難するように命じられた．

[*14] European Space Agency, 2005, "Space debris mitigation: the case for a code of conduct," European Space Agency website, 15 April 2005.

[*15] 報告によれば，デブリのおよそ 25% は大気圏の外側の縁のところで燃え尽きている．これは衝突の起きた軌道の高度が十分に低く，また衝突後のデブリの一部は人工衛星よりも速度が遅かったからである．

7.6 ニュートンの砲弾 ★★

アイザック・ニュートン卿は，純粋数学，光学，力学，万有引力などに対する幅広い貢献で，これまでに最も大きな影響を与えた科学者の一人であることは間違いない．彼は当時としては珍しく 84 歳まで生き，1727 年にロンドンで亡くなった．独身で女性経験もなかったといわれている．これについてヴォルテールは，「ニュートンは情熱的でも，無関心でもなかった」といっている．ニュートンが何よりも科学に対して熱意をもっていたことは確かである．彼が自分の業績について謙虚なことはよく知られていて，自分自身について「私は海岸で遊んだり，ときどきなめらかな小石やちょっときれいな貝を見つけたりして夢中になっている子供のようなものだ．私の前には真理の大きな海原が解明されないまま横たわっているのに」と語っていた．ニュートンは多くの書物を出版したが，最も有名なものは現在，単に『プリンキピア』とよばれている『自然哲学の数学的諸原理』である．その中で彼は万有引力の法則と，現在は惑星の運動に関するケプラーの法則として知られているものを記述している．1728 年にロンドンで『世界システムに関する論考』が出版された．彼の死後に出版されたこの論文の中で，ニュートンは現在ニュートンの砲弾として知られている有名な思考実験について述べている．そこでは，高い山の上から物体を発射する速度をどんどん上げていく場合を考えている (図 7.13)．

> A, F, B は地球の表面，C は地球の中心，VD, VE, VF は，高い山の頂上から物体を水平方向に，速度を徐々に大きくしながら発射するときに描く軌跡である．抵抗をほとんど受けない天体の運動と同様な議論をするために，地球のまわりに空気がないか，あっても少なくとも空気抵抗はないとしよう．すると，速度が小

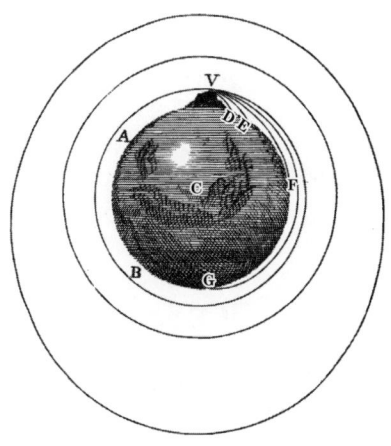

図 7.13

150   7 重　　力

　　さければ物体は小さな弧 VD を描き，速度を大きくすると大きな弧 VE を描き，
　　さらに速度を上げればさらに遠く，F, G へ到達する．さらにどんどん速度を上
　　げれば，ついには地球を 1 周して出発点の山頂に戻ってくる．

　ニュートンは，物体の発射速度が上がり，空気抵抗がなければ物体は最初は円軌道を描き，ついには**楕円軌道**になるということを，あふれる才気で饒舌に記述している．ニュートンは**宇宙砲**の概念を先取りしていた．このアイデアが再び注目されたのは 100 年以上後のことだった．その最も有名な例はジュール・ヴェルヌの 1865 年の小説『地球から月へ』に出てくる**コロンビアード宇宙砲**だろう．巨大な砲によって自分たちを月へ送ろうという人たちの物語である．ジュール・ヴェルヌの SF は多くの重要な科学の発展を予見し，何世代にもわたって有力潜水艦乗組員，飛行士，ロケット技術者などに大きな影響を与えたとされている．彼は宇宙砲に必要な条件を確かめるために計算をしたという．

　これが空想に過ぎないと思うなら，さらに 100 年経って，政府の研究機関でこのアイデアが取り上げられたことをどう思うだろうか．1961 年にアメリカとカナダの政府はハープ計画 (High Altitude Research Program) を開始した．カナダ人の弾道技術者ジェラルド・ブルの率いるチームは，大陸間弾道ミサイル計画に関係した再突入の研究のために，大気圏上層部に砲弾を発射するような砲台を建設テストした．40 m 砲がカリブ諸島のバルバドス島から大西洋に向けて発射された．1966 年 11 月には，その大砲は砲口での速度が秒速 3.6 km で 180 kg の物体を発射した．物体は大気圏上層部を超えて弾道飛行を達成し，高度 180 km という記録を打ち立てた．この記録は今日も破られていない．

　しかし，ジェラルド・ブルの本当の狙いは周回軌道に物体を打ち上げることだった．ハープ計画が中止されたとき，この仕事を続けるために南アフリカとイラクのために大砲の設計を始めた．1988 年，ブルは当時のイラクの大統領，サダム・フセインを説得して，表面上は人工衛星の発射砲であるバビロン計画を開始した．砲身 46 m，重量 102 トンのベビーバビロン砲は完成し，テストされた．さらに砲身 156 m，重量 2,100 トンという巨大な大砲が計画された．これは地球周回軌道に物体を打ち上げられるはずであった．しかしながら 1990 年 3 月，ブルが暗殺され巨大なバビロン砲は完成しなかった．伝えられるところによれば，彼の暗殺はイラクの別の軍事計画への彼の関与を警戒していたイスラエル，あるいはイランの諜報機関によるものらしい．1985 年から 1995 年まで，アメリカ政府の基金による別の計画，スーパーハープ計画がこの分野の研究を続けた．そこでは物体を周回軌道に乗せることのできる砲身 3.5 km の大砲が計画された．予算は 10 億ドルであったが，これだけの金額は用意できなかった．それにしても，人々はジュール・ヴェルヌの夢の実現に向けて長い道のりを歩んできた．宇宙砲が実用的な発射台となるかどうかは時がたてばわかるだろう[*16]．

---

　*16　宇宙砲の実用化として考えられるのは，人ではなくて人工衛星や物資を打ち上げることだろう．実際に 3.5 km の砲身で，発射時の速度の秒速 7.5 km に達するために必要な加速度は $8{,}035\,\mathrm{m/s^2}$

7.6 ニュートンの砲弾 ★★

弾道飛行には，これらのプロジェクトで指摘されることのなかった問題点が1つある．脱出速度よりも小さい速度で地球上のある点から発射された物体は，飛行中に軌道修正をしなければ，高度がいかに高くても楕円軌道を描いたのちに同じ地点に戻ってくる[*17]．人工衛星は発射の90分(地球に近い低い軌道を周回する周期)後，地球に戻ってくるのではなく，その軌道に留まる．未来のジュール・ヴェルヌにはまだ何かするべきことがあるようだ．

弾道発射が実用的かどうかはさておき，弾道の問題は興味深い．少なくとも理論的には，地球を回る軌道に砲弾を乗せるために必要な速度を，ニュートンがやったように計算することは可能だ．

問題 2つの大砲AとBを考えよう．大砲Aは北極，大砲Bは赤道上で東を向いている．地球は完全な球であるとし，空気の抵抗を無視して，砲弾を地表すれすれの軌道に乗せるために必要な対地速度 v_A と v_B を計算せよ(図7.14)．

解答 地球周回軌道の半径を R とし，R は地球半径 R_E にほぼ等しいとすると，円の動径方向の運動方程式は，
$$m\frac{v^2}{R_E} = \frac{GM_E m}{R_E^2}$$
したがって，地球の中心から地球半径と同じ距離の円軌道を回るのに必要な速度は，
$$v = \sqrt{\frac{GM_E}{R_E}}$$
である．G, M_E, R_E に数値を入れると，v はおよそ 7.93 km/s となる．北極から発射するときには地球の回転で得をすることはないので，必要な速度 v_A はおよそ 7.93 km/s

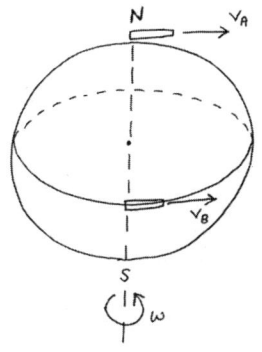

図 7.14

である．これは地球の引力によって単位質量にかかる力のおよそ820倍であり，人であれば即死だ！

[*17] ここでは地球の自転を無視している．

である．次に，赤道から発射する場合を考えよう．赤道における地球表面の速度 v_{surf} は，地軸のまわりの自転の角速度が，

$$\omega_{\text{E}} = \frac{2\pi}{24 \times 60 \times 60} \approx 7.27 \times 10^{-5} \text{rad/s}$$

であるから，$v_{\text{surf}} = \omega_{\text{E}} R_{\text{E}} \approx 0.47 \,\text{km/s}$ となる．大砲 B を使って赤道から東向きに発射するならば，必要な速度は $v_{\text{B}} = v - v_{\text{surf}} = 7.46 \,\text{km/s}$ である．v^2 に比例する必要なエネルギーはおよそ 12% 減少する．

7.7 『地球から月へ』★★

1865 年のジュール・ヴェルヌの小説『地球から月へ』では，大砲の愛好者たちが，動力のないカプセルで自分たちを月に向けて打ち上げようと強力な弾道発射用の大砲，コロンビアード宇宙砲を建設する．その途上で彼らは次のようなことに気がつく．

> 地球を離れた瞬間から，彼ら自身の重さ，つまり乗り物と搭載物すべての重さはどんどん減少していく．地球から離れるほど地球による引力は減少するが，月による引力は同じ割合で増えていく．するとどこかで両方の引力がつり合うところがあるはずだ．そこでは重さがなくなってしまう．

アマチュア宇宙飛行士は，地球と月の間のどこかある地点，つまり「2 つの天体」の引力が打ち消しあってしまうところまでは重さが減っていくと感じる．そして飛行士は重さが消えたと感じる[*18]．さらに月に向かって行くと彼らは上と下が入れ替わったと感じ，それから重力は徐々に増えていく．

問題 地球と月を結ぶ直線に沿って，単位質量に対してはたらく万有引力を定性的に描いてみよ．2 つの天体の重力場による力を合成した力の合計がゼロになる地点があるならば，それを求めよ．距離は地球–月間の距離で規格化するとよい．この軌道に沿って打ち上げられたとすると，(大気の影響と，最初の加速によって死ぬかもしれないということは無視して) この飛行の間に感じる重さ (と重さが消えること) に関するジュール・ヴェルヌの記述は正しいか？

解答 距離 r だけ離れた質量 M と m の 2 つの物体間にはたらく力は，G を万有引力定数として $F = GMm/r^2$ で与えられる．単位質量 ($m = 1\,\text{kg}$) にはたらく引力，言い換えれば，質量 m に対する加速度は $F_{\text{U}} = a = GM/r^2$ である．地球による単位質量あたりの引力 F_{E} を正とし (つまり地球の中心に向かう方向を正とする)，月による引力 F_{M} を負とすれば，単位質量にはたらく力の合計 F_{T} は，

$$F_{\text{T}} = F_{\text{E}} - F_{\text{M}} = G\left(\frac{M_{\text{E}}}{r_1^2} - \frac{M_{\text{M}}}{r_2^2}\right)$$

[*18] 「… こちらへ引っ張られるわけでもなく，あちらへ引っ張られるわけでもなく，両方の天体から同じように引っ張られている．」

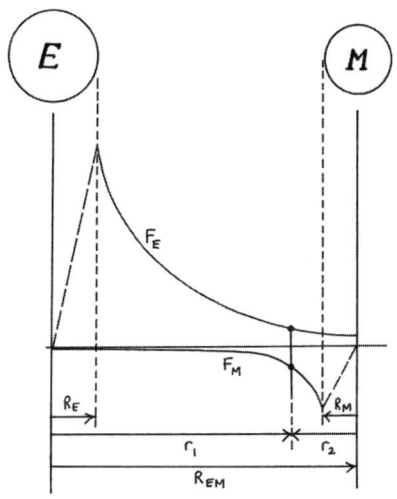

図 7.15

となる．r_1 は地球の中心からの距離，r_2 は月の中心からの距離である (図 7.15)．

地球–月間の距離を R_{EM} とすれば，$r_2 = R_{\text{EM}} - r_1$ なので，$F_T = 0$，あるいは $|F_E| = |F_M|$ となる条件は，

$$\frac{M_E}{r_1^2} = \frac{M_M}{(R_{\text{EM}} - r_1)^2}$$

である．この式は r_1 に関する 2 次式なので無次元座標 $x \equiv r_1/R_{\text{EM}}$ と $c \equiv M_E/M_M$ を用いると簡単になる．

$$(1-c)x^2 + 2cx - c = 0$$

x についてこの式を解けば，

$$x = \frac{r_1}{R_{\text{EM}}} = \frac{-c \pm \sqrt{c}}{1-c}$$

を得る．$M_E \approx 6.0 \times 10^{24}$kg と $M_M \approx 7.4 \times 10^{22}$kg を使うと $c \approx 81.1$ であるから，$x^+ \approx 0.900$，または $x^- \approx 1.125$ となる．月からも地球からも同じ方向に引力を受けるという x^- の解は物理的ではないので，物理的に意味のある解は $r_1/R_E = x^+ \approx 0.900$ だけである (図 7.16)．

したがって，万有引力の合力がゼロになるところは月への航路のほぼ正確に 10 分の 9 の地点である．ジュール・ヴェルヌの記述を簡単に振り返ってみよう．彼はまず，地球から離れるときの重さの減っていく感覚を書いている．それから中間点での重さのない感覚の記述が続く．そして「上」と「下」が入れ替わったと感じて，月に近づ

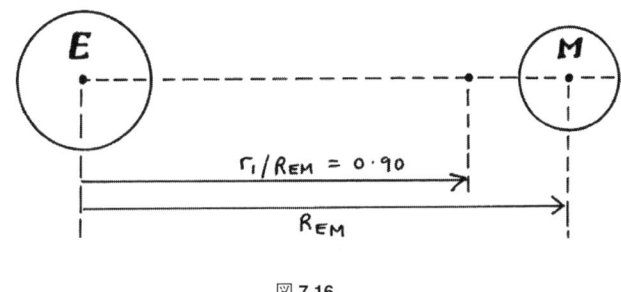

図 7.16

くに従って再び重さは増えていく，と書いている．でも，このような旅で感じるのは実はこうではない．動力のない飛行では，大砲から打ち出された直後から (大気の影響は無視して)，月の表面に不時着するまでずっと自由落下している．だから旅のあいだ中，重さを感じていない．われわれが重さを感じないのは，体に外力がはたらかないからなのだ．カプセルの中ではふわふわと浮いている．

7.8 鉛錘教授のアストロラーベのおもり ★★★

問題 「鉛錘(えんすい)」教授は，アストロラーベ (古代の天体観測儀) のおもりと称するものを発明した．糸にぶら下がったこのおもりを使うと，真の鉛直 (地球の中心を通る動径方向の直線) と，見かけの鉛直との差を非常に正確に測定することができるという．鉛錘教授はこの 2 つの鉛直の差を「見かけの重力のずれの角度」とよび，α とした．地球は一様な密度の完全な球であるとして，α を緯度 θ の関数として計算せよ (図 7.17)．

解答 地球が一様な密度の完全な球だとすると，万有引力による力の方向は常に地球の中心に向かう．「見かけの鉛直」の真の鉛直からのずれ (おもりの直線と表面法線とのなす角度) は地球の回転によって引き起こされる．極以外ではおもりは地軸のまわりを (回転の中心に向かう向心力を受けて) 回転しているので，円運動のための力が必要である．おもりをつるしている糸の張力は，おもりにはたらく引力とは打ち消し合わず，生じた合力が向心加速度を与える．地上の 3 点 A, B, C について考えよう (図 7.18)．

- 点 A：おもりが北極にあるときには見かけの重力と真の重力とは重なっている．どちらも地球の中心に向いていて，おもりは真の鉛直線上にある．地球の回転による接線方向の速度は北極ではゼロなので，向心加速度もゼロである．
- 点 B：赤道上では，地軸のまわりに回転する地球の接線方向の速度も向心加速度も最大である．向心加速度は地軸の方向に向かう．この加速度を生む力は万有引力と糸の張力の差である．向心加速度の方向と引力の方向が同じなので，見かけの重力の方向も同じである．糸の張力は，引力よりも向心加速度に必要な力だけ小さいの

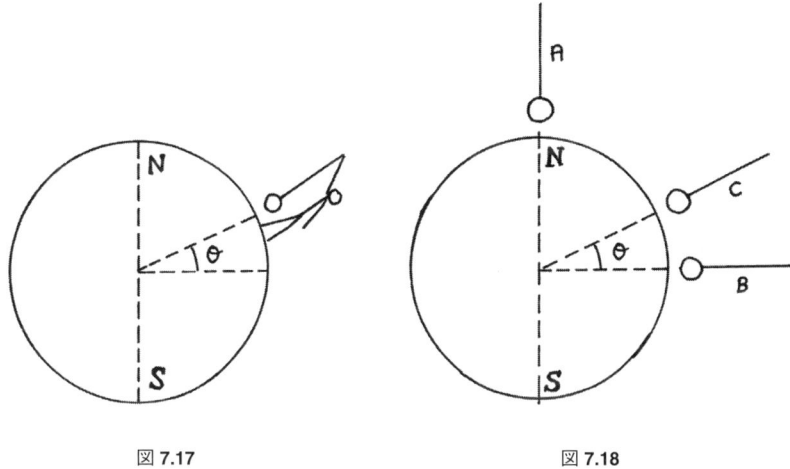

図 7.17　　　　　　　　図 7.18

で, 重さは明らかに減っている. 3つのベクトルはすべて地球の中心の方向なので, おもりは, 地球の中心方向の直線からずれない.

- さて, 一般に緯度が θ である点 C について考えよう. ここではおもりにはたらく力とそれによる加速度を考えるとよい.「回転軸へ向かう」向心加速度を a としよう. おもり (質量 m) には 2 つの力がはたらいている. 1 つは重力 mg[*19]で地球の中心に向かい, もう 1 つは糸の張力 T で, 図 7.19 に示すように重力と角度 α をなしている. この 2 つの力の差 F が, 向心加速度に必要な力である.

緯度が θ の点 C における力を詳しくしらべよう. 向心加速度の大きさは $a = \omega^2 r$ で,

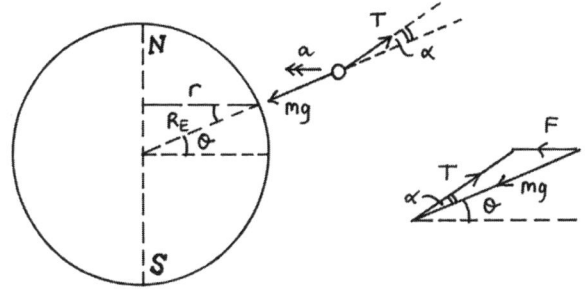

図 7.19

[*19] (訳注) 張力 T とつり合う力 (すなわち, 万有引力から向心力を引いた力) を地表面での (見かけの) 重力 mg とするのが普通であるが, ここではおもりに作用する万有引力を重力とよんで, その大きさを mg と書いている.

r は回転軸からの距離, ω は地球の角速度 (単位は rad/s) である. 幾何学的にみると地球の半径を R_E として, $r = R_E \cos\theta$ である. これらの関係から,

$$a = \omega^2 R_E \cos\theta$$

を得る. 運動方程式より, この加速度を生じさせる力は次のように書ける.

$$F = ma = m\omega^2 R_E \cos\theta$$

次に, 重力 mg と糸の張力 T がおもりに与える合力 F を考えよう. 糸の張力は引力の方向と α の角度をなすので, ベクトル図 (図 7.19) に正弦定理[20]を用いて,

$$\frac{\sin[\pi - (\alpha + \theta)]}{mg} = \frac{\sin\alpha}{F}$$

となる. さらに次の関係

$$\sin[\pi - (\alpha + \theta)] = \sin(\alpha + \theta)$$

を使って書き直すと,

$$\sin(\alpha + \theta)\omega^2 R_E \cos\theta = g\sin\alpha$$

である. 加法定理[21]を使って展開すると次のようになる.

$$(\sin\alpha\cos\theta + \cos\alpha\sin\theta)\omega^2 R_E \cos\theta = g\sin\alpha$$

$$\omega^2 R_E \cos\theta\sin\theta\cos\alpha = (g - \omega^2 R_E \cos^2\theta)\sin\alpha$$

$$\frac{\omega^2 R_E \cos\theta\sin\theta}{g - \omega^2 R_E \cos^2\theta} = \tan\alpha$$

これが緯度 θ の関数としてのずれの角度 α についての厳密な解である. $\omega^2 R_E \ll g$ を使って分母を簡単にすると,

$$\tan\alpha \approx \frac{\omega^2 R_E \cos\theta\sin\theta}{g}$$

---

[20] (訳注) 図 7.20 の三角形において, 各頂角 α, β, γ と各対辺の長さ A, B, C の間に, 関係式

$$\frac{\sin\alpha}{A} = \frac{\sin\beta}{B} = \frac{\sin\gamma}{C}$$

が成り立つ.

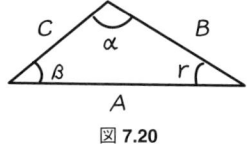

図 7.20

[21] $\sin(A + B) = \sin A\cos B + \cos A\sin B$

となる．2倍角の公式[*22]を使うともう少し簡単になって，

$$\tan \alpha \approx \frac{\omega^2 R_\mathrm{E} \sin 2\theta}{2g}$$

である．最大のずれは $\theta = 45°$ のところなので，次のようになる．

$$\alpha_\mathrm{max} \approx \tan^{-1}\left(\frac{\omega^2 R_\mathrm{E}}{2g}\right) \approx \frac{\omega^2 R_\mathrm{E}}{2g}$$

地球の角速度は 24 時間で 2π であるから，$\omega \approx 7.3 \times 10^{-5}\,\mathrm{rad/s}$ である．$g\,(= 9.8\,\mathrm{m/s^2})$ および R_E の数値を代入すると，$\alpha_\mathrm{max} \approx 0.10°$ である．鉛錘教授のアストロラーベのおもりの長さを (手持ちで扱うことを想定して) 1 m とすれば，緯度 45° での地球の中心方向からのずれは 1.74 mm となるから，非常に簡単に測定できる大きさである．

7.9 ジェット機ダイエット ★★

問題 2 機のジェット機が時速 1,674 km の対地速度で赤道上を地表すれすれに飛んでいる (図 7.21)．1 機のパイロットは東向き，もう 1 機のパイロットは西向きに航行している．搭乗する前の 2 人の体重は，身に着けているものも含めてどちらもちょうど 100 kg であった．赤道上の同じ地点を逆方向に通過するとき，2 人のパイロットの「感覚的重さ」は同じか？

解答 これは，赤道上と北極とではどちらでの体重が重いかというよくある質問を少し変形したものである．その質問の答は，もちろん，地球の回転の扱い方に依存する．

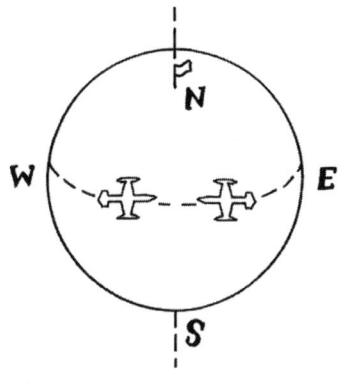

図 7.21

[*22] $\sin(2A) = 2\sin A \cos A$

実は私は北極の問題は好きではない．地球が密度一定の完全な固体球[*23]である (したがって地表での引力はどこでも等しい) という仮定はたいていの場合は意味があるが，この質問に対して，いま考えようとしている差よりも，地球が一様でない[*24]ことによる引力の値の変動の影響の方が大きいのだ．質問の本質は非常によいのだが，惜しいことに現実に適っていない．

それに，北極の問題が質問されるときには，私の聞いたところでは，「重さ」という言葉がややあいまいに使われている．重さというのは，ふつうの秤(はかり)で読み取るような抗力ではなく，万有引力による力に対して使われる．前者に対しては (少なくとも重力を扱っているような科学者は)「感覚的重さ」という言葉を使うべきなのだ．感覚的重さはわれわれが感じるものであってヘルスメーターで測れるものである．もしある人が回転している (地) 球に乗っていたら，(感覚的) 重さは引力による力から，地球の中心へ向かう向心加速度をもたらす仮想的な力を引いたものになる．運動方程式は，

$$F_{\text{total}} = mg - R = \frac{mv^2}{r}$$

であり，m はある人の質量，R は抗力 (ある人の感覚的な重さ)，v は地軸のまわりを回る接線方向の速度，r は人がいる地点での回転軸からの半径である．すると，ある人の重さは，

$$R = mg - \frac{mv^2}{r}$$

となる．これで読者は，北極の問題に「用語をごまかさず」[*25]に答えることができるだろう．この問題の完璧な議論には，「質量の正確な測定」というタイトルのリチャード・ボイントンの論文[*26]がとても参考になる．ある物体の正確な質量を測るためにどんなに多くの修正が必要かなんて，読者はおそらく考えたこともないであろう．

ジェット機の問題に戻ろう．まず速度を SI 単位系に直す．時速 1,674 km は秒速 465 m にほぼ等しい．赤道での地球の回転速度はいくらか？ 地球の半径に回転の角速度をかければよいので，地球の中心に対する表面の速度は，

$$|v_{\text{surf}}| = R_{\text{E}}\omega \approx 465\,\text{m/s}$$

[*23] 物理学者の話として出典不明の「球形の牛」(過度に単純化した科学的モデル) がよく知られている．知らなかったらしらべてみるとよい．地球はどこからみても，とてもよく太った牛と同じくらいの球でしかないのだ．

[*24] 真の球形からのずれと密度が一様ではないという両方の意味で一様でない．

[*25] ここでは，ウィンストン・チャーチルが 1906 年の選挙の際に引用した言葉 without terminological inexactitude を用いた．うそなのではないかということを慇懃に指摘する際に議会人に好んで使われる言葉である．現代英語では economical with the truth が使われる．いずれもとても英語的な表現である．

[*26] Boynton, R., 2001, "Precise measurement of mass," 60th Annual Conference of the Society of Allied Weight Engineers, Arlington, Texas, 21–23 May, 2001, Paper No. 3,147.

7.9 ジェット機ダイエット ★★   159

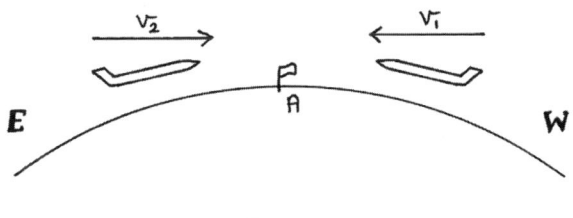

図 7.22

となる．したがって，東向きのジェット機の速度の大きさ $|v_1|$ と西向きのジェット機の速度の大きさ $|v_2|$ と，地球の中心に対する表面の速度の大きさ $|v_{\text{surf}}|$ はすべて等しい．つまり，$|v_1| = |v_2| = |v_{\text{surf}}|$ である．

両機が同時に上空を通過する地球表面の地点 A にいる観測者の座標系で考えよう (図 7.22)．地点 A の観測者は両機が逆方向に $|v_{\text{surf}}|$ の速度で通過するのを見る．ここまではよろしい．

では，地球の外側にいて，北極側から見下ろしている (回転していない座標系にいる) 観測者を考えよう (図 7.23)．この観測者には，地点 A が地球の中心のまわりを $|v_{\text{surf}}|$ の速度で回るのが見える．その瞬間の地点 A は東向きに動いている．この座標系では東向きのジェット機は $|v_1'| = 2|v_{\text{surf}}|$ で航行している．これはジェット機の地球中心に対する速度である．パイロットには 2 つの力がはたらいている．1 つ目は引力による下向きの力で mg に等しい．2 つ目はジェット機の座席からの上向きの力 R_1 で，これは引力による力から地球の中心に向かう加速度を生じさせる力を引いたものに等しい (図 7.23)．

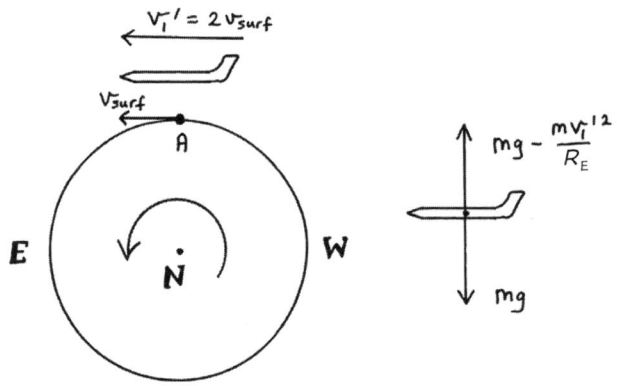

図 7.23

$$R_1 = m\left(g - \frac{v_1'^2}{R_E}\right) = mg\left[1 - \frac{(2v_{\text{surf}})^2}{gR_E}\right]$$

次に西向きのジェット機を考えよう．北極から見下ろす観測者の座標系ではジェット機の速度は $|v_2'| = |v_2| - |v_{\text{surf}}| = 0$ である．回転しない座標系で見ているとジェット機は止まっている！ジェット機の地球の中心に対する速度はゼロなのである．今度は引力による下向きの力 mg はジェット機の座席からの上向きの力 R_2 とまったく等しい．回転しない座標系ではジェット機は加速度をもたない (図 7.24)．

$$R_2 = m\left(g - \frac{v_2'^2}{R_E}\right) = mg$$

抗力を比べてみよう．この力がパイロットに重さを与えていることを思い出そう．

$$\frac{R_1}{R_2} = 1 - \frac{(2v_{\text{surf}})^2}{gR_E} \approx 0.9862$$

東へ向かうパイロットは約 1.4% だけ西へ向かうパイロットより軽く「感じている」．これは東へ向かうパイロットが地球の中心に対して円運動をしているのに，西へ向かうパイロットは地球の中心に対しては止まっているからである．実際には，東へ向かうパイロットは部分的に自由落下をしていて，その分だけ引力による力が地球の中心への加速度を分担していて，座席からの抗力が減っているということなのだ．しかし，西へ向かうパイロットにはそのような加速はなく (外側の空間にいる観測者の座標系では加速度はゼロ)，引力による力と座席の抗力は等しい．

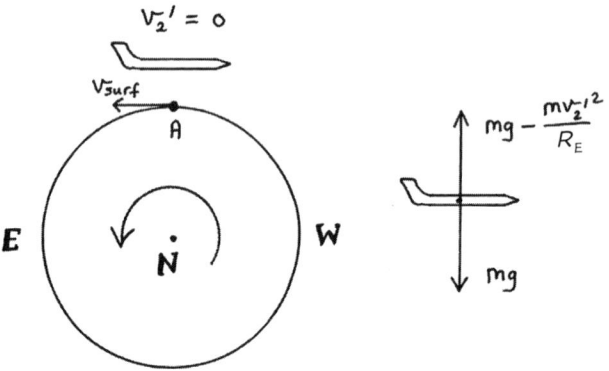

図 **7.24**

7.10 太陽系からの脱出速度 ★★★

　脱出速度とは，ある物体が大きな質量の物体の万有引力に完全に打ち勝って飛び出すのに必要な発射速度の大きさである．大気の抵抗がまったくなければ，発射の際に脱出速度を与えられた物体の運動エネルギーは，万有引力に打ち勝つのに必要な位置エネルギーの変化に等しい．

　地球の引力圏を脱出した最初の物体は，ネバダ州で行われていた地下核実験の実験場の縦坑から吹き飛ばされた防護用の鉄板だったという主張がある．1957年8月31日，核実験のプラムボブ計画[*27]の一部であるパスカルB実験の前に，アメリカ人の原子核研究者ロバート・ブラウンリー博士は，900 kg の鋼鉄の蓋が秒速66 km を超える速度を得るという計算をしていた．これは地球の脱出速度のおよそ6倍である．彼の計算によれば，この超高速は縦坑の中を駆け昇るコンクリートの蒸気の超音速ジェットによってつくり出された驚くべき力によるものであるという．この計算がたいへん興味深かったので，実験中の蓋を撮影するために高速カメラが用意された．その蓋は撮影されたビデオのたった1コマにしか映っていなかったので，非常な高速に達したことは事実である．言うでもなく蓋は発見されなかった．物理学者であるブラウンリー博士は，地下の核収納施設内での力と蓋による衝撃反射に興味をもっていた．伝説ともいえる彼の計算は莫大な力が出ることを示していた．彼は2002年に書いた記事[*28]で，彼とそのチームはその蓋が宇宙へ発射されるとは考えていなかったことを明らかにしている．蒸発した蓋の残留物はおそらく，ネバダの砂漠の広い範囲にまき散らされたことであろう．

　地球の重力圏を脱出した最初の人工物は，1959年1月2日4時41分にロシアがカザフスタンの砂漠から打ち上げたルナ1号であった．これは月に衝突させる計画であったが，プログラムのエラーのために的を外し，打ち上げの34時間後に月の表面から6,000 km のところを通過した．約50年間，ルナ1号は地球と火星の間の軌道半径で太陽を周回し続けている．これは地球の重力圏を脱出した最初の人工物であるので，「最初の宇宙ロケット」というニックネームもつけられている．

　太陽系(ここでは地球と太陽という意味である[*29])から脱出した最初の宇宙探査機は，アメリカがフロリダ州ケープカナベラルから1972年3月3日に打ち上げたパイオニ

[*27] Carothers, J., 1995, "Caging the dragon: the containment of underground nulcear explosions," Technical Report, Technical Information Centre, Oak Ridge Tennessee, June 1995.

[*28] Brownlee, R. R., "Learning to contain underground nuclear explosions," June 2002 (published online).

[*29] 地球の表面から，太陽系を脱出するのに必要なエネルギーを計算する際には，他の惑星の重力の影響は(木星や土星のような質量の大きな惑星でも)非常に弱く，無視してもよい．地球表面では，われわれは地球の引力場の「位置エネルギーの井戸」の底にいて，他の惑星の引力場の井戸にはいない．しかし，太陽の質量は極端に大きいので，遠く離れているからといっても，その万有引力は計算の中で無視するわけにはいかない．

ア10号であった．この探査機は1973年11月に木星を通過し，その表面から13万kmのところで写真を撮影した．パイオニアは30年間も地球との通信を維持し，2003年1月23日に太陽から120億kmの地点から最後の信号を送ってきた．そして，現在も宇宙の彼方を目指して航行している．2012年9月には太陽から160億kmの地点にあると推定されていて，秒速およそ12 kmで太陽から遠ざかりつつある．そこは太陽からの光が到達するのにおよそ15時間もかかるとても遠いところだ．

問題 地球表面に置かれた探査機を太陽系から脱出させようとするとき，考慮すべき引力の源は地球 (E) と太陽 (S) である．太陽のまわりの地球の回転と，地軸のまわりの地球の回転を考慮して，探査機の太陽系からの脱出速度の最小値 v_{P1} と最大値 v_{P2} を地球表面の座標系で計算せよ (図 7.25)．大気の影響は無視せよ．

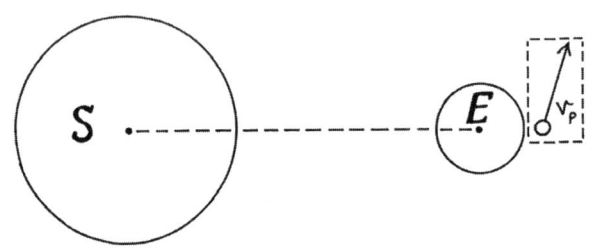

図 7.25

解答 基礎的なことを理解するために，太陽に対して地球は静止しているという簡単な系を最初に考えよう．まず，探査機を地球の表面から $r = \infty$ まで動かすために必要な仕事を計算しよう．探査機を太陽系から取り去るには，仮想的な力 F_W が必要である．この力は地球と太陽の両方の万有引力による力 F_G と大きさが同じで方向が逆で

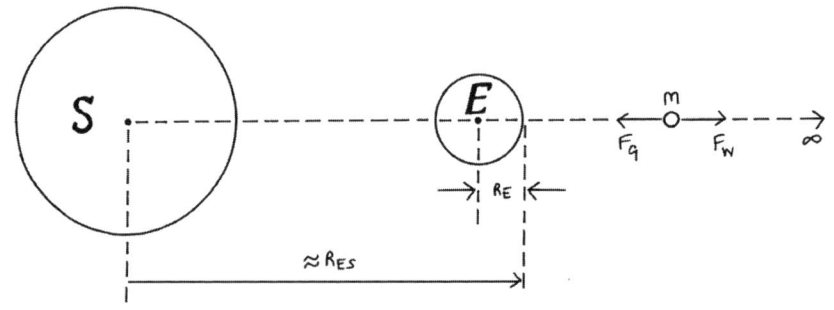

図 7.26

7.10 太陽系からの脱出速度 ★★★

ある．なされる仕事は，この力を地球表面から $r = \infty$ までの移動距離について積分したものになる．積分計算を行う際に探査機の，地球の中心からの距離と太陽の中心からの距離を考慮する必要がある．探査機が太陽と反対側の地表面にあるとき，地球の中心からの距離は単に地球の半径 R_E であり，太陽からの距離は，太陽–地球間の距離と地球の半径の和 $R_{ES} + R_E$ である．R_E は R_{ES} に比べて十分小さいので $R_{ES} + R_E$ は R_{ES} と近似してよい（図 7.26）．

積分は次のようになる．

$$W = \int_{r_1}^{r_2} F\,dr = GM_E m \left[-\frac{1}{r}\right]_{R_E}^{\infty} + GM_S m \left[-\frac{1}{r}\right]_{R_{ES}}^{\infty}$$
$$= Gm\left(\frac{M_E}{R_E} + \frac{M_S}{R_{ES}}\right)$$

引力圏を脱出するためには，発射時の運動エネルギーがなされた仕事に等しくなければならない．つまり，

$$E_K = \frac{1}{2}mv_P^2 = W$$

ということだ．v_P が太陽系の引力場を脱出するために必要な物体の速度である．

これらの式をまとめると，この速度は，

$$v_P = \sqrt{2G\left(\frac{M_E}{R_E} + \frac{M_S}{R_{ES}}\right)}$$

と書ける．$G = 6.7 \times 10^{-11} \text{N\,m}^2/\text{kg}^2$，$M_E = 6.0 \times 10^{24} \text{kg}$，$M_S = 2.0 \times 10^{30} \text{kg}$，$R_E = 6.4 \times 10^6 \text{m}$，$R_{ES} = 1.5 \times 10^{11} \text{m}$ を代入して $v_P \approx 43.7 \text{km/s}$ となる．地球が太陽に対して静止し，自転もしていないという仮想的な系では，これが地球表面の座標系で表した脱出速度である．

次に，地球は太陽のまわりを円軌道を描いて回っていると仮定して，太陽を周回する地球の速度 v_E をしらべよう．ついでに赤道における地球表面の自転速度 v_{surf} もしらべておこう[*30]．地球の周回速度は角速度を考えれば計算できる．

$$\omega_{ES} = \frac{2\pi}{365 \times 24 \times 60 \times 60} \approx 1.99 \times 10^{-7} \text{rad/s}$$

したがって，$v_E = \omega_{ES} R_{ES} = 29.9 \text{km/s}$ となる．同様にして地球の中心に対する赤道での表面の速度 v_{surf} は，自転の角速度 $\omega_E = 7.27 \times 10^{-5} \text{rad/s}$ を用いて，$v_{\text{surf}} = \omega_E R_E = 0.47 \text{km/s}$ となる．v_E と v_{surf} の向きが同じか逆かを知る必要がある．地球の自転の方向を知らないというのは許されない．太古の昔から太陽は東から出て西に沈む．このことは，図 7.27 に描いているように北極の上から地球を見下ろしているときに，地球は左回りをしなければならないということである．これを図では紙面上で

[*30] ここでは地軸の傾きは無視する．つまり回転軸は地球が太陽を周回する軌道面に垂直であると仮定しよう．

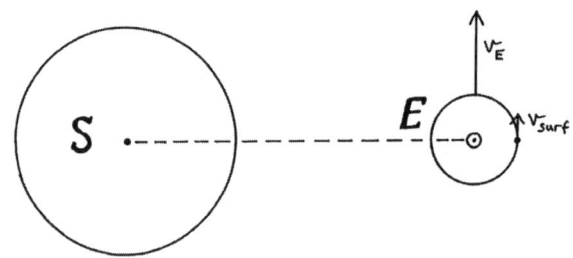

図 **7.27**

上向きに出ているベクトル v_{surf} と，地球の中心に描いた (紙面に対して上向きのベクトル) ⊙ で示している[*31]．

天文学を学んだことの有無にかかわらず，太陽のまわりの地球の周回方向は知らなくてもやむを得ない．実はこれは地球の自転の方向と同じである．言い換えれば，太陽の北極の上から見たとすれば，地球は左回りに見えるということになる．すると速度は図 7.27 のようになる．

したがって，太陽と反対側の赤道上の点で合成した速度は太陽に対して，$v_{\mathrm{T}} = v_{\mathrm{E}} + v_{\mathrm{surf}} \approx 30.4\,\mathrm{km/s}$ となる．

さて，太陽系の脱出速度の最小値 v_{P1} と最大値 v_{P2} を求める問題に戻ろう (図 7.28)．地表から発射するので，地表に対する相対速度を求めたい．回転速度が最も増加する方向を選ぶならば，相対速度は，

$$v_{\mathrm{P1}} = v_{\mathrm{P}} - v_{\mathrm{T}} \approx 13.3\,\mathrm{km/s}$$

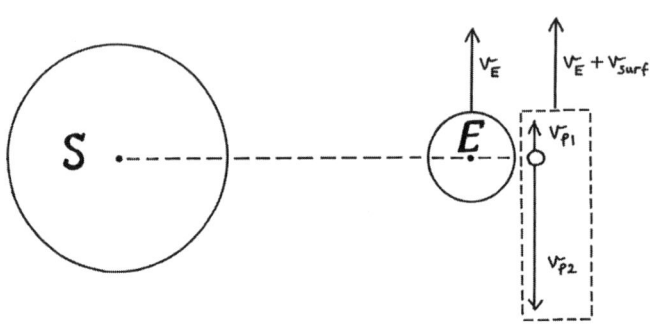

図 **7.28**

[*31] これは右手系の規則によっている．同じ図で北極のまわりの右回りの回転の場合は紙面に対して下向きのベクトル ⊗ で示す．

となり，回転速度が最も減少する方向を選ぶならば，必要な発射速度は，

$$v_{P2} = v_P + v_T \approx 74.1 \,\mathrm{km/s}$$

である．

　もし，速やかに (30 年ぐらいかかるが) 脱出しなければならないならば，発射方向を間違えないようにしよう．

7.11　メガロポリス氏の膨張する月 ★★★

　いまは 2050 年，メガロポリス氏は月を買った．地球を回っているやつだ．夜空で視直径 0.52° のあれだ．月協定[*32]の決裂後，鉱石を取り出すことに失敗して破産した国連は最高入札者のメガロポリス氏に月を売却した．彼は応札の書類に，月面で運転できる巨大な機械を使って会社のロゴを月面に彫り，それを広告に使う[*33]ために月を所有すると書いている．みんなはそれには月は小さすぎると思っているが，メガロポリスは月を膨張させる計画だ．でもどうやって？　もちろん，中心部分を引っ張り出して表面に散布すればいい．「メガロポリス月開発社」が国際証券取引で資金を集めるときに，彼は投資者に対して，文字通り月の全質量を引き出して表面に均等に広げ，空洞の月をつくるのだと話した．「月が夜空に輝く巨大な広告塔になるまで，必要なだけ何度でも繰り返します」と彼はいう．聴衆は息をのんで聞いている．「メガロポリス月開発社では大きなことをするのです!」新たな月 (New Moon™) の映像をスクリーンに示しながらメガロポリスは叫んだ．

　メガロポリスはプロジェクトのために地震学者や地球物理学者を集めてチームをつくった．地球物理学者たちは疑念をもっていた．彼らは最初から，空洞の月が構造的に安定だとは考えていなかった．しかし，もし安定であったとしても，殻があまりに薄くなれば引力の場が非常に弱くなって，その上で作業をするのは危険極まりないと

[*32]　月協定 (月その他の天体における国家活動を律する協定) は実際に存在する．1979 年 12 月 18 日に国連で採択され，1984 年 7 月 11 日に発効した．月協定では，月は国際法で統治される国際的な領土であり，あらゆる軍事活動，環境の破壊，領有の主張，国際的なものではない機関や個人による資源の所有，国際機関によらない資源の取り出しを禁じている．20 年経過しても，宇宙開発国は 1 つも批准しておらず，ほとんど無意味になっている．

[*33]　宇宙での宣伝活動を収入にする方法もある．月を利用する宣伝方法には，月面に映像を映し出す方法や，太陽電池で動く車両を着陸させて，地球から見えるような「影の農園」を月面に描く方法などがある．アメリカ特許庁は 2013 年 8 月 20 日に月広告会社 (the Moon Publicity Corporation) に対して，「惑星または月の表面に描くためのシャドーシェイピング」というタイトルで特許を認めた (特許番号 US 8515595 B2)．その要約は次の通りである．

　　惑星，または月の表面にシャドーパターンをつくる方法を公開する．これには遠方から見ることのできるシャドーパターンをつくるための惑星または月の表面用のシャドーシェイピング部品を装備できる複数の車輪のついた荒地用の車両の提供を含んでいる．

いう.「でも質量を取り去るわけではなく, 周辺に移すだけなのだ」とメガロポリスはいう.「わが社で働きたいなら, 壮大なことを考えたまえ!」

[問題] 月を一様な密度の固体球であるとしよう. 月の中心部分をくりぬいて, くりぬいた部分でもとの月と同じ大きさの空洞をもつ厚い球殻をつくるとしよう (図 7.29). 球殻表面での重力を, 元の固体球表面での重力を用いて表せ. 次にまた, その球殻の内側からもとの月と同じ質量をとり出して新たな球殻をつくるとし, さらに同様の操作を繰り返し, 3 回目, ⋯ と n 回目まで続けたとする. n 回操作後の球殻表面での重力を, もとの固体球表面での重力を用いて表せ.

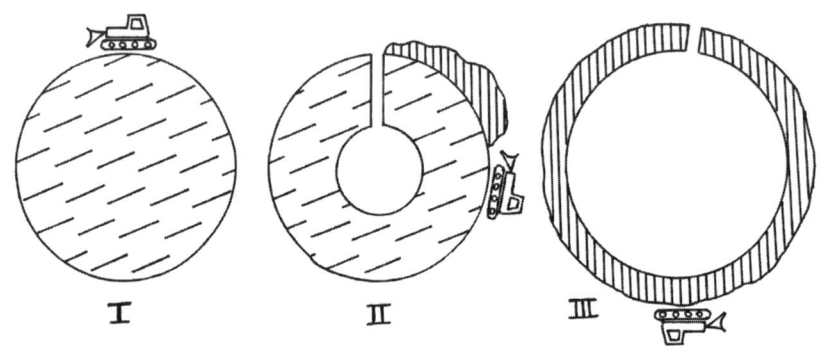

図 7.29

[解答] もとの半径を R_1 とする. 新しい半径 R_2 は球の体積から求められる (図 7.30). 新しい球の体積はもとの球の 2 倍だから,

$$\frac{4}{3}\pi R_2^3 = 2\left(\frac{4}{3}\pi R_1^3\right)$$

となり, 次のようになる.

$$R_2 = 2^{1/3} R_1$$

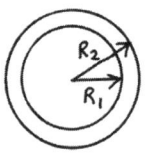

図 7.30

密度 ρ，半径 R の球の質量は $M = (4/3)\pi R^3 \rho$ である．半径 R_2，密度 ρ の固体球の表面での引力の強さを表す重力加速度の大きさは，

$$g_2 = \frac{GM_2}{R_2^2} = \frac{4}{3}G\pi\rho R_2$$

である．同様に半径 R_1，密度 ρ の固体球の表面での重力加速度の大きさは，

$$g_1 = \frac{GM_1}{R_1^2} = \frac{4}{3}G\pi\rho R_1$$

である．したがって $g_2 = 2^{1/3} g_1$ である．

半径 R_1，密度 ρ の固体球の外側で半径 R_2 の位置での重力加速度の大きさは，

$$g_{12} = \frac{GM_1}{R_2^2} = \frac{4}{3}\frac{G\pi\rho R_1^3}{R_2^2} = \frac{g_2}{2}$$

である．球殻による重力加速度の大きさは，大きい固体球による重力加速度から小さい固体球による重力加速度を引いたものになるので，

$$g_{\mathrm{T}} = \frac{g_2}{2} = \frac{g_1}{2^{2/3}}$$

となる[*34]．したがって引力は約 37% 減少する．メガロポリス氏はくれぐれも彼の王国を膨らませすぎないように注意しなければならない．

次に，月の物質を表面に移すことを n 回繰り返すと何が起こるだろうか？ それを n 番目の月とよぶことにすると，体積 V_n はもとの月の体積 V_1 と次の関係がある．

$$V_n = nV_1$$

もとの月の体積全部を動かすのだからこれはすぐにわかる．したがって，

$$R_n = n^{1/3} R_1$$

である．上の論理に従えば，球の質量が変わらなければ，その物体の表面での引力の大きさは物体の半径の 2 乗に反比例する．n 番目の月の表面での引力場の大きさ g_n はもとの月の引力場の大きさ g_1 と次の関係にある．

$$g_n = \left(\frac{R_1}{R_n}\right)^2 g_1 = \frac{g_1}{n^{2/3}}$$

[*34] （訳注）7.1 節で述べた「球殻定理」を用いれば，この結果は次のように簡潔に示すことができる．球殻の外部にはたらく万有引力は，球殻の全質量が中心の 1 点に集中したときと同じであるから，M をもとの月の質量として，

$$R_2 = 2^{1/3} R_1, \; g_1 = \frac{GM}{R_1^2} \text{より}, \quad g_{\mathrm{T}} = \frac{GM}{R_2^2} = \frac{GM}{2^{2/3} R_1^2} = \frac{g_1}{2^{2/3}}$$

7.12 小惑星ゲーム ★★★★

ブラストフ宇宙飛行士とメダリオン船長はキャッチボールに興じている．これは単なる暇つぶしではなく，詰まった小惑星と空洞の小惑星を貫通するときのボールのふるまいについて賭けをしているらしい．ニュートンの球殻定理に関する前日の議論に決着をつけるためのキャッチボールだった．

「ごく簡単なことさ」とメダリオンは言った．

「もし，半径と質量が同じ 2 つの小惑星があったら，球殻定理によってどちらも質量が中心に集中しているかのようにふるまうね．中心を通るように穴をあけて，そこにボールを落とせば，どちらも同じ時間で反対側に出てくるよ」

「船長は 1 つ忘れているよ」とブラストフは言った．

「球殻定理は殻の中のボールには力がはたらかないといっている．空洞の小惑星を通過するにはずっと長い時間がかかるだろう」

「私だって定理は読んだよ，ブラストフ君．時間は同じという方に僕のメダルの 1 つを賭けるよ」

「私は時間は違うという方にウォッカを 1 びん賭けるね」

そしてゲームは始まった．

問題 2 つの小惑星 A と B は質量も同じ，外側の半径 R_1 も同じである．小惑星 A は詰まっていて密度は一様である．小惑星 B は内側の半径が R_2 の薄い球殻で密度はやはり一様である (図 7.31)．ここで薄いというのは $0.9 < R_2/R_1 < 1$ という意味である．ボールは表面の $r = R_1$ から小惑星の中心にあけられた穴に落とされる．ボー

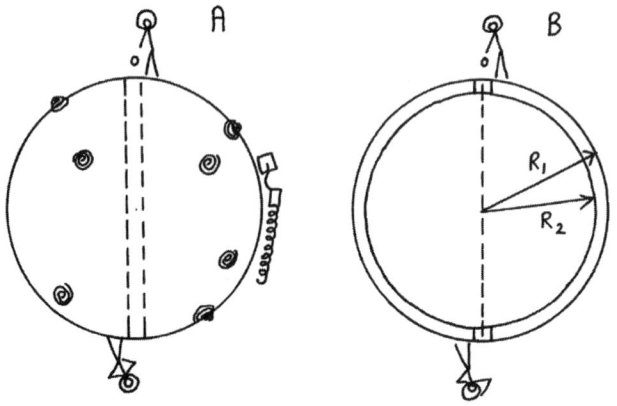

図 **7.31**

ルの振動の周期 T_A と T_B を表す式を求めよ[*35]．T_A/T_B を R_2/R_1 の関数として図示せよ．必要ならば近似を使ってもよい．次のニュートンの球殻定理を使用せよ．すなわち，「球対称の物体は，外部の物体に対しては，その全質量が重心に集中しているかのように作用する，そして殻の内側の物体には力を及ぼさない」

|解答| ニュートンの万有引力の法則から始めよう．質量 M で球対称の物体の中心から r のところで，質量 m のボールにはたらく力の大きさは，

$$F = \frac{GMm}{r^2}$$

である．では，小惑星について順に考えよう．

(1) 小惑星 A：一様に詰まった球 半径 R_1，質量 M の一様な密度の固体球の内部の点 r にあるボールを考えると，r より内側 ($0 \leq r' \leq r$) の物質からは引力がはたらき，外側の球殻 ($r \leq r' \leq R_1$) の物質からは力がはたらかない．

質点に引力を及ぼす部分の質量 M_{rA} は，

$$M_{rA} = M \left(\frac{r}{R_1}\right)^3$$

である．したがって R_1 より小さい r ($r \leq R_1$) において，質量 m のボールにはたらく引力の大きさは，

$$F_A = \frac{GM_{rA}m}{r^2} = \frac{GMm}{R_1^3}r = k_A r m$$

となる．ここで $k_A = GM/R_1^3$ である．ベクトルで考えると引力による力は中心からの変位と逆方向なので (これを復元力という)，次のように書ける．

$$\boldsymbol{F}_A = -k_A \boldsymbol{r} m$$

これは単振動をさせる力の式である．運動方程式より，

$$\ddot{\boldsymbol{r}} = -k_A \boldsymbol{r}$$

となるから，この単振動の運動方程式の解は $r = R_1 \cos \omega_A t$ と書け，角振動数は $\omega_A = \sqrt{k_A} = \sqrt{GM/R_1^3}$ である．周期 T_A は $T_A \omega_A = 2\pi$ より次のようになる．

$$T_A = \frac{2\pi}{\sqrt{k_A}} = 2\pi \sqrt{\frac{R_1^3}{GM}}$$

[*35] 周期とは 1 往復，すなわち位相が 0 から 2π まで変化するのにかかる時間である．

(2) 小惑星 B：半径 R_1 と R_2 の間 ($R_2 \leq r \leq R_1$) の薄い球殻 外側の半径と内側の半径がそれぞれ R_1, R_2 で，一様な密度の薄い球殻である小惑星 B を考えよう．$R_2 \leq r \leq R_1$ の任意の点で，引力を及ぼす r より内側の殻 ($R_2 \leq r' \leq r$) と，力を及ぼさない r より外側の殻 ($r \leq r' \leq R_1$) からなる系と考える．R_2 より小さいところ ($r < R_2$) ではボールに力ははたらかない．

小惑星 B の質量は，殻の密度を ρ，殻の厚さを $R_1 - R_2 = H$ とおいて次のように書ける．

$$M = \frac{4}{3}\pi(R_1^3 - R_2^3)\rho = \frac{4}{3}\pi(R_2^3 + 3R_2^2 H + 3R_2 H^2 + H^3 - R_2^3)\rho$$

殻の厚さ H が R_2 よりもずっと小さければ ($H \ll R_2$)，質量 M は $M \approx 4\pi R_2^2 H\rho$ と近似できる．これは殻の表面積と殻の厚さと密度の積である．

r より内側 ($R_2 \leq r' \leq r$) の，引力を及ぼす殻の部分の質量は次のように書ける．

$$M_{rB} = \frac{4}{3}\pi(r^3 - R_2^3)\rho$$

同じように近似すると，

$$M_{rB} \approx 4\pi R_2^2 h\rho$$

となる．ここで $h = r - R_2$ は殻のうち，引力を及ぼす内側の厚さである．したがって次のようになる．

$$M_{rB} \approx M\left(\frac{h}{H}\right) \qquad (0 \leq h \leq H)$$

よって，$R_2 \leq r \leq R_1$ では，質量 m の質点にはたらく引力の大きさは，

$$F_B = \frac{GM_{rB}m}{r^2} \approx \frac{GMm}{r^2}\left(\frac{h}{H}\right) \approx \frac{GMm}{R_1^2}\left(\frac{h}{H}\right) = k_B h m$$

となる．ここで $k_B = GM/(R_1^2 H)$ とおいた．また $R_2 \leq r \leq R_1$ の間は $r^2 \approx R_1^2$ と近似した．再びベクトルで記述すると，中心からの変位と力は逆方向なので次のように書ける．

$$\boldsymbol{F}_B \approx -k_B \boldsymbol{h} m \qquad (0 \leq h \leq H)$$
$$\boldsymbol{F}_B = \boldsymbol{0} \qquad (-R_2 \leq h \leq 0)$$

これは $R_2 \leq r \leq R_1$ (または $0 \leq h \leq H$) のわずかな範囲での単振動と，ボールに力のはたらかない大部分 $0 \leq r \leq R_2$ ($-R_2 \leq h \leq 0$) での等速度運動の組合せである．単振動の解は $h = H\cos\omega_B t$，角振動数は $\omega_B = \sqrt{k_B} = \sqrt{GM/(R_1^2 H)}$，振幅は H である (小惑星の空洞部分を等速で通過することによって 4 分の 1 周期ごとに単振動が中断される)．単振動部分の振動の周期は次のように計算される．

$$T_{B1} = \frac{2\pi}{\sqrt{k_B}} \approx 2\pi\sqrt{\frac{R_1^2 H}{GM}}$$

続いて小惑星の空洞部分の等速での通過をしらべよう．R_2 の内側の半径に達したときのボールの速度はボールにはたらく力を $R_2 \leq r \leq R_1$ で，すなわち $0 \leq h \leq H$ の間で積分して求められる．穴に落とした瞬間 ($r = R_1$，または $h = H$) のボールの運動エネルギーを 0 とすると，変位に沿っての積分は $r = R_2$ ($h = 0$) での運動エネルギーに等しい．

$$\int_0^H F_B dh = k_B m \int_0^H h\, dh = k_B m \left[\frac{h^2}{2} \right]_0^H = \frac{1}{2} m v^2$$

よって，$v = H\sqrt{k_B}$ を得る．ボールの片道の移動距離は $2R_2$ である．等速部分を経て出発点に戻ってくるためにはこの 2 倍を移動しなければならない．等速部分を 2 回通過するのに必要な時間は，

$$T_{B2} = \frac{4R_2}{v} = \frac{4R_2}{H\sqrt{k_B}}$$

である．したがって，全体の所要時間は，

$$T_B = T_{B1} + T_{B2} = \frac{1}{\sqrt{k_B}} \left(2\pi + \frac{4R_2}{H} \right)$$

となる．これがボールを小惑星 B に落としたときの周期である．

(3) T_A と T_B の比較 では，T_A と T_B を比較しよう．比 T_B/T_A は，

$$\frac{T_B}{T_A} = \sqrt{\frac{k_A}{k_B}} \left(1 + \frac{2R_2}{\pi H} \right)$$

となる．$k_A = GM/R_1^3$ と $k_B = GM/(R_1^2 H)$ を代入すると次のようになる．

$$\frac{T_B}{T_A} = \sqrt{\frac{H}{R_1}} + \frac{2R_2}{\pi\sqrt{HR_1}}$$

たとえば，$R_2/R_1 = 0.9$ とすれば，$H = R_1 - R_2 = (1/10)R_1$ であるから，

$$\frac{T_B}{T_A} = \sqrt{\frac{1}{10}} + \frac{2(9/10)}{\pi\sqrt{1/10}} \approx 2.1$$

となる．$R_2/R_1 = 0.9$ の空洞をもつ小惑星を横切る時間は，詰まった小惑星を横切る時間の 2 倍以上かかるということだ．薄い球殻の場合と詰まった小惑星の場合の力の半径依存性はどちらも直線と考えてよい (図 7.32)．しかし薄い球殻の場合には力はごく狭い範囲にしかはたらいていない．またしてもブラストフが正しく，ニュートンの球殻定理をよりよく理解している．

時間の比 T_B/T_A は，球殻を薄くすればするほど大きくなる．また，これまで用いた近似はもっと正確になる．半径の比が，$R_2/R_1 = 0.9, 0.99, 0.999$ となると時間の比は

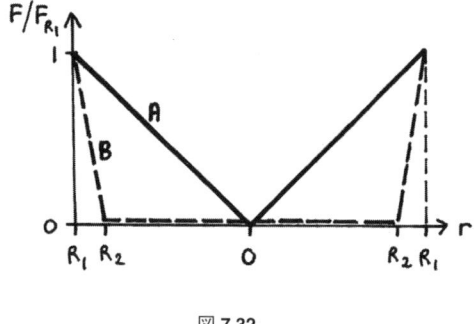

図 7.32

$T_B/T_A = 2.1, 6.4, 20.1$ となる．非常に薄い極限ではボールが落ちるときになされる仕事は非常に小さくなる．$R_2/R_1 < 0.9$ のような厚い球殻に対しては，この近似は非常に悪くなり，1 次の近似ではなく完全な積分を実行しなければならない．$R_2/R_1 \to 0$ の極限では $T_B/T_A \to 1$ となって，予想通り，球殻の解は固体球の解に一致する．一般的なふるまいは図 7.33 に示す通りである．

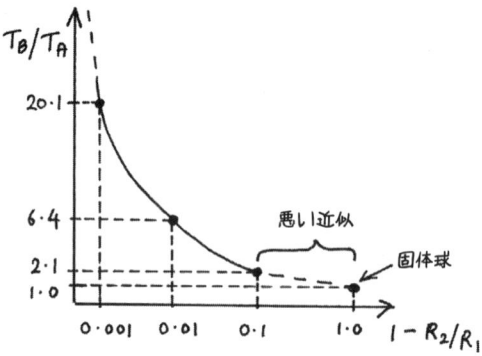

図 7.33

8 光　　学

　この章では，反射と屈折の簡単な原理にもとづく問題を扱う．基本となる題材は GCSE[*1]レベルほど難しくはないが，挑戦しがいのある変わった問題である．いくつかはよく知られた問題であり，他は私の創作である．

- **反射の法則**：入射光線と法線のなす角は，反射光線と法線のなす角に等しい．
- **スネルの法則**：屈折率が n_1 と n_2 の 2 つの異なる媒質の境界面を通過する光線はスネルの法則 $n_1 \sin\theta_1 = n_2 \sin\theta_2$ に従う．ここで θ_1, θ_2 はそれぞれ入射光線，屈折光線が法線となす角度である．

8.1　球の中の微塵 ★

　微塵 (mote) という単語は，次の 2 箇所で使われた場合を除いて私は聞いたことがない．1 つは聖書の中[*2]で，そこでは人の眼球の中に現れる．2 つ目は私が受けたオックスフォード大学入試での物理の口頭試問においてである．口頭試問では，私は次のような光学の問題について答えなければならなかった．幸運なことに私は学校で聖書の一通りの知識は教わっていたので，微塵が何か小さなかけら (たとえば，埃の粒のようなもの) であることはわかった．とはいえ，私はそれまで光学の変わった問題に出くわしたことがなかった．だが，そこが肝心なところだったのであろう．問題は次のようなものである．

問題　微塵がガラスでできた完全な球体の中心にある (図 8.1)．もし見えるとしたら，それはどこに見えるだろうか？

図 **8.1**

[*1]　6 章の脚注*1 参照．
[*2]　キリストが丘の上で弟子たちに説いた偽善や独善への戒めである「山上の垂訓」の章にその記述がある．mote という単語はギリシャ語を語源とし，とても小さな乾燥した物体といった意味である．今日では普通 speck という単語を用いる．

解答 もちろん，まずは解答を説明するために光線図を描く (図 8.2)．屈折はスネルの法則 $n_1 \sin\theta_1 = n_2 \sin\theta_2$ に従って起こる．微塵は球の中心にあるので，微塵から放射される光線はすべてガラスと空気の境界面に 90 度で入射する．したがって光線は境界を通過してもそのまま直進する．そして，微塵はまさにそれが位置する場所にあるように見える．図 8.2 の光線図では，目の水晶体は凸レンズで表現され，微塵から放射された光線が網膜上の 1 点に結像するように描かれている．

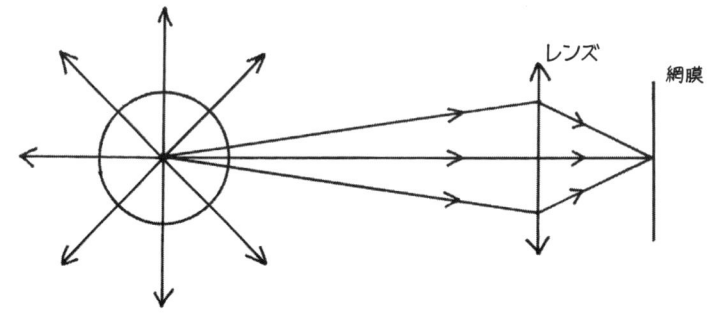

図 8.2

8.2 暗くなる光の環 ★★★

私がはじめてこの問題を知ったのは 15 年ほど前だが，それよりずっと前から扱われていた問題だと思う．私の博士論文の指導教授も物理問題の熱狂的ファンで，この問題は彼のお気に入りの 1 つだった．この問題は高校生には難しすぎると思っていたのだが，最近何度か試したところ，十分なヒントがあれば驚くほどの良好な理解力を見せるし，多くの高校生は少しの手助けで問題を完璧に解けることがわかった．私は博士課程の学生にも試してみたがそれほどでもなかった．高校物理で学んだことをあらかた忘れてしまっていることが原因だろう．彼らは全員工学部の学生だったのだが．この問題は，質問する側も楽しめる問題である．実際に観察させるのが理想的だが，まずどんなふうに見えるのか説明させる．その後，第一原理から関係式を立てて説明させる．学生は実にこの作業を楽しみ，この興味深い光学現象を表す関係式を導くことにとても満足するようだ．また，この問題を解くときは実験するのが最もよく，だれかにヒントをもらうのもよいだろう．

問題 長くて薄い磨かれた金属管 (たとえば，屋内配管用の長さ 1 m の銅管) の片方の端を散乱光源 (たとえば，明るく照らされた壁) に向け，他方の端から覗く (図 8.3)．そうするといくつもの光の環が見え，中央に明るい光の輪が見える．中央の光の輪は，

8.2 暗くなる光の環 ★★★ 175

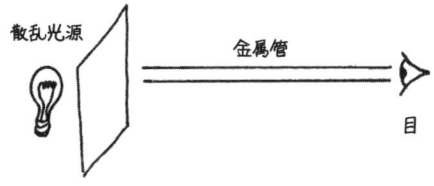

図 8.3

管の他端から直接見える光源である．そのまわりを中央の輪より少し暗い光の環が取り囲む．そのまわりにさらに少し暗い光の環が取り囲む．これが繰り返される．光の環は暗くなるまで徐々に明るさを減じていく．これらの光の環は徐々に大きくなりながらほぼ同じ幅に見える．n 番目の環の角度を表す関係式を求めよ．

解答 まず，管および管の中心軸の破線を描き，光線を描こう．最初に，拡散光源から反射せずに直接目に入る入射光を解析する．次に1回の反射光，次に2回の反射光，というように進める．

目が管の中央にあるとして，目に入る最も大きな角度の光線を描くことから始める．管の直径を D，管の長さを L として，反射せずに見える光の最も大きい角度は，$\tan\theta_1 = (D/2)/L$ と与えられる (図 8.4)．長い管であれば角度は小さく，$\theta_1 \approx D/2L$ と近似できる．

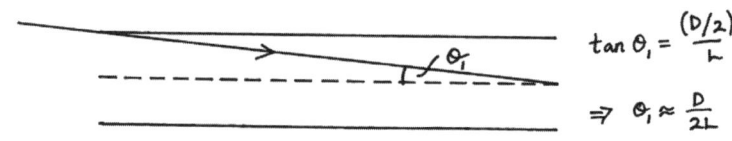

図 8.4

次に1回反射する光線を考える．そのために必要な法則は，反射の法則すなわち単に入射光と反射光の側壁となす角が等しいというものである．そうすると，1回反射して見える光線の最も大きい角度は，管を3等分すれば求められる (図 8.5)．つまり，$\tan\theta_2 = (D/2)/(L/3)$ となり，近似して，$\theta_2 \approx 3D/2L$ である．

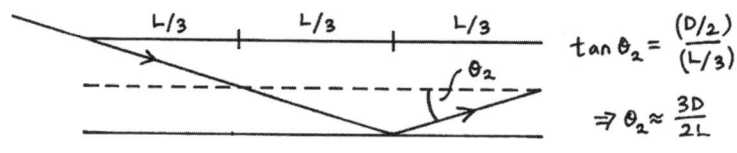

図 8.5

176   8 光　　学

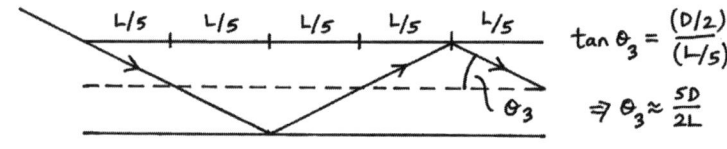

図 8.6

　次に，2回反射する光線を考える．2回反射して，見える光線の最も大きい角度は管を 5 等分して求められる (図 8.6)．つまり，$\tan\theta_3 = (D/2)/(L/5)$ となり，近似して $\theta_2 \approx 5D/2L$ である．

　よって，n 番目の光の環を見込む角は，

$$\tan\theta_n = \frac{D/2}{L/(2n-1)}$$

角度が小さいとして次のように近似できる．

$$\theta_n \approx \frac{(2n-1)D}{2L}$$

これはなかなか面白い問題で，観察を伴えば実に効果的な問題である．まだ試していないのなら，1 m くらいの銅パイプを見つけて (必要なら近所のホームセンターで)，ぜひ試して欲しい．実に面白いこと請け合いである．

8.3　空中に浮く豚 ★★★

　巻末の「やや変わった経歴」をお読みになった方は大学入試の物理面接で私がこの問題を尋ねられたことをご存知だろう．ここで問題がどのように出されたかを再現することは難しい．というのは机上実験として組まれていたからである．私はその実験器具が引き起こす奇妙な光学現象を説明するように求められた．あれは確かにこの問題を出題するのに最も理にかなったやり方である．私は今でもその実演を鮮やかに記憶している．面接官は 2 つのお椀状の器のようなものを引き出しから取り出し，ハンカチで埃を払い，そして見せびらかすようなそぶりで，それらを自慢げに私の目の前の机の上に置いた．それらはシリアルボウルくらいの大きさで，内面はぴかぴかの鏡であった．上側の椀は底に直径 2 インチ (約 5 cm) ほどの穴があり，上下逆さに下の椀の上に重ねられ，穴から覗くと鏡の空洞がつくられていた．ただしその前に，面接官は小さな明るいピンク色のプラスチックの豚 (ちょうど私の小指の先ほどの大きさの) を空洞の底 (下の椀の中央) に置いた．鏡の蓋が載せられると，豚が現れた．穴の上に浮かんで，それはとてもリアルでとても立体的に見えた．手を伸ばせば触れられるのではないかと思えるほどだった．

8.3 空中に浮く豚 ★★★   177

問題 図 8.7 に示すように，下側の鏡の底に小物体を置き，斜め上方から眺めると，空中に浮いた小物体の像を見ることができる (斜め上方から間接的に見るのであって，穴から直接小物体を見ているのではない)．この仕組みを説明せよ．

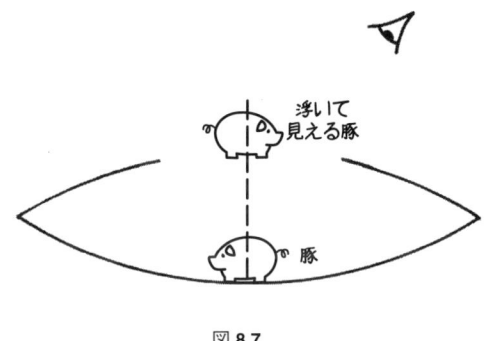

図 8.7

解答 この問題に答えるためには，放物面鏡のはたらきを知っておく必要がある．放物面鏡は平行光線を，焦点として知られる 1 点に集中させるように設計されている (図 8.8)．放物面鏡はパラボラ (たとえば薄い金属板を樋状に曲げた形) やパラボロイド (ボウルや皿のような形) の形状をしている．鏡はこのようなパラボロイドのどの部位でも構わないのだが，通常は頂点 (ボウルの最下点) を含み，中心軸まわりに対称である．放物面鏡は様々な用途で使われるが，衛星放送の受信器や太陽光の集光器としてよく知られている．放物面鏡の機能は時には逆に，平行光線をつくる．車のヘッドライトが一例である．この場合，光源は焦点の近くに置かれる．

焦点が F_1 と F_2 である 2 つの放物面鏡 M_1 と M_2 を考えよう．鏡間の距離の最大値 (頂点間の距離) を焦点間の距離に等しくとる．光線の図を描いて，この状況を確認しよう．上の鏡の焦点 F_1 を下の鏡の頂点に一致させ，逆もまた同様に一致させる．図 8.9

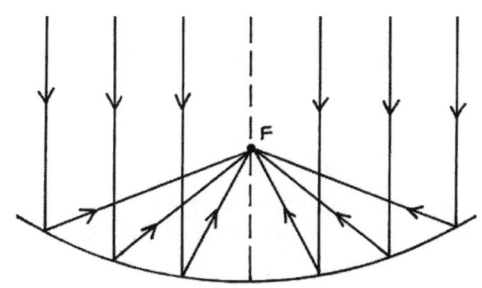

図 8.8

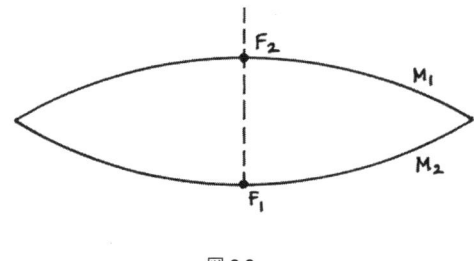

図 8.9

には，光学系の対称性をわかりやすくするために，上側の鏡の穴を描いていない．

上側の鏡 M_1 の焦点 F_1 を点 A とする．点 A から発せられ上側の鏡 M_1 に入射した光は，反射後，平行な光になる．下側の鏡 M_2 は逆の作用をして平行な光を再度集光し，鏡 M_2 の焦点 F_2 に点 A の像 A' を結ぶ．A' は A の実像[*3]である．すなわち A' を眺めると，あたかも光がそこから発せられているかのように見える (図 8.10)．

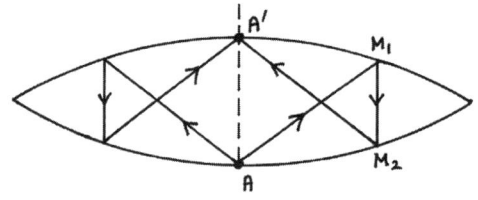

図 8.10

鏡の軸上で焦点 F_1 よりわずかに上側の鏡に近いもう 1 つの点 B を考える．この点から発せられた光は，上側の鏡 M_1 でわずかに広がる光として反射される．このわずかに広がる光は下側の鏡 M_2 で反射後，実像 B' をつくる (図 8.11)．B' は点 A' より上側になり，これを眺めると，鏡 M_1 の外に浮かんでいるように見える．しかし，像 B' の見える方向は，下側の鏡 M_2 による反射光が穴から出てくる方向に限られる．なぜなら，B' から発せられるように見える光は，穴を通過してくる光であるからである．

最後に，下側の鏡 M_2 の中心軸からわずかにずれた M_2 の鏡面上の点 C を考える．点 C は中心軸上にはないが，ほぼ上側の鏡から焦点距離だけ離れている．点 C から発せられる光は上側の鏡 M_1 に入射して軸に対して傾斜したほぼ平行な光となる．こ

[*3] 実像は物体から発せられた光を特定の場所に集めたものである．わかりやすい例は映画のスクリーン，あるいはカメラのセンサー面であり，発せられた光をこれらの面に集めている．これに対して虚像 (たとえば鏡の中に見える像のようなもの) は見かけ上の光の発散点に現れる．光は見かけの発散点 (実際の光線はその点を通過することはない) に集光するわけではないので，虚像は像が見える場所にスクリーンを置いても像が直接現れることはない．しかし，虚像は目やカメラでとらえることができ，はっきりした大きさと位置をもつ．

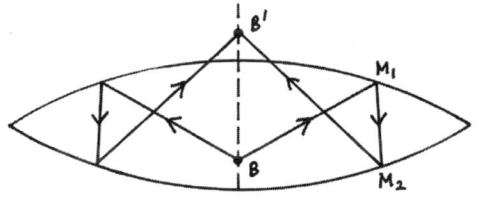

図 8.11

の平行な光が下側の鏡 M_2 に入射すると，鏡 M_1 のすぐ上 (したがって M_1 の外) の点 C′ に結像する (図 8.12)．点 C′ は軸からわずかにずれた点 C の反対側である．繰り返すが，C′ は C の実像である．この光学系は鏡の軸のまわりに回転対称性をもつ．したがって，C′ は鏡の中心軸のまわりに C を 180 度回転させた点である．

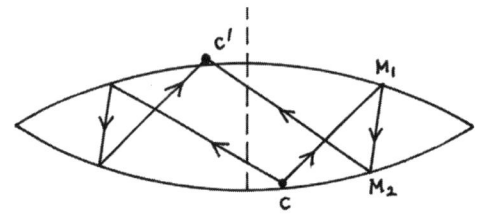

図 8.12

再び A, B, C が実像 A′, B′, C′ を結ぶ場合をもとに，鏡 M_2 の中央 (したがって，鏡 M_1 の焦点位置の近く) に大きさのある物体を置いた場合を考えると，鏡 M_1 のすぐ上に立体的な実像を結ぶことがわかる．物体上の点は鏡 M_1 の焦点から離れるほど

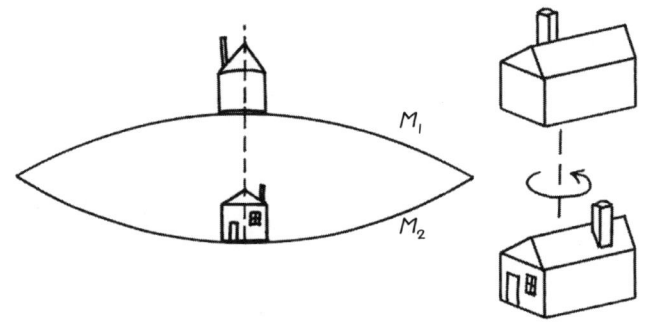

図 8.13

実像上で大きくひずむことになる．像は鏡の中心軸のまわりに180度回転したものになる．立体像の回転を平面上に表すのは難しい．2次元では垂直軸に対称になり，像は焦点からずれるほどひずむ．全体的な像は図8.13のようになる．この鏡の光学系について一読に値する優れた解説記事がある[*4]．

この記事には，カリフォルニア大学サンタバーバラ校のサーチライトの反射鏡の清掃人が最初にこの現象に気付いたと書かれている．その人は埃そのものではなく埃の実像を清掃しようとしていたことに気付いたのである．彼は商業製品をつくるために物理学科の誰かと組んだようで，1970年頃この印象的な光学現象を用いた最初の特許が登録された[*5]．

> 何世紀にもわたりスクリーンやすりガラスなどの補助具を使わずに様々な物体の実像を表示する，多くの光学部品の配置が考案されてきた．それらは，凹面鏡を様々に組み合わせて，時には鏡とレンズを組み合わせてつくられた．今回われわれは，中央に開口部のある鏡にもう1枚の鏡を組み合わせることで，鏡の間に置いた物体の実像が開口部を通して投影されることを発見した．その像は，開口部の位置あるいはそのすぐ上またはすぐ下の空中に現れる．

科学的発見がどれだけ偶然にもたらされたかを知ることは興味深い．この幻影現象は今や高級な玩具や科学実演具として博物館や玩具店，多くのオンラインショップで購入できる．同様な製品をいろんな大きさや価格でつくっている業者もいる．中にはとても安価で遊べるものがある．しかしながらその発明者はまったく違うことを考えていたようである．

> この光学系配置は宝石などの高価な物の展示に最適である．物体そのものは，見物人の手の届かないガラスの下に納めておくことができるからである．表示される像は，その物体の上部，下部，そして側面を示し，本物の立体的な形状を表している．

8.4　火星人と原始人　★/★★★★

ザドとアグは地球の「希望」湖畔にたたずみ，魚を捕まえようとしている．アグは原始人で，狩りのための銛をもっている．ザドは火星人で，獲物に目からレーザービームを発射する．彼らは1匹の魚を見つけた．魚は彼らから水平に $2d$，垂直に $2d$ の距離ほど離れているように見える (図8.14)．したがって，湖水面から d の高さにある彼らの目には魚は水平から45度下方に見えている．空気と水の屈折率をそれぞれ $n_1 = 1$，$n_2 = 4/3$ とする．

[*4] Lingguo, B., 2010, "Modeling the Mirascope using dynamic technology," Loci, November

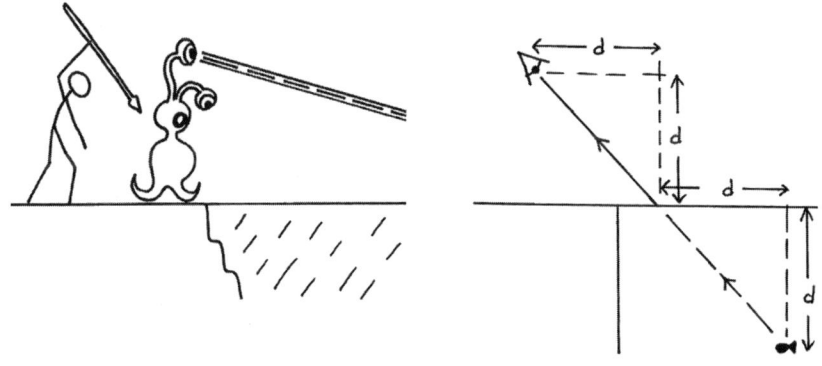

図 8.14

問題

- ザドとアグは彼らの武器の狙いを魚の上側に定めるべきか，下側に定めるべきか，それとも魚に定めるべきか?★
- 屈折率の分散 (光の波長依存性) はないとして，魚の正確な位置を計算せよ ★★★★.

定性的な解答 ★

解答 　水面下の物体 P から光が発せられているとすると，スネルの法則に従って光は鉛直線から離れるように屈折する (図 8.15). すなわち，屈折した光線が水面の法線と成す角度 θ_1 は入射光線が法線と成す角 θ_2 より大きい．スネルの法則は次のように与えられる.

$$n_1 \sin\theta_1 = n_2 \sin\theta_2$$

ここで，空気と水の屈折率 $n_1 = 1$ と $n_2 = 4/3$，および入射角 $\theta_1 = 45°$ を用いると，$\sin\theta_2 = 3/(4\sqrt{2}) = 3\sqrt{2}/8$ となる．これより，$\theta_2 \approx 32°$ を得る．P からの光線が水面と交わる点 C のすぐ上から見て鉛直から $\theta_1 = 45°$ の方向の見かけの像 (虚像) P′ は，鉛直から $\theta_2 \approx 32°$ 方向のより深い場所にある物体 P に対応する．

　見かけの像 P′ までの距離と同じ距離だけ空気と水の境界面から離れた位置にいる観察者 O から見ると，物体 P は実際には，$\theta_2 = 32° < \theta_3 < \theta_1 = 45°$ の方向にある (図 8.16). 粗っぽい推測では，θ_1 と θ_2 の平均をとって，$\theta_3 \approx 38.5°$ とすることがで

2010, DOI: 10.4169/loci003595.

*5 Elings, V. B., Landry, C. J., 1970, "Optical display device," US Patent Number US3647284 A.

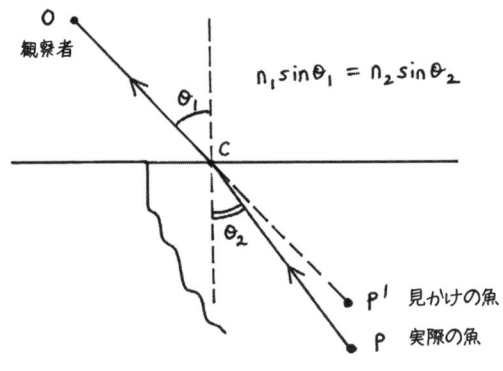

図 8.15

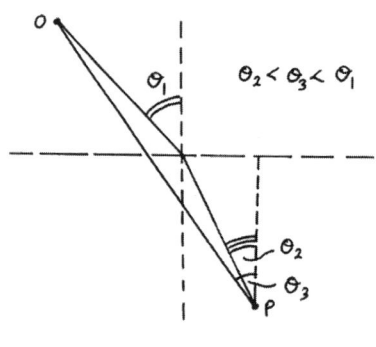

図 8.16

きる．次の「厳密な解答」では，より正確な P の位置を考えるが，重要なのは，実際の物体 P はつねに虚像 P′ より深い位置にあるということである．

原始人アグは彼の銛を魚の見かけの位置 P′ より深い水中に向けるべきである．見えている虚像の下に狙いを定めるのがよい（図 8.17）．$\theta_1 = 45°$ の場合，狙いを定めるべき角度は粗っぽい推定では $\theta_3 \approx 38.5°$ であるとわかる．

これとは違って，火星人のザドは，魚の虚像 P′ にぴったりレーザー光線の狙いを定めればよい．レーザーが虚像に向けられていれば，光線は界面で屈折して実際の魚 P に命中する．P の実際の位置を知る必要はない．レーザー光線は実物の魚から放射された光の経路を逆にたどるだけである（図 8.18）．ザドはぴったり $\theta_1 = 45°$[6]に狙いを定めればよい．

---

[6] 屈折率は光の波長にも依存し，色 (波長) による屈折率の違い，すなわち分散を引き起こす．光は屈折率の異なる 2 つの領域の境界面を斜めに横切るとわずかに広がる．この現象は，白色光がプリズムを通過するときや，雨粒が虹をつくるときなどに現れる．また，この効果はレンズの色

8.4 火星人と原始人 ★/★★★★   183

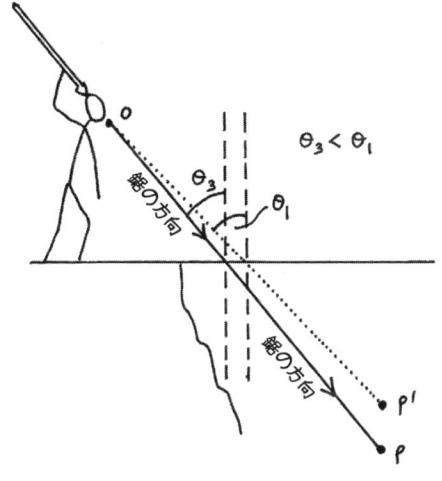

図 8.17

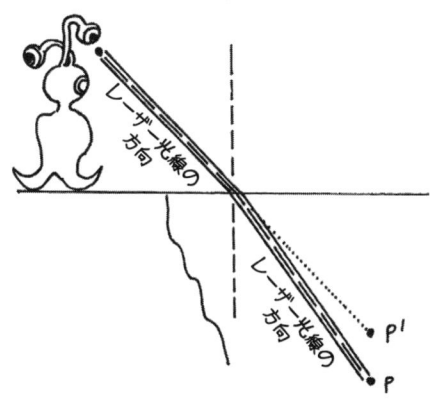

図 8.18

厳密な解答 ★★★★

解答 さて，魚の位置 P を正確に決定しよう．これまでの図では，虚像 P′ の真下に物体 P を描いた．しかし，これはあまりはっきりしない仮定である．これまでの解析でわかったことは，P は点 C (光線と境界面の交点) を通る鉛直線と角 θ_3 をなす直線上に存在するということだけである．実をいうと，P が P′ の真下に存在することは正

収差 (物体の縁に色付いた像が重なって見える現象) の原因でもある．

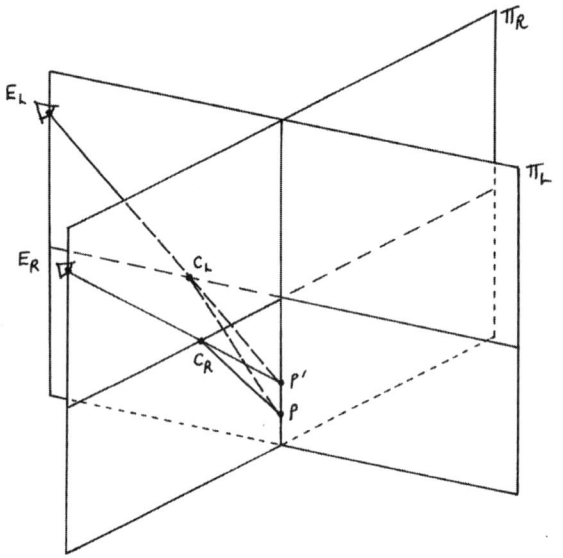

図 8.19

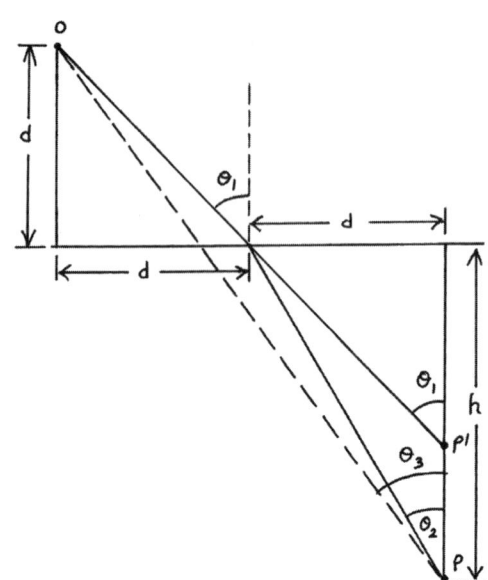

図 8.20

しい．まず，P の正確な位置を計算する前にこのことを明らかにしよう．

右目の位置を E_R，P から右目に入る光線が水面と交わる点を C_R とし，直線 $E_R P'$ と直線 $C_R P$ を含む平面を π_R とすると，π_R は鉛直面である (図 8.19)．同様に，左目に入る光線に対応した平面 π_L を定義できる．P は π_R と π_L の両方の平面上にあるので，P' を通る鉛直線上に存在する．

P と P' が共通の鉛直線上のそれぞれ h と d の深さにあるから，

$$\tan\theta_3 = \frac{2d}{d+h} = \frac{2d}{d+d\cot\theta_2} = \frac{2}{1+\cot\theta_2}$$

が成り立つ (図 8.20)．

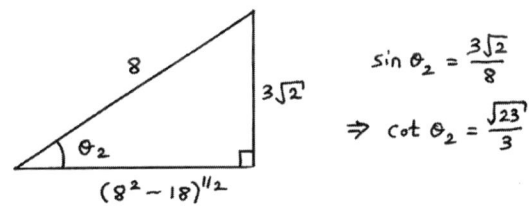

図 **8.21**

スネルの法則から (図 8.21 を参照)，

$$\sin\theta_2 = \frac{n_1}{n_2}\sin\theta_1 = \frac{3\sqrt{2}}{8} \qquad \therefore \quad \cot\theta_2 = \frac{\sqrt{23}}{3}$$

したがって，

$$\tan\theta_3 = \frac{2}{1+\cot\theta_2} = \frac{2}{1+\sqrt{23}/3} = \frac{3\sqrt{23}-9}{7}$$

となる．これから $\theta_3 \approx 37.6°$ を得る．この結果は，先ほどの粗っぽい近似の値 $\theta_3 \approx 38.5°$ にかなり近い．これから魚の正確な位置を計算することができる．水平方向にぴったり $2d$ 離れており，鉛直方向にはおよそ $2.60d$ 離れていることになる (すなわち希望湖の水面下 $1.60d$)．ザドが何の問題もなく彼の武器で魚を射抜けたとしても，アグに同じように漁に成功してもらうには，上のように正確な計算をしなければならない．

8.5 奇妙な魚 ★★★/★★★★

「湖に奇妙な魚がいる」タンブル氏は思わず口にした．それはいままでに見たことがない魚なので，いったいどれほどの大きさなのか見当もつかない．彼はもっと近くでしらべようと飛び込み台によじ登り，なんとかして魚の真上の位置に陣取った．そ

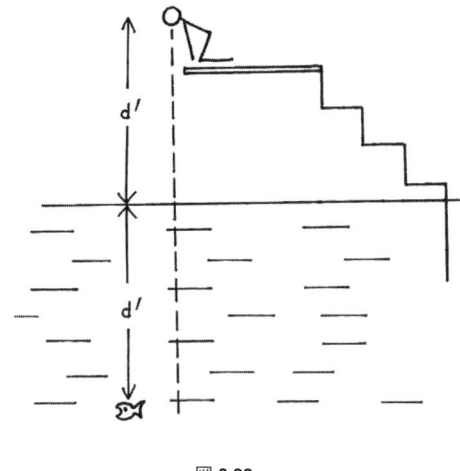

図 8.22

の魚は彼の真下ちょうど 1 尋[*7]だけ下にいることがわかった．彼は湖水面からちょうど半尋の高さにいる (図 8.22)．空気と水の屈折率をそれぞれ $n_1 = 1$, $n_2 = 4/3$ とする．

問題

- 魚のおおよその位置を見積もれ ★★★．
- 魚の正確な位置を見積もれ．目の間隔を $2s = 4$ インチ (約 10 cm) とする (すなわち，s は目と目の間の半分の距離)★★★★．

近似的な解答 ★★★

解答　明らかな対称性が存在するので，魚とタンブル氏とを結ぶ線が鉛直線であれば，魚はその線上にいると直観的にわかる．同じことは空気と水の境界面 (水面) を透過する光に対してスネルの法則 ($n_1 \sin\theta_1 = n_2 \sin\theta_2$) を用いて数式的に説明できる．水面に入射角 $\theta_2 = 0$ で入射する光に対して，スネルの法則から $\theta_1 = 0$ となる．すなわち，境界面に垂直な光は屈折しない．もし，魚がわれわれの真下に見えれば，その魚はわれわれの真下にいる．ただし，真下のどこにいるかは教えてくれない．それを今からしらべてみよう．

---

*7 「尋」(fathom) は大人が両腕を広げた距離を表す昔の長さの単位であり，航海術に関わる専門用語で，主に水深の計測に用いられた．1 尋は，6 フィートあるいは 1.83 m である．

8.5 奇妙な魚 ★★★/★★★★

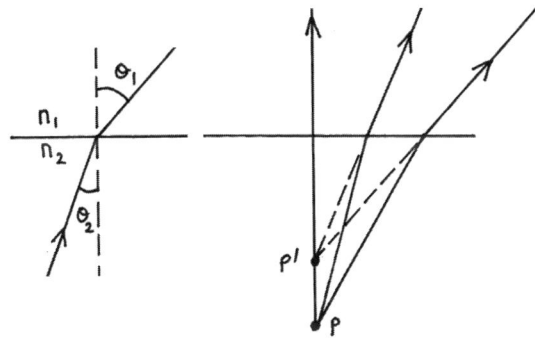

図 **8.23**

魚 P から放射される光について考える．その光の水面への入射角を θ_2，屈折角を $\theta_1 \, (> \theta_2)$ とする．2 次元の扇形の光束，あるいは 3 次元で円錐形の光束は，境界面を通過すると広がる．いま，小さな頂角で広がる光束を考えると，それは魚の虚像 P′ から発せられるように見える (図 8.23)．

水中の魚の真上からずれた位置の観察者は，水面といくらかの入射角 θ_1 をもつ斜め方向から魚を見ることになり，見かけの位置からその物体の正確な位置を見積もるのはとても難しい[*8]．これに対して，真上から水中にある物体を見ている観察者には，水面からの高さに比べて両目の間隔が小さければ，この問題はとても小さな入射角 θ_1 の問題に簡略化して考えることができる．入射角 θ_1 が十分小さいと，角度が小さいときの近似「$|\theta| \ll 1$ のとき $\sin\theta \approx \theta$」を使うことができ，スネルの法則は，

$$\theta_1 \approx \frac{n_2}{n_1}\theta_2$$

と近似される．そうすると，空気と水の屈折率をそれぞれ $n_1 = 1, n_2 = 4/3$ として，$\theta_1 \approx (4/3)\theta_2$ となる．

深さ d にある物体から発せられる光を考えよう．この光は見かけの光源 P′ から発せられるように見える．小さな角度に対して P′ の見かけの深さ d' は，

$$d' \approx d\frac{\theta_2}{\theta_1}$$

と与えられる (図 8.24)．

近似したスネルの法則を用いて，

$$d' \approx d\frac{n_1}{n_2}$$

[*8] 興味があればやってみよう！

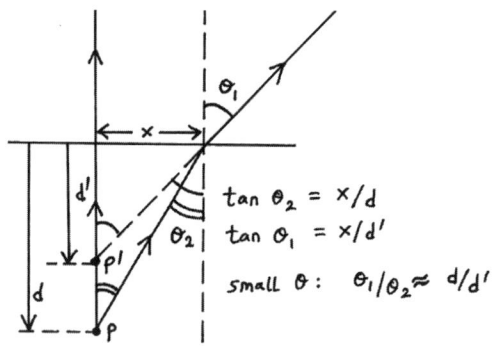

図 8.24

となる．水中から空気中に出る光に対しては，$d' \approx (3/4)d$ である．見かけの魚の位置 P' の水深は，実際の魚の位置 P の水深の $3/4$ 倍である．もし，タンブル氏がその魚の位置を水面下 $d' = 1/2$ 尋（約 $91.5\,\text{cm}$）の深さと認識したとすると，実際の魚の位置は水面下 $d = 2/3$ 尋（48 インチ，約 $122\,\text{cm}$）であることがわかる．魚はタンブル氏が認識しているより少しばかり深いところにいる．この結論は，角度が小さい場合の近似が成り立つ範囲内であれば，タンブル氏の水面からの高さには関係がない．同じく近似が成り立つ範囲で，彼の目の間隔にも関係ない．この近似が成り立たない状況でもこの問題を解くことはできる．ただし，解析はずっと複雑になる．

このテーマは 1970 年の論文「水中の鉛直面内での大きさと距離の決定」で取り上げられている[*9]．

> 水中環境はダイバーの認知に様々な形で影響を与える．最もよく知られた現象の1つは水と空気の屈折率の違いに起因する光学的歪みである．ダイバーは水中マスクの中の空気を通して水中を覗き込んでいる．そのため実際の距離の約 $3/4$ の位置に虚像を見ることになる．

予想通り，これは今しがたわれわれが行った見積もりと一致している．しかしながら，状況はわれわれの認識からいうと少しばかり，より複雑である．論文の著者は続ける．

> 物体は光学的な位置に見えているのだと，必ずしも考える必要はない．なぜなら距離の認識には多くの別の要因が関わっているからである．最も重要なものの1つはコントラストの低下である．これは水中や陸上の霧の中で起き，距離を大きめに推定させる．コントラストの低下は距離の増加の原因になるだけではなく，立体感や奥行の直線性も失わせたり損なわせたりする．

[*9] Ross, H. E., King, S. R., Snowden, H., 1970, "Size and distance judgements in the vertical plane under water," Psychologische Forschung (Psychological Research), 33, pp. 155–164.

8.5 奇妙な魚 ★★★/★★★★

奥行や3次元の立体感の知覚は高度に複雑で，視覚システムに関わる重要な事柄である．これらの知覚は視覚的な刺激から生じる．これらは眼球運動認知 (位置と焦点を眼球の筋肉緊張から知覚する能力)，単眼認知 (対象物の相対的な大きさや大気の奥行き感，影，閉塞感，動きから感じる知覚)，そして双眼認知 (両眼立体視，すなわち左右の目が離れているために，それぞれの目が対象物の異なる像を見ていることによる効果) に分類される．

最近のことではあるが，デボンの郊外で開かれたある風変わりなパーティに招かれたことがある．そのパーティの唯一の目的は2日間集まって数学パズル (娯楽的な類の) を解いたり，数学ゲームに興じることであった．主催者は何名かのとても高名な数学者や奇術師，そしてゲーム作者を招集していた．中には遠く海外からこのために来られた方もいた．幻影や科学玩具など興味深いグッズの最大のコレクションをイングランドに提供したことでロンドンではとても良く知られた方による特別講演があった．彼はチャールズ・ホイートストンの数奇な人生と仕事について講演した．ホイートストン (1802–1875) は，現在ではホイートストン・ブリッジ[*10]とよばれている電気回路の有用性を説いたことで知られている．

ホイートストンは広範な分野で科学上の業績を挙げているが，両眼立体視あるいはステレオ立体視の研究も行っている．その研究のために，彼はステレオスコープを発明している．それは鏡の組合せでつくられていて，同じ光景の右目用と左目用のイメージ (カードに手描きされる) をそれぞれの目にだけに表示する眼鏡である．そうすることにより，ホイートストンは目には2つのイメージを融合して2枚の平面的な描画から奥行きの知覚をつくり出す能力があることを証明して見せた．これはわれわれが目で見ているものを通して，どのように認知しているかを理解するうえで画期的なことであった．ホイートストンの多くの成果は，1838年の彼の輝かしい論文「視覚生理学への寄与」に収められている[*11]．この論文は大いなる発見の時代の産物であり，読むに値する．ホイートストンは次のように始めている．

> 十分に離れている物体に両目が向けられて目線が平行であれば，それぞれの目に見えている投影像は同じであり，2つの目への見え方は1つの目で見るときとまったく同じである．このような場合，立体的な物体の見え方は平面に投影された透視画と何ら差はない．したがって，絵画において遠くの物体は，錯視を起こさせない，あるいは錯視を抑制するような状況を注意深く取り除いたうえで，物体に完璧に似せて描かれているであろう．本物と見まがうように描かれている透

[*10] 抵抗値で構成されたブリッジ回路のバランスから未知の抵抗値を決定する電気回路である．これは1833年，サミュエル・ハンター・クリスティによって発明されたが，1843年にチャールズ・ホイートストンにより広く知られるようになった．

[*11] Wheatstone, C., 1838, "Contributions to the physiology of vision. Part the first. On some remarkable, and hitherto unobserved phenomena of binocular vision," Philosophical Transactions of the Royal Society, London, January 1, 1838, doi:10.1098/rstl.1838.0019.

視画はその 1 例である．しかし，同じ状況は目の近くに物体が置かれていて，視線の軸が広がってしまう場合にはもはや成り立たない．このような状況では，異なる透視画像がそれぞれの目に見えることになり，目の光軸間の広がりが大きくなるほど透視画像の違いも大きくなる．このことは立体物を置いてみれば容易に確認できる．たとえば立方体を目の前の適当な位置に置き，頭を固定して，片目をつむって左右それぞれの目で見ればすぐに了解できるだろう．

ホイートストンは「逆さ眼鏡」も発明している．これも鏡の組合せで (ホームセンターで材料を調達して簡単につくれる) 左右の目に見える像を入れ替えるものである．この仕掛けを通して眺めるとなんでも凹んで見える．たとえば顔を見ると立体感は逆転して，仮面を内側から見ているように見える．この話についてジャール・ウォーカーによる興味深い論文がある[*12]．

> 木の後側にある枝が手前側の枝より近くに見える．手前の枝が後ろの枝を部分的に隠しているので奇妙な見え方である．立体感のわかりやすい物体を見ると奥行きも逆転する．たとえば，台所の壁にぶら下げられた鍋の底は，外側に膨らんでいるのではなく，内側に凹んでいるように見える．

ウォーカーは「超越メガネ」の着用感も記述している．これは目の間隔を広げてくれる仕掛けで，なんでもより立体的に見せてくれる．

> 「超越メガネ」は近くにある物の見かけの高さと幅を変化させる．…．「超越メガネ」を通してみると，メガネを介して物体を見るときの視線の広がり角が普通より大きくなるので物体は小さく見える．この「超越メガネ」を通すと身近なものも奇妙に見える．たとえば，人の顔は左右に薄くなり，鼻がひどく高く見える．

私は「超越メガネ」の変種で「1 つ目眼鏡」を試したことがある．これは両目を 1 点に重ねる仕掛けである．奥行きの知覚は消失するのであるが，見た目の様子は何も変わらない．写真を眺めているような感じである．すべてのものは平面的である．私たちの世界の感じ方がこんなにも目の間隔に依存しているかと思うと興味深い．

厳密な解答 ★★★★

解答 左右の目の間隔を $2s$ としよう．タンブル氏には，魚が水面から d' だけ下方の点 P' にいるように見えている (図 8.25)．この問題の幾何学的関係から，

$$\tan\theta_2 = \frac{s/2}{D}$$

[*12] Walker, J., 1986, "The hyperscope and the pseudoscope aid experiments on three-dimensional vision," Scientific American, Vol. 255, No. 3, pp. 134–138.

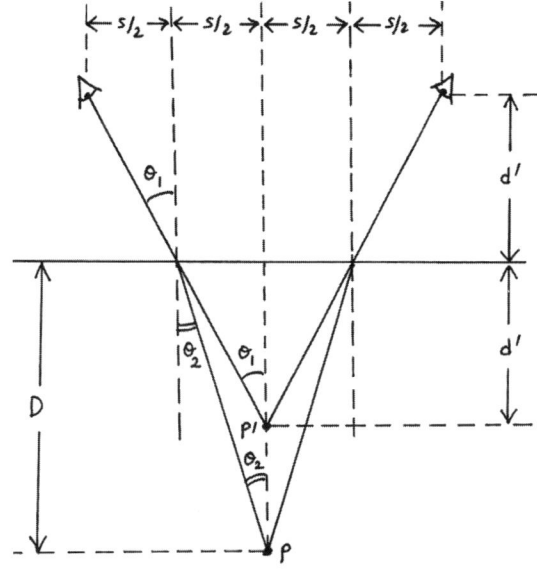

図 8.25

ここで，D は魚のいる点 P の水面からの深さである．これより，深さは次のように表される．

$$D = \frac{s}{2} \cot \theta_2$$

幾何学的関係から $\cot \theta_2$ を求めることができる．

頂角が θ_1 の直角三角形を考えると，

$$\sin \theta_1 = \frac{s}{[(2d')^2 + s^2]^{1/2}}$$

である (図 8.26)．この結果とスネルの法則 ($n_1 \sin \theta_1 = n_2 \sin \theta_2$) を用い，$n_1 = 1$，$n_2 = 4/3$ として，

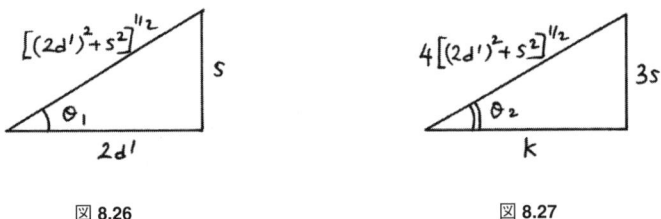

図 8.26　　　　　　　　　図 8.27

$$\sin\theta_2 = \frac{3}{4}\sin\theta_1 = \frac{3s}{4[(2d')^2 + s^2]^{1/2}}$$

となる．この結果を用い，頂角が θ_2 の直角三角形から，

$$\tan\theta_2 = \frac{3s}{k}, \qquad ここで \quad k = [(8d')^2 + 7s^2]^{1/2}$$

となる (図 8.27)．$D = (s/2)\cot\theta_2$ より，

$$D = \frac{s}{2}\frac{k}{3s} = \frac{k}{6} = \frac{[(8d')^2 + 7s^2]^{1/2}}{6}$$

となる．これが厳密な解である．これでようやく数値を求めることができる．$2s = 4$ インチ (約 10 cm)，$d' = 36$ インチ (約 91 cm) として，

$$D = \frac{(288^2 + 7 \times 2^2)^{1/2}}{6} = 48.0081\ \text{インチ} \approx 48\ \text{インチ (約 122 cm)}$$

最初の近似計算で得た 48 インチ (約 122 cm) はとても良い見積もりであったことがわかる．8.4 節の問題に登場した火星人ザドの場合を考えてみよう．彼の両目の間隔を $2s = 36$ インチ (約 91 cm) とすると，$s = 18$ インチ (約 46 cm) なので，

$$D = \frac{(288^2 + 7 \times 18^2)^{1/2}}{6} = 48.65\ \text{インチ (約 124 cm)}$$

となる．驚いたことに，ザドの大きな目の間隔 $[2s = d' = 36\ \text{インチ (約 91 cm)}]$ が水面からの高さと同じであるにもかかわらず，目の間隔が $2s = 4$ インチ (約 10 cm) の人と比べて，D の値は 48 インチとほとんど変わらない．

9 熱

　この章では熱について，固体の熱膨張に関する概念的な問題，および時間に依存した問題，あるいは「過渡的な」熱移動の問題に注目する．前提として必要な知識は基礎的で直観的なもののみである．すなわち熱とは何か，どのように蓄えるか，巨視的なレベルで固体にどう影響するか，また温度勾配があれば熱は熱い方から冷たい方へ温度差と面積に比例して運ばれる事実などである．最も一般的に有益な概念こそ，よりきちんとした形式で述べよう．

- **熱容量**：単位質量あたりの熱容量，すなわち比熱 c_p は物質が熱を蓄える能力を表す量である．したがって質量 m の物体を，温度差 ΔT だけ上げるのに要する熱量 Q は，$Q = mc_p\Delta T$ である．
- **フーリエの「熱伝導の法則」**：物体へ熱が流れる率 dQ/dt は次式のように表面積 A，温度勾配 $\Delta T/\Delta x$，熱伝導率 k に比例する．

$$\frac{dQ}{dt} = kA\frac{\Delta T}{\Delta x}$$

- **ニュートンの「対流による冷却/加熱の法則」**：物体が熱を失う，または得る率は物体の表面積 A，物体と周囲の温度差 $T_1 - T_2$，および熱伝達係数 h (個別の物理的状況によって決まる比例定数) に比例する．それを次式で表す．

$$\frac{dQ}{dt} = hA(T_1 - T_2)$$

一般に T_1 と T_2 は時間の関数であってもよい．
- **シュテファン–ボルツマンの法則**：温度 T_1 の物体とそれを囲む温度 T_2 の周囲の間に熱が放射によって移動する率は，

$$\frac{dQ}{dt} = \varepsilon\sigma A(T_1^4 - T_2^4)$$

ここで，A は物体の表面積，ε は物体の放射率，σ はシュテファン–ボルツマン定数である．
- **熱膨張率**：熱膨張による長さの変化は次式で表される線熱膨張係数 α_L により決まる．

$$\alpha_L = \frac{1}{L}\frac{dL}{dT}$$

ここで，T は物体の温度，L は特徴的長さである．

9.1 熱した板 ★

これは私自身が面接で受けた質問で，議論の範囲は比較的限定され，面接の始めか終わりに出そうな短い問題である．それはきわめて単純に次のように問われる．

問題 孔の空いた鋼板 (図 9.1) を熱すると，孔は縮まるか，拡大するか，それとも変わらないか？

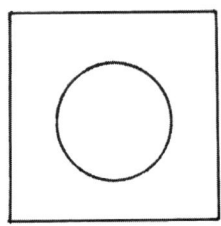

図 **9.1**

解答 等方的な物質が加熱され膨張するとき，どの長さも同じ割合で大きくなるため，孔も含めてすべてが大きくなる．熱的に膨張した (熱い) 物体は冷たい物体の拡大版のように見える．

本問に定性的に答えるにはこの解答でまったく十分だろう．ここで，予想される変化を定量化し，議論に現れる専門用語を紹介しよう．

さらに進んだ議論

ほとんどすべての物質は熱くなると膨張する．それは原子の平均的運動エネルギーが増加し，その結果，原子どうしが互いにやや大きい平均間隔を保つからである．物質が熱で膨張する量は，次式で定義される線熱膨張係数 α_L を用いて記述される．

$$\alpha_L = \frac{1}{L}\frac{dL}{dT}$$

ただし L は長さ，T は温度である．ここに α_L は温度による長さの変化率を表し，日常の様々な物質の α_L が実験で求められている．

α_L が方向によらない本質的に等方的な物質 (ほとんどの物質) と，物質内の方向により α_L が異なる非等方的な物質とを区別しよう．

加熱すると，等方的な物質の薄い板はすべての方向に同じ量だけ膨張する．もし，その物質の上にチェス盤のような格子を描くとすると，熱した後，格子はもとの格子の

9.1 熱した板

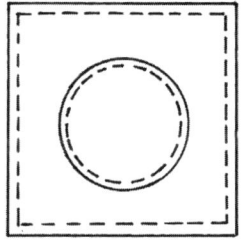

図 **9.2**

拡大版のように見えるだろう (図 9.2). 拡大率, すなわち加熱後の長さ L' ともとの長さ L との比は簡単に次式で表される.

$$\frac{L'}{L} = \frac{L + \Delta L}{L} = 1 + \alpha_L \Delta T$$

したがって, 温度が上昇すると, 薄い板の上のすべての 2 点間の距離は, 孔も含めて同じ割合で増加する. したがって孔は大きくなる.

部品を「締まりばめ」[*1]を使って組立てる際には, 組立てやすくするため, よく加熱や冷却をする. 私が思い出すのはとても寒い 3 日間, スワンシー・マリーナ[*2]で, 大人数の技術者チームによってタウエ川水門が再稼働されるのを待ったときのことだ. われわれは帆走しているはずだったのだが, 水門は修理のため取りはずされ, われわれの船は水門が再び開くまで港に留められていた. 水門は非常に印象に残る工学作品であり, 約 10 m に及ぶ世界最大級の潮汐に耐えるようにつくられていた. 予想されるように, 水門の門扉はまったく頑丈なものだ. それらは 1 対の円筒の 4 分の 1 の形状をし, 垂直な軸のまわりに回転して水門の壁の中に引き込まれる内部構造をもつ. それを保持する軸だけでも, 直径 20 cm, 長さ 50 cm あり, 中の詰まった鋼で約 150 kg もあろう. 他にすることがほとんどなかったので, 私は自分を技術者の主任に任命した気分で, 進捗状況を観察するため水門まで毎日 2 回の見回りに出ようと思った. 起重機は強い風に妨げられ, 本当の主任が操作のため多くの時間を費やしていた. 私は彼に軸をどうやって据え付けるつもりか尋ねた. 彼の説明によれば, 軸と孔がぴったり同じ大きさにできているので, メス部分をガスバーナーで少し熱し, オスの軸を液体窒素で冷やし, それから注意深くかなり素早い操作で, 軸を挿入するという計画だった.

[*1] これは工学用語で, 部品を組み立てる際, はめる部品とはめられる孔をあらかじめ, 同じ大きさではなく, ほんの少し重複する大きさにすることをいう. 締まりばめを行う部品は非常に大きな力で圧縮してはめ込むか収縮してはめ込む必要がある. 後者では, 通常はメスの方 (たとえば軸を挿入すべき回転子) をサイズ拡大のため加熱し, あるいはオスの方 (たとえば軸やシャフト) をサイズ縮小のため冷却する. 部品はそうやって組み立てられる. 両者の温度が等しくなると, はじめの大きさの差によって非常に大きな摩擦力がはたらき, 強いトルクを伝達できる.

[*2] (訳注) 英国西南海岸のタウエ川の河口にあるヨットの港.

このやり方を否定することは本質的に不可能だろうと思える．船に戻り，コーヒーを飲み，彼らが得られるであろう隙間の大きさを計算した．簡単な計算[*3]によれば，隙間[*4]は 0.6 mm をほんの少し上回り，この結果はたいへん印象的なものであった．

9.2 熱せられた立方体 ★

この問題は孔の空いた熱した板という古典的な問題の 1 つの変形版で，学生が熱膨張の原理を本当に理解しているかを探るために有効なものである．これは前問と概念は同じだが，少しだけ問い方が異なるものだ．

問題 中空の立方体があり，その壁は薄い金属の板でつくられている．定規も同じ物質でつくられ，立方体と一緒に特定の温度変化の下に置かれている (図 9.3)．もし定規の長さが x から x' に変化するとき，V と V' の関係，すなわち壁で囲まれた立方体の体積の始めと終りの関係を書け．もし定規と立方体側面がともに長さ 100 mm で，定規が 1 mm だけ伸びたなら，立方体は何パーセントの体積変化をしたか，電卓を使わずに求めよ．板の金属は等方的な物質と仮定せよ．

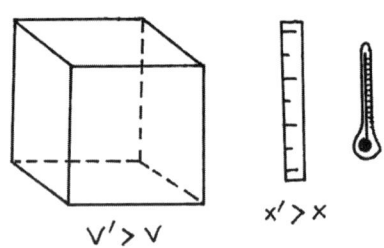

図 9.3

解答 もし定規と立方体が同じ物質でつくられているなら，あらゆる 1 次元の変化の比は x'/x である．もし立方体のはじめの横幅が L なら，変化後の横幅 L' は $L' = L(x'/x)$ で与えられる．体積比はしたがって，

$$\frac{V'}{V} = \left(\frac{L'}{L}\right)^3 = \left(\frac{x'}{x}\right)^3$$

[*3] 鋼の典型的な α_L の値は $13 \times 10^{-6} \mathrm{K}^{-1}$ である．液体窒素の沸点は $-196°\mathrm{C}$ であり，軸はそこまで冷やせると仮定し，メスの部分は $50°\mathrm{C}$ まで熱することができると仮定した．これより $\Delta T = 246\mathrm{K}$ を得る．したがって，直径 ($d = 200\,\mathrm{mm}$ とする) の変化は $\Delta d = d\alpha_L \Delta T \approx 200 \times 13 \times 10^{-6} \times 246 = 0.64\,\mathrm{mm}$.

[*4] 熱したメスの直径と冷却したオスの部分の直径の差．

もしはじめの定規が長さ $100\,\text{mm}$ から $1\,\text{mm}$ すなわち 1% 膨張するなら，変化が小さいという近似では立方体は約 3% 膨張する．これは上の式を展開すればわかる．まずはじめに，

$$\frac{V'}{V} = \left(\frac{x'}{x}\right)^3 = \left(\frac{x+\delta x}{x}\right)^3 = \left(1+\frac{\delta x}{x}\right)^3$$

3 次の 2 項展開[*5]の一般的な形は，

$$(x+y)^3 = x^3 + 3x^2y + 3xy^2 + y^3$$

であるから，$n \geq 2$ に対する $(\delta x)^n$ (それは無視できるほど小さい) を無視すれば，次式を得る．

$$\frac{V'}{V} \approx 1 + 3\frac{\delta x}{x}$$

もし $\delta x/x = 0.01$ なら，$V'/V \approx 1.03$ となる．体積の増加はほとんど厳密に 3% であるとわかる．同じ論理によって，もし立方体が薄い板ではなく中が詰まった金属でできていても，厳密に同じ結果を得る．

9.3 部屋にある冷蔵庫 ★★

　この問題に初めて出合ったのがいつだったか思い出せないが，私は折にふれてほぼ 10 年間，様々な形で出題し続けてきた．ある友人は，1960 年代の通俗科学本の中で一度見たことがあるという．これは明らかに古い問題だ．グーグルでしらべると，面接に関係した多様なインターネットの記事やブログに出ていることがわかった．残念なことに，私の見たほとんどの解答は，良くても不明快で，最悪の場合は間違いを含んでいた．この問題は面白く，読者は楽しめると期待している．私はそれを有益な問題であると思った．なぜなら，基礎的な原理を基本的に理解しているかどうかのテストになり，議論するには理想的だからである．この問題を用いると，適正な数値評価を行う能力やグラフを描く能力をテストできる．面接を受けるほとんどの候補者達は十分な刺激を受け，2 度目か 3 度目の試みで，ヒントをもらいながら解答を進め，結果のグラフを描くことができた．

[*5] 2 項定理とは，「2 項式」すなわち 2 項の和または差，たとえば $(x+y)$ や $(x-y)$ の，べきの一般形 $(x+y)^n$ を展開する一般的な方法である．定理は，$(x+y)^n$ が常に一般形 ax^by^c (b, c は $b+c=n$ に従う非負の整数) の項の和に展開できることを示している．係数 a は n と b に依存し，パスカルの三角形を用いて求めることができ，単純に $a = n!/(b!c!)$ と表される．パスカルの三角形は，2 項式への簡単な応用の他に，組合せ論，すなわち n 個の要素をもつ集合から b 個の要素を選ぶ選び方の数を記述する場合へ応用できる．2 項式展開の係数についてのパスカルの三角形 (それは実に視覚的助けとなり記憶しやすいものである) はパスカル (Blaise Pascal, 17 世紀) の功績とされているが，一般的な証明はニュートン卿 (Sir Isaac Newton) が 1665 年にはじめて示した．

198   9 熱

問題　標準的な家庭用の冷蔵庫が完全に熱的に遮断された部屋の中に置かれ，スイッチが入れられる (図 9.4)．部屋の温度 $T(t)$ はどのように変化するか？ 次に続く数時間 (たとえば 4 時間) について概略を描け．一定時間後 (たとえば再び 4 時間後) 冷蔵庫の扉が開かれ，開きっぱなしにされた．次の数時間の部屋の温度の概略を描け．

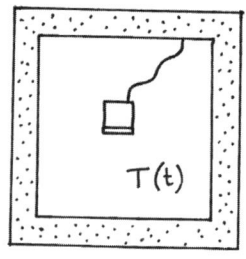

図 **9.4**

解答　どこから始めたらよいのだろうか？ この問題を理解する上で基礎となることは，単純にエネルギー保存則の成立を認識することである．部屋の周囲に管理領域[*6]，すなわちエネルギーがその系 (領域) に出入りできるのは，その領域の表面を貫いて通る電線を通じてのみであると確認できる領域を設ける．それ以外からのエネルギーの出入りはない．電子は一定の高い電気的位置エネルギーをもった領域から部屋に入り，また部屋から低い位置エネルギーの領域に出ていく．電気的エネルギーは，負荷をもった冷蔵庫の中で散逸[*7]される．時間がたてば部屋の温度は上昇するはずだ[*8]．部屋の温度が上昇する率は第 1 には冷蔵庫によって散逸される電力で決まる．冷蔵庫が散逸できる仕事率には最大値があるが，冷蔵庫はモーターがそれほど過酷に働く必要がな

[*6] 「管理領域」とは，仮想的な面の内側のわれわれがしらべたい領域のことである．われわれがこの概念を用いるのは，仮想的な領域の境界を貫く流れ，たとえば，質量，熱，仕事などの流れを考察することによって，様々な熱力学的な，あるいは流体力学的な系を明確に分析するためである．この抽象化によって，しらべるべき系に影響を与える変化について明確に論じることが可能になる．(訳註：原文は "control volume" で，この語の適当な和訳がなく，ここでは「管理領域」と訳した．物理学や工学で用いられる場合は「コントロールボリューム」とそのまま使われるが，あまり広くは使われていない．耳慣れない外来語で読者を困惑させたくないのと，著者の意図は単純なことなので，この文脈ではこう訳した．)

[*7] 「散逸」とは，「有益さが減少した形態のエネルギー」(この場合は熱) に変換されることを意味する．熱力学の言葉では，エネルギーがより有益でない形態に変換される過程を「不可逆」と記述する．不可逆過程はエントロピーの生成を伴う．ここでエントロピーとはエネルギーの有益さの劣化の状態を測る熱力学的な尺度である．エネルギーの有益さの 1 つの尺度は，エネルギーをどれだけ実際に力学的仕事に変換できるかの効率である．

[*8] もしこれがあなたにとって自明でなくても，あまり気にすることはない．面接でこの問題の解を試みた生徒達の 3 分の 1 は冷蔵庫は部屋を寒くするだろうと思ったのだから．

い状況の下ではその最大値より少ない電力を使うだろう．2番目に考慮すべきことは，冷蔵庫の「ヒートポンプ効果」である．冷蔵庫が行うべき難しい仕事は冷たい所 (冷蔵庫の中) から熱を取り出して暑い所 (冷蔵庫の外) へ移動させることだ．熱力学の学生の言葉でいえば，熱は温度の尺度を「登って」移動されているのだから，それにはエネルギーが必要であり，それが冷蔵庫から散逸する電力である．その「サイクル」[*9]を実行させるためにエネルギーを消費し，熱エネルギーは生成も消滅もせず，単に移動しているだけである．ここではそのことを，熱が汲み上げられている[*10]と表現する．

この問題の面白いところは，時間に対する温度変化のグラフの「定性的な形」にあり，それこそがこの面接問題で問われているすべてである．ここでは，やや定量的に正確なグラフの概略を描けるようにおおまかな数値の評価をしよう．

はじめの部屋の温度をたとえば $T_a = 18°C$ とする．また冷蔵庫は 3°C を保つよう設計されているとしよう．われわれは冷蔵庫の能力を冷蔵庫が物を冷却するのに要する時間によって評価できる，あるいは経験から，冷蔵庫の裏側から散逸しているエネルギー量を測ることによって推定できるだろう．電力の最大値 $P_{max} = 200\,W$ は悪くない評価だろう．想定する状況 (冷蔵庫の内部温度 3°C，部屋の温度 18°C の定常的な状態に達したとき) では，冷蔵庫は 50% の時間は電気を通し，残り 50% の時間は電気を切っている[*11]と考えて，平均的な「定常状態」では電力消費量は $\bar{P}_{SS} = 100\,W$ としてよいだろう．ここでは正確な値は重要でなく，妥当な値を評価しているだけである．

部屋の温度はどのくらい速く上昇するだろうか？　このために部屋の熱容量を知る必要がある．この仮想的な部屋が体積 $V = 5m \times 4m \times 3m = 60\,m^3$ をもつとしよう．もし空気の密度を $\rho = 1.2\,kg/m^3$，比熱[*12]を $c = 1,000\,J/(kg \cdot K)$ ととれば，空気の全

[*9] ここでは熱力学的サイクルの意味である．冷蔵庫は電力を取り入れ，連続してくり返すサイクルのもとで冷たい場所から熱い場所へ熱を汲み上げるように用意された器械である．

[*10] この奇妙な用語が生じたのは歴史初期の (今では廃れた) 熱の「熱素説」からである．その説では熱は熱素 (カロリック) とよばれる流体の流れによって伝達されると考えられた．この理論は1783 年にフランスの化学者ラボアジェ(Antoine Lavoisier) により始められ，19 世紀末まで続いた．初の大成功を収めた大衆科学書の1つ『ブルーワー博士の物事の科学的知識への案内』は1840 年の初版以来，英語版だけでも 47 回の版を重ねたものだが，熱素理論は 1880 年になってもこの本に登場する．著者のブルーワーは次のように説明している．
　　問：「熱の流れ」とよばれ，1 つの物体から他の物体に流れるものは何か？
　　答：熱素である．熱素は，物体から物体へ流れる熱の物質である．熱は暖かさの感覚であって，熱素の流入によって生じる．

[*11] これらの数値は平均的大きさの冷蔵庫のかなり典型的な値で，ほとんどの冷蔵庫の電力設定で，典型的条件として 15 分ごとにオン・オフを交替して運転される．

[*12] ここで比熱の「比」とは，「単位質量あたり」の意味である．
　　また，「比熱」については圧力一定の比熱 c_p よりも体積一定の比熱 c_v を用いたいと思うかもしれない．しかし，多くの学部の大学 1 年生でも，この状況でどちらの比熱を使うべきか混乱するので，この文脈では厳密に考える必要はないと思える．どちらの比熱を使っても構わないと思う．この問題では，どちらを取るかを定めず，単に c と書いた．

熱容量は次式で与えられる[*13].

$$C = mc = V\rho c = 7.2 \times 10^4 \,\text{J/K}$$

ここで冷蔵庫の全熱容量を評価したり,「熱を完全に遮断する壁」も熱容量をもつかどうかを熟慮したりすると,物事を複雑にする.この問題ではこれらは無視し,有効数字 1 桁程度の答を求めよう.

温度が時間とともに上昇する割合は,想定した平均的な定常状態では,

$$\left.\frac{dT}{dt}\right|_{\text{SS}} = \frac{\bar{P}_{\text{SS}}}{C} = \frac{100}{7.2 \times 10^4} = \frac{1}{720}\,\text{K/s} = 5.0\,\text{K/h}$$

最大の発熱量 $P_{\text{MP}} = 200\,\text{W}$ の場合,部屋の温度上昇率は,

$$\left.\frac{dT}{dt}\right|_{\text{MP}} = \frac{\bar{P}_{\text{MP}}}{C} = 10\,\text{K/h}$$

で,平均的な定常状態での温度上昇率の 2 倍になる.

ヒートポンプ効果はどうであろうか? はじめに冷蔵庫のスイッチを入れ,ある量の熱が冷蔵庫の系[*14]から外に出され,冷蔵庫の裏側の比較的暖かい熱交換器を通して部屋の中に解放される.このはじめの期間,冷蔵庫は冷蔵庫内に要求される温度を達成するためでき得る最大限の仕事をする.冷蔵庫は電力 $P_{\text{MP}} = 200\,\text{W}$ を消費し,部屋の加熱の割合はこれだけでも $10\,\text{K/h}$ である.もし冷蔵庫が必要な内部温度を達成するのに 30 分を要するなら,部屋の温度上昇は消費電力だけで 5 K だろう.これにヒートポンプ効果による温度上昇として 2 K が加わると評価できる[*15].はじめの 30 分で部屋の温度は $T_{\text{a}} = 18°\text{C}$ から $T_{\text{b}} = 25°\text{C}$ になる.

温度が T_{b} のとき部屋ははじめの温度にくらべてそれほど高くはなく,したがって次の 1 時間は部屋は想定する定常状態の温度上昇率,すなわち 1 時間あたり 5 K[*16]で暖まるだろう.これで $T_{\text{c}} = 30°\text{C}$ になる.こうなると温度差は大幅に大きくなり,部屋から冷蔵庫に熱が流れ込もうとする.このとき,部屋は非常に暖かい.冷蔵庫は冷たい内部温度を維持するため,もっと激しく仕事をしなければならない.われわれは,部屋の温度がさらに 5 K 上昇するには約 45 分かかると評価できる.(精密に計算する

[*13] 少しの助言で適切な公式を導ける者もいると思うかもしれないが,面接試験以前にこの概念を完全に熟知しているとは,とても期待できない [それがすべての A レベルのシラバスで教わることだとは理解してはいるが (訳注:A レベルは英国の大学入学に必要なレベル)].

[*14] ここで考えるのは,冷蔵庫が冷やすべき諸々の物,すなわち冷蔵庫の中の空気,冷蔵庫の中身,また冷蔵庫そのものの質量の一部を含む全熱容量である.

[*15] これを納得するにはわれわれが今行ったようなタイプのさらなる計算が必要だが,ここには記さない.

[*16] 冷蔵庫は想定する内部温度 3°C に達しているので,ヒートポンプ効果はゼロであり,また,部屋ははじめに想定した温度 18°C よりそれほど暖かくはないので,大まかな評価ではこれは定常的電力の条件といってよい.

9.3 部屋にある冷蔵庫 ★★　　201

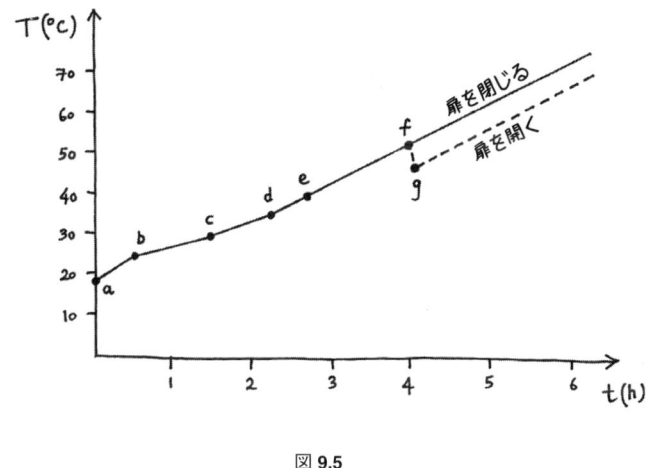

図 9.5

のは，たぶん積分を使えばとても簡単で，もし興味があるならやってみたらよい．) これで温度は $T_d = 35°C$ になる．

　この時点で冷蔵庫内との温度差は，想定した定常状態のときのほとんど 2 倍になる．冷蔵庫のモーターは半分の時間だけ仕事をするのではなく，つねに仕事をし続けるだろう．冷蔵庫は最大限の出力で仕事をし続け，温度の上昇率は 10 K/h に増加するだろう．30 分で $T_e = 40°C$ になる．ここからは冷蔵庫は最大能力ではたらき続けるが，目標の内部温度 (または「設定温度」) を維持できなくなるだろう．なぜなら熱は暖かい部屋から冷蔵庫へ，非常に速く流れ込むからである．

　いま，この興味あるふるまいをグラフにすることができる (図 9.5)．もし細部も気にして描くなら，そのグラフの a から d の区間は非対称な三角形の波をもとのグラフに加え合わせる．その間，モーターは断続的に運転され，冷蔵庫の電源がオン・オフを繰り返していることを示すためである．d から先はモーターは連続的に運転される．

　4 時間後に冷蔵庫の扉を開けると，何が起こるだろうか？ 扉を開けた後の数分間で部屋の暖かい空気は冷蔵庫の冷たい中身 (含まれている空気と内容物すべて) と熱平衡になろうとして，部屋の温度を下げて行くだろう．3°C の内部温度を達成するため (a と b の間の時間に) 汲み上げられた熱は部屋に戻っていく．室温は $T_f = 52.5°C$ から T_g へわずかに減少する．その温度低下 $T_f - T_g$ は数度だろう (われわれの計算による)．それは T_a と T_b の間のヒートポンプ効果による追加的な温度上昇に比べてかなり大きい．理由は部屋と冷蔵庫内部の温度差が b のときよりも f のときのほうが大きいからである．いったん，内部と外部の温度が等しくなると，10 K/h の上昇動向へ戻る．冷蔵庫は再び目標の温度を達成すべく可能な限り激しく仕事をし続けるだろう，それも，扉が開いているので，失敗し続けながら．

9.4 砂漠の氷 ★★★

砂漠における氷の歴史は長く，魅惑的なものである．古代においても，余裕のある人々は最も暑い国々でも真夏に氷を確保していた．氷は肉や腐りやすい野菜を保存することや，暑い日に元気を回復する作用をする物として使われた．それは客に強い印象を与えたに違いない．この目的のために開発された技術は，近代ではやや忘れられているが，ペルシャの「ヤフチャール」(Yakhchāl)，すなわち氷室 (冷蔵庫) の起源は二千年以上さかのぼると信じられている[*17]．ヤフチャールは大きな円錐形をしており，スズメバチの巣を連想させる．それは泥 (日干しレンガ用)，あるいはもっと洗練されたサロージュ(sārooj，粘土のモルタル)，石灰，砂，灰，卵白，ヤギの毛でつくられている．太陽で乾燥されたサロージュは著しく水に強いだけでなく，熱伝導が非常に小さい．いくつかのヤフチャールには遊園地の滑り台のようならせん状の水路がついていて，水はそれを下って昼の間，外側表面を冷却するために注がれ続ける．氷室には夏の間に溶けてしまわないように冬の数か月の間に十分な氷が蓄えられる．氷は近くの山々から塊として切り出され氷室に運ばれるか，あるいは氷室のある場所で製造される．製造方法はかなり巧妙で「放射冷却」を用いる．

放射冷却は古代にインドとペルシャの両方で氷の製造に採用された[*18]．インドでは浅い陶器の皿が，熱伝導を遮断するため干し草の中に置かれ，夜空に曝される．晴れた夜，周囲の空気温度が氷結温度を十分超えているときでさえ，氷が皿の端のまわりに生じ，収穫されると氷室に蓄えられる．この過程は何日も何週間も氷室がいっぱいになるまで続けられる．その結果，デリー (Delhi) やアグラ (Agra) に住むムガールの皇帝は夏の数か月間十分な氷を得ていた．ペルシャの技術も同様だが，氷室には氷の融けた水が流れる長い狭い水路がつくられていた．この水路は注意深く配置された壁で太陽から護られ，日の落ちるまで周囲の地面を冷やしていた．

1800年代の初め，フレデリック・チューダー (Frederic Tudor) という起業家精神にあふれた米国の実業家は，「氷貿易」として知られる商売を確立した．チューダーは氷 (冬の間にハドソン川から切り出し一年中貯蔵した) をカリブ海のマルティニークとキューバに船で輸送し始め，かなりの量の氷をヨーロッパの貴族に売った．氷貿易は非常に利益を上げ，1840年代にはインド，南米，中国，オーストラリアまで広がった！フレデリック・チューダーは当時，大金持ちで，「氷王」(Ice King) というニックネームでよばれた．

しかし技術的な絶頂期は決して永遠には続かず，1800年代の終わりには，1つの巨大企業が壊滅寸前になった．より効率のよい冷凍サイクルを求めて技術開発が行われ，

[*17] Jorgensen, H., 2012, "Ice houses of Iran: where, how, why," Mazda Publishers, ISBN-10:1568592698 ISBN-13:978-1568592695.

[*18] Chalom, M., Stickney, B.,2006, "Potentials of night sky radiation to save water and energy in the State of New Mexico ," Governor Richardon's Water Innovation Fund, PSC #05-341-1000-0035.

安価に製氷できる簡素な工場設備ができるようになったからである．1900 年代のはじめには氷は湖で収穫されるよりも製氷工場でつくられる方が多かった．1920 年代には氷貿易は崩壊し，90,000 人を失業させた．氷を製造し運搬し販売する商売が，かつてのように盛んになるということは決してないだろう．

数年間，面接で質問した問題の次のような変形を思いつくと，私は嬉しくなる．今から相当前のことだが，学生たちが最初に受けた質問に取り組んで苦闘し，しばしばかなりの助けを必要としながらも，ついにきれいな解答がいかに容易に導かれるかに気が付き，驚き喜んだことを思い出す．ここに示すのは面接で質問したものよりも (論理上) ほんの少し難しいが，原理は同じである．

問題　「地球の果て」氷店の所有者 A_E は，砂漠の地点 A で氷を売る．「宇宙の果て」氷店の所有者 B_U は，砂漠の地点 B で氷を売る．街から地点 B に行くには地点 A に行く時間の 2 倍の時間がかかる (図 9.6)．街では任意の量の球形の氷を購入できる．もし A_E が街で 800 kg の球形の氷を購入して，地点 A の露店に到着したとき，氷は 100 kg の球になっていたとすれば，B_U が地点 B の露店に同量の氷をもって到着するには，街でどれだけの氷を購入する必要があるか？　氷売りは旅を夜に行うため，太陽からの放射の影響は無視してよく，砂漠の温度は両者の旅で同じであったと仮定してよい．

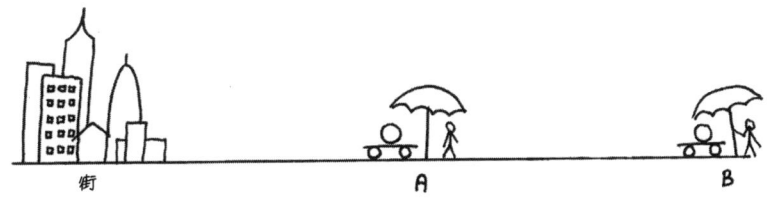

図 9.6

解答　このかなり漠然とした問題には，まずはじめにどうのような物理的「メカニズム」がありうるかの考察を勧める．試験の面接官は通常，解答へと進む前に主要なメカニズムについて議論し合意しておきたい．この問題はかなり漠然としているが，しかしそれはなぞなぞではない．賢い候補者達を面接することは楽しいのだが，その中にきわめて少数ではあるが，面接官を苛立たせる学生がいる．彼らは絶え間なく，関係のないアイディア[*19]をしゃべり続け，そんなことをしなければとても楽しいはずの問題にまじめに取り組むのを避けようとする．気象状態はどうですか？　冷蔵庫をもっ

[*19] これは，「機械仕掛けの神」(ラテン語で *deus ex machina*) とよばれる文学の筋書きの技法で，古代ギリシャ悲劇などにおいて，解決困難な状況場面に至ったとき，突然，まったく新たな登場人物または事件によって完全に解決してしまうという手法である．困難な問題を，それまで考えてこなかった決定的な情報を持ち込むことによって解決するというのは，物理の良問では文学と

ていますか？自動車をもっていますか？読者にはわかっていただけると思うが，これにはかなりうんざりする．面接官は学生に新しいアイディアを与えて助けたいと，うずうずして準備しているのだから，氷の球形化は単純な解に到達できるようにするための問題の理想化として，十分なものだと思う．

熱は周囲から球形の氷に移動し，氷を融かす．しかし熱の流率 dQ/dt は何に依存するか？私達が知っているメカニズムは 3 つある．それは (球形の氷と砂漠の間の) 伝導，対流，それと放射である．それぞれに対応した方程式 (この章の導入部に紹介した) を思い出すと，熱が流れる率は表面積 A に比例する ($dQ/dt \propto A$)．ここで，問題の中に指示した通り，温度差は A と B の両方の場合で同じとする．球の半径を r として $A = 4\pi r^2$ を考慮し，$dQ/dt \propto r^2$ を得る．

一方，氷の密度を μ，融解熱を L とすると，

$$\frac{dQ}{dt} = -\mu \frac{dV}{dt} L \propto -\frac{dV}{dt}$$

である．

体積 V と半径 r の関係は，$V = (4/3)\pi r^3 \propto r^3$ であるから，時間で微分して $dV/dt \propto r^2(dr/dt)$ となる．$dQ/dt \propto -dV/dt$ に留意し，dQ/dt と dV/dt に比例式を代入すれば，

$$\frac{dQ}{dt} \propto -\frac{dV}{dt}$$
$$r^2 \propto -r^2 \frac{dr}{dt}$$

したがって，dr/dt は負の定数となる．c を正の定数として $dr/dt = -c$ と書く．こうして球の半径の減少率は一定であることがわかる．このことを用いて問題を解こう．

売主 A_E は 800 kg の氷を購入して売店に到着したとき，氷は 100 kg になっていた．氷の体積と質量は r^3 に比例する．もし売主 A_E の氷の球のはじめの半径が r_{Ai} で，最後の半径が r_A なら，

$$\frac{r_{Ai}}{r_A} = \left(\frac{m_{Ai}}{m_A}\right)^{1/3} = \left(\frac{8}{1}\right)^{1/3} = 2$$

となる．ここで m_{Ai} は球のはじめの質量で，m_A は球の最後の質量である．半径の減少は $r_{Ai} - r_A = r_A$ である．街から地点 B に行くには，地点 A に行く時間の 2 倍かかるから，半径の減少 (それは旅行時間に比例する) も 2 倍大きい．すなわち $r_{Bi} - r_B = 2r_A$ である．題意より，到着時の氷の半径は同じであるので，$r_B = r_A$ である．これらの事実を組み合わせて，$r_{Bi} = 3r_A$ を得る．売主 B_U のはじめの球の質量は，

$$m_{Bi} = m_{Ai} \left(\frac{r_{Bi}}{r_{Ai}}\right)^3 = 100 \times 3^3 = 2,700 \text{ kg}$$

同様にばかげたことと考えられる．問題を解く際に学生が車や冷蔵庫を持ち込むのは，この 1 例である．これとは対照的に，学生が普遍定数や方程式の助けを借りるというのは，まったく正しい方法であり，期待されることである．

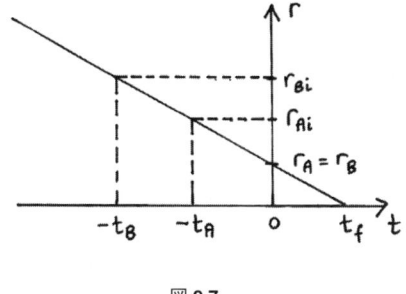

図 9.7

売主 B_U は出発するときたいへん重い荷を引いて行くことになるようだ。

両方の球の半径のグラフを時間の関数として描くのは面白い。それは直線的に減少する (図 9.7)。もし両方の売主が $t=0$ にそれぞれの売店に到着するとして、売主 A_E は $t=-t_A$ に出発し、売主 B_U は $t=-t_B$ に出発する。共通の時刻 t_f に球体の氷はすべて融ける。両方の売主が氷を売り続けることができるのは A_E が売店に到着するまでにかかる時間に等しい。すなわち $|t_f|=|t_A|$ である。氷の商売は厳しいビジネスである。

9.5 地球の冷たい最後 ★★

ニュートンは『プリンキピア』[20]で、太陽からの熱による彗星のアブレーション (融発)[21]を議論する際に、地球の冷却率を説明するための思考実験を行った。その思考実験では異なる半径の球を冷却するのにかかる時間の比を考えている。

> … 直径 1 インチ (約 2.54 cm) の鉄球が赤く熱せられ、大気にさらされた場合、1 時間でその熱すべてを失うことはまずないだろう。しかしもっと大きな球はその直径に比べてもっと長い時間、その熱を維持するだろう。なぜなら大きい球の表面積 (周囲の空気との接触により冷却される率に比例している) はその球体の体積に比べて小さいからである。したがって赤熱の鉄球が地球と同じ半径であれ

---

[20] Newton, I., 1687, "Philosophiæ Naturalis Principia Mathematica." 『自然哲学の数学的原理』、しばしば「プリンキピア」と略してよばれる。

[21] アブレーション (融発) とは一般に表面物質の熱的な除去をいう。ただし、機械的な除去に用いるときもある。これは航空宇宙の文脈でふつうに使われ、たとえばロケットの円錐形尖頭や大気突入の際の飛行物体の表面の、アブレーション熱防御材料 (短くは、アブレーター) の摩耗をいう。良いアブレーターは低い密度と低い熱伝導率をもち、(昇華や熱分解を通して) ガスを発生する必要がある。発生ガスによって熱防御材を、対流 (高温ガスの表面への流れ) と放射による熱負荷の両方から保護するのである。1 つの材料物質としてフェノール添着炭 (略して PICA) がある。これはフェノール樹脂に浸した炭素繊維である。アブレーターとして同じくらいの性能があるもう 1 つの物質はコルクである!

ば，すなわち直径約 40,000,000 フィート (約 12,000 km) であれば，直径 1 インチの鉄球の場合と同じ日数で冷えることはなく，50,000 年以上かかるだろう．

問題　宇宙の真空中で，2 つの熱い固体の鉄球が，放射のみによって冷えつつあるとする．1 つは直径 d_1 が 1 インチ (約 2.54 cm) で，もう一方は地球の直径 $d_E \approx 12.8 \times 10^6$ m に等しいとする (図 9.8)．もし 1 インチの球の「時定数」[*22]が 1 時間であるなら，地球の直径をもつ固体の球の時定数はどれだけか？　球は内部の熱伝導が良いため「瞬間的に等温になる」[*23]と仮定しよう．

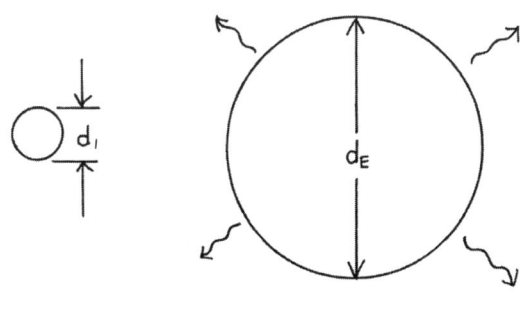

図 **9.8**

解答　ここで問われているのは問題の「スケーリング」を考えることである．すなわち問題を直接に解くのではなく，その時定数を別の場合に関係づけることである．これは，次元解析とよばれるもっと広い分野の技法の一部なのだが，物理系を理解するのにたいへん有力であることが知られている．

物体の熱容量 C は，質量 m と比熱 c の積である．球については，質量は $m = (\pi/6)d^3 \rho$ である．ただし，d は直径，ρ は密度である．そうすると熱容量は，

$$C = \frac{\pi}{6} d^3 \rho c$$

[*22]　「漸近的ふるまい」をする系，たとえば温度 T_1 と温度 T_2 の間で指数関数的あるいはその他の漸近的ふるまいをする系の場合，温度が T_2 まで冷える時間の長さは語れない．その時間は，もちろん無限大である．このような状況で語れるのは時定数，すなわち関数が $t = 0$ と $t = \infty$ でとる値の「差の一定割合」だけ降下する時間である．例として，熱の系で温度変化が温度差に比例する場合，$dT/dt \propto T_2 - T(t)$ をとってみよう．解は指数関数で $\Delta T = \Delta T_0 e^{-t/\tau}$ と書ける．ただし τ は時定数で，$\Delta T = T(t) - T_2$, $\Delta T_0 = T_1 - T_2$ である．$t = \tau$ とおくことにより τ は系の温度差 ΔT がはじめの温度差 ΔT_0 の $1/e$ に達するまでの時間として与えられることがわかる．すなわち時刻 $t = \tau$ では，$\Delta T(t)/\Delta T_0 = 1/e \approx 0.3678$．

[*23]　「瞬間的に等温になる」とは，いかなる瞬間も球の温度はその体積全体で同じ温度であることを意味する．

熱容量 C を用いて, 放射で失われる熱量 ΔQ と物体の温度変化 ΔT の間には, $\Delta Q = C\Delta T$ の関係が成り立つ. 微分形では,

$$\frac{dQ}{dt} = C\frac{dT}{dt}$$

単位時間あたりに放射で失われる熱量 dQ/dt は, 球の表面積 $A = \pi d^2$ と未知の温度の関数 $f(T)$ の積で与えられる. これらより,

$$\pi d^2 f(T) = \frac{\pi}{6}d^3 \rho c \frac{dT}{dt}$$

$$\frac{dT}{dt} = a\frac{f(T)}{d}$$

ここで, a は ρ と c が共通の球に対する定数である. もし 2 つの球が同じ温度の関数[*24] $f(T)$ をもつなら, $1/\tau \propto dT/dt$ [τ は時定数 (脚注*22 参照)] にとって,

$$\tau \propto d$$

とわかる. そこで $\tau_E = \tau_1(d_E/d_1)$ となる. 数値を代入すれば, $\tau_E = 5.0 \times 10^8$ 時間, すなわち約 57,000 年を得る. この結果はニュートンの計算 50,000 年とよく一致する.

より進んだ議論

地球の冷却について現実の問題と出題された問題との間には 2 つの著しい相違がある. まずはじめに大きな物体については物体内部の温度勾配が顕著で, 物体の中の熱伝導は冷却の割合を抑制する. これは物体の冷却の時定数を著しく増加させる. この状況に対する計算はケルビン卿[*25]によって行われた. 彼は 1800 年代の終わりに使え

---

*24 実際, この問題を解くためにこれを知る必要はないが, 熱の失われる率は単純に, シュテファン–ボルツマンの法則により与えられる.

$$\frac{dQ}{dt} = \varepsilon \sigma A(T_1^4 - T_2^4)$$

ここで, T_1 は物体の瞬間的温度である. 宇宙空間 (そこは放射している熱源から十分遠いと仮定して) に漂う球を想定し, T_2 は宇宙の背景温度で $T_2 \approx 2.735$ K である. A は球の表面積, ε は鉄の放射率 (この値は表面の酸化の度合により $\varepsilon = 0.2$ から 0.8 の間で幅広く変わる), また σ はシュテファン–ボルツマン定数で $\sigma \approx 5.7 \times 10^{-8}$ W/m^{2}K^4 である.

*25 ケルビン卿 (1824–1907) は英国の卓越した数学者, 物理学者, そして技術者である. 科学への彼の数多くの多様な貢献の中には, 絶対温度の尺度があり, 彼の名前がついている. 彼はまた絶対零度の正しい値をはじめて高い精度で決定した功績でも認められている. どの学校の生徒も絶対零度の値 ($-273.15°$C) を知っているが, 忘れがたいことは, 私の物理の指導員リースク (Leask) 博士がオックスフォード大学のクラレンドン (Clarendon) 実験室に 273 号室をもっていたことだ. 私がそこを訪問したのは唯一度であったと思うが, その場所をほぼ 20 年経ても記憶している. 彼は頭を一方にかしげて, あたかも思考が喪失したかのように, 「273... 絶対零度

た洗練された数学的手法 (特にフーリエ解析) を用いて評価し,熱伝導模型が考慮されるなら,地球の年齢はニュートンの評価よりも非常に大きくなり得るとした.彼の1864 年の論文「地球の永年冷却について」[*26]では,ケルビン卿ははじめに温度勾配について次のように述べている.

> 地殻調査がなされた世界のすべての箇所で,不規則性や表面温度の年変化の影響がなくなるほど十分深い所では,深く行くほど温度がだんだんと増加していることが発見されている.

ケルビン卿はその次に地球の熱伝導の問題へのフーリエ解析の応用について,そして最後にその解析を用いた彼自身の解について,述べている.

> 次のことは大きな確率で言えると思う.地球の大地形成が起きたのは 20,000,000 年前より後ではありえない,さもないと,われわれは地下の熱が実際より多いとしなければならない,そして 400,000,000 年前より前ではありえない,さもないと,観測された地下の温度増加の最小値すら得られないだろうから.

これらの予言された地球の年齢は,太陽系の理解とは矛盾すると考えていた科学者もいた.しかしその謎が最終的に解かれたのは,放射能の科学が出現した 1900 年代に入ってからである.非常に精密な放射線年代測定法を用いて,今では地球の年齢は約 45 億年の年齢と信じられている.これはニュートンの見積もりよりも長い.謎の解決にはもちろん,地球の芯に蓄えられた膨大な核エネルギーを考慮することが必要である.科学はこのように,しばしば予見できない未来の進歩によって徐々に解かれていく.アーサー・スティナーが,彼の論文「地球と太陽の年齢の計算」[*27]で,この話題の興味ある歴史をまとめている.

だよ,親愛なる少年よ.絶対零度」.それ以来,それは私の頭にこびり付いて離れない.
　クラレンドンの 273 号室が専門的な低温物理の実験室であったということは意味深い.1960 から 1980 年の間,クラレンドンは地球上で最も冷たい場所として知られており,ハンガリー人の物理学者ニコラス・クルティ(Nicholas Kurti) が,絶対温度で百万分の 1 度という極低温を達成した場所であった.リースク博士はその部屋を得るために奮闘しなければならなかった!

[*26] Kelvin, W. T., 1890, "On the secular cooling of the Earth," Transactions of the Royal Society of Edinburgh, Vol. XXIII, pp. 167–169, 1864.

[*27] Stinner, A., 2002, "Calculating the age of the Earth and the Sun," Physics Education, 37(4), pp. 296–305.

10 浮力と流体静力学

　この章では，浮力および非常に簡単な流体静力学に関する問題を考えよう．これは古代，アルキメデスの時代に遡るものだ．後述するように，アルキメデスの原理の再発見にいたる過程は興味深いが，ここではまずその内容を説明する．

　アルキメデスの原理に関しては，有名な物理の問題が数多くある．私自身，物理の面接で，湖に浮かんだボートにレンガをもって乗った男に関する古典的な問題[*1]を出されたことがある．男がレンガを湖に投げたとき，湖水面は上がるか，下がるか，同じかを聞かれた．また，私の好みではないが，重力式ダム (ダム自身の重さで背後の水を支えるように設計されている) にかかる水の圧力を計算させる問題もよく知られている．これは単純な計算だが，積分を必要とする．

　この分野は，問題を解くのにそれほど多くの知識は要らない．しかし，いくつかの基礎的な考え方をしっかと理解しておくことが必要で，そのためには時間をかけて学ばなければならない．実際，初歩の流体静力学と流体力学は見かけが単純で，高度な数学を必要としないためそこで安心してしまい，原理を応用するとき (少なくとも私の経験では)，慎重に考えることを怠りがちになる．

　この章の問題を解くためには，ただ 2 つのことを理解すればいい．

- **アルキメデスの原理**：アルキメデスは古代の最も偉大な数学者，物理学者の一人である．一説によると彼は紀元前 287 年から 212 年にかけてシラキュース (現在のシチリア島シラクサ) に住んでいた．数学での多くの貢献ばかりでなく，浮力の法則を発見するとともに，スクリューポンプや戦争の武器を発明した．たとえば，放物面鏡を使って船に火をつけて攻撃するための武器「熱射器」[*2]は彼の発明によるものである．驚くことに，現存する彼の多くの仕事の中で唯一記録に残っているのがアルキメデスのパリンプセスト[*3]である．これは 10 世紀に記録されたもので，約 100 年前，デンマークのヨハン・ハイベルグ (Johan Heiberg) 教授がコンスタンチノープルで発見した．そこには，「浮遊物体に作用する浮力の取扱いに関する記述」を含め，いくつかのアルキメデスの業績が述べられている．さらにその上には，13 世紀の牧師によるキリスト教のテキストが上書きされていた．パリンプセストはギ

[*1] そのとき私は知らなかったが (何年か後になって気がついた)，この問題は何十年もの間，物理の問題となっていた．
[*2] 現在，科学者の多くはこの武器の有効性を疑わしいと思っている．
[*3] 「パリンプセスト」は通常，羊皮紙もしくは動物の皮に書かれた本のページを意味する．古代には，動物の皮を用意するには大変な労力を要したので，一般的に羊皮紙は，もともと書かれたものを削り取ってその上に新たな文書を書いて再利用されていた．

リシャ語から英語にトーマス・リトル・ヒース卿により翻訳され[*4]，アルキメデスの業績を現代の数学で扱えるようにした．ヒース卿の翻訳では，浮力の定理は一連の9つの命題よりなっている．命題5から7はアルキメデスの原理として広く知られている．

  命題 5 液体より軽い物体[*5]を液体につけた場合，排除された液体の重さが物体の重さに等しくなるように，物体は液体中に沈む．
  命題 6 液体より軽い物体を液体中に沈めた場合，排除された液体の重さと物体の重さの差だけ，物体には上向きの力が作用する．
  命題 7 液体より重い物体を液体の底に沈め，液体中で物体の重さを測った場合，排除した液体の重さ分だけ軽くなる．

- **深さと圧力**：液体の深さと圧力の関係，すなわち静水圧は $\rho g h$ で与えられる．ここで，ρ は液体の密度，g は重力加速度，h は自由表面からの深さである．圧力とは，単位面積あたりにはたらく力であり，沈められた物体のすべての表面に垂直に一様にはたらく．

以下の問題がありきたりでなく，楽しめることを願う．少々難しくてあまり知られていない問題を選んだり，創作したりして諸君の理解度をテストできるようにしている．ありきたりの問題はインターネットで容易に見つけることができ，特に大学入学試験でよく見受けられると思う．

10.1　アルキメデスの王冠とガリレオ天秤 ★

ローマのマルクス・ウィトルウィウス・ポリオ (Marcus Vitruvius Pollio，紀元前80年から紀元前15年) による10巻からなる著作『建築学』[*6]に，当時のシラクサ王ヒエロ (Hiero) が自分の王冠が純金でできているかどうかを確認するようにアルキメデスに命じたことが書かれている．その記述によると，ヒエロは宝石商に相当量の純金を与えて王冠をつくらせたが，宝石商がごまかして金と銀を混ぜた合金 (エレクトラム[*7]) でつくったと疑った．広く知られているウィトルウィウスの書物では，次のように書かれている．

  アルキメデスの場合，多様な素晴らしい発見をしているが，その中で以下に取り上げる発見は，アルキメデスの限りない才能を示すものである．ヒエロがシラク

[*4]　Heath, T. L., 1897, "The works of Archimedes ," Cambridge University Press.
[*5]　ここでは，「液体より軽い」という表現で，アルキメデスは「より密度が小さい」ことを指した．
[*6]　訳書に Morgan, M. H., 1914, "Vitruvius: the ten books on architecture," Harvard University Press, Cambridge.
[*7]　エレクトラムは金と銀の自然の合金であり，多くの場合，プラチナのような他の金属が混ざっている．それはひろく貨幣に使われた．同じ地方で採掘されるエレクトラムに含まれる金の含有率は流通した通貨に含まれる金の含有率よりもはるかに高いことが歴史的に知られている．利益を上げるために，通貨は故意に銀を混ぜて薄められていたのである．

10.1 アルキメデスの王冠とガリレオ天秤 ★

サの支配権を得た後,成功のあかしとして,永遠の神々に捧げる黄金の王冠を神殿に供えた.王冠製作の契約を交わしたとき,契約者に正確に重さを計った金を渡した.約束に従い,契約者は王様の希望に沿った良くできた作品を納めた.それは,渡された金の重量と正確に同じ重量の王冠であった.

しかしながら,後になって,王冠を制作する過程で金が抜き取られ,同じ重量の銀が加えられたと告発された.これをヒエロは詐欺と考えたが,これを証明できなかったので,アルキメデスに調査を依頼した.この件をアルキメデスが思案しているとき,たまたま浴場に行き湯船に入り,体をより沈めるとより多くの水が湯船からあふれることに気がついた.瞬時に,これが問題の解決につながるとわかり,喜び勇んで湯船から飛び出し,裸のまま大声で「求めていた答を見つけた」と叫びながら家に帰った.彼はギリシャ語で「ユリーカ,ユリーカ」(見つけたぞ,見つけたぞ) と繰り返し叫びながら走った.

街中を叫びながら走り回っている裸のギリシャ人を想像して,読者が混乱しなければ,これが科学史で最も有名な言葉「ユリーカ」の語源であると気づくであろう.

服を着た後,アルキメデスは片手に王冠をもち,他方の手に王冠の質量と同じ重さの純金をもち王のところへ行き,縁までぎりぎりに水を満たした容器にそれらを順番に入れた.もちろん,王冠は密度が低く,王冠を容器に入れたとき,より多くの水が流れた.ウィトルウィウスの話はこのようであった.

1586年,ガリレオは著作でウィトルウィウスの話に疑問を呈した.ガリレオはアルキメデスを熱心にしらべ,ウィトルウィウスが概説したものはアルキメデス本来の発見に比べはるかに劣るものであり,神学者が納得するのに十分なほど洗練されたものでもなく,正確でもないと考えた.ガリレオは,アルキメデスが「てこ」と浮力の原理に通じていたことを知っていた (ウィトルウィウスが述べたのは,原理としては「水に浸された物体が排除した体積と物体の体積が等価であること」だけであった).ガリレオの論文「小天秤」[*8]には,はるかに正確に2つの物体の密度を決定するための方法が記述されている.ガリレオは以下のように書いている.

> ある著者は「アルキメデスは王冠を水につけることからはじめて …」と書いている.しかしこれは,いわば乱暴な記述であり,科学的厳密性に欠けたものである.むしろ彼の著作は,神学者の考え方に沿った人たちに向けたもので …

ガリレオはさらに続けて,

> アルキメデスが著書『浮かぶ物体と平衡』の中で示したことのすべてを慎重に検証したところ,私はアルキメデスが問題を大変注意深く解いていた事を知った.私の方法は,アルキメデスが発見し実証した方法とおそらく同じで,大変正確であると思われる.

[*8] 全英訳は,Fermi, L., Bernardini, G., 2003, "Galileo and Scientific Revolution," Dover Publications, ISBN-10: 0486432262.

と書いている．

次にガリレオが描いたものを若干修正した現在「ガリレオ天秤」として知られているものを説明する．オックスフォード大学の面接試験では，この原理にもとづいた物理の類似問題が何年間にもわたってくり返し出されている．それらの中から，ここでは定量的な問題を取り上げる．

問題 固体の塊，物体 B が天秤の腕 b の位置につり下げられており，他方の腕には，分銅 A が位置 a に吊り下げられている．距離|ac|は細かく刻まれた物差しで示されており，A と B は正確に平衡が保たれている（図 10.1）．それから，B を水に沈め，A を再び天秤が平衡を保つ位置 a′ の位置に移動する．空気，水，物体 B の密度を使って，B が純銀および純金の場合の比|a′c|/|ac|をそれぞれ求めよ．

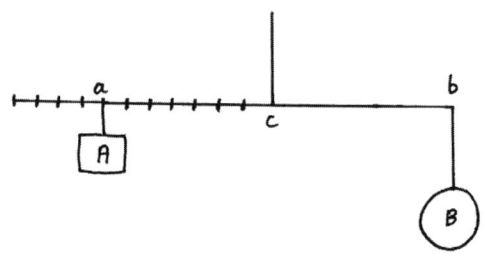

図 **10.1**

解答 問題は点 b における下向きの力が，物体 B を空気中から水中に沈めたとき，どのように変化するかを問うている．

B が空気中にある場合は，アルキメデスの原理に従うと，排除した空気に対応する上向きの力（浮力）がかかるため，空気との密度の差をとることにする．そうすると，b にかかる下向きの力は $F_B = (\rho_B - \rho_a)V_B g$ となる．ここで，ρ_B と ρ_a は物体 B と空気の密度であり，V_B は B の体積，g は重力による単位質量あたりの力の大きさ（すなわち，重力加速度の大きさ）である．物体 B が水に浸かった場合（図 10.2），b にかかる下向きの力は $F_B' = (\rho_B - \rho_w)V_B g$ である．ここで，ρ_a を水の密度 ρ_w で置き換えた．

次に，天秤の左側に吊るす分銅を考える．金属の塊 B が空気中にある場合，分銅 A が位置 a でつり合ったとし，B が水中にある場合，分銅は位置 a′ でつり合ったとする．いずれの場合も，A による下向きの力は $F_A = m_A g - \rho_a V_A g$ である．ここで，m_A は分銅の質量であり，V_A は体積である．A に対する空気の浮力は $\rho_a V_A g$ である．

両方の場合について，c のまわりの力のモーメントが等しいとすれば，B が空気中にある場合，

$$F_A|ac| = F_B|bc| = (\rho_B - \rho_a)V_B g \cdot |bc|$$

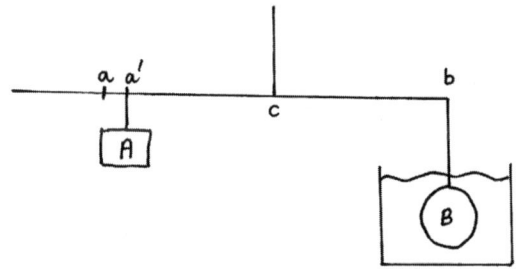

図 **10.2**

水中にある場合,
$$F_A|a'c| = F'_B|bc| = (\rho_B - \rho_w)V_B g|bc|$$
比 $|a'c|/|ac|$ をとると,
$$\frac{|a'c|}{|ac|} = \frac{\rho_B - \rho_w}{\rho_B - \rho_a}$$
を得る.

　われわれはかなりの精度で水と空気の密度を知らなければならない．それらは重要な物質であり，その密度は物理や工学の計算で広く使われている．いろいろな理由で，金や銀は注意を引く金属である．学生，特に初等化学を学んだ学生は 1 桁以上の精度で金や銀の密度を見積もれると思う．金の密度が水の密度の約 20 倍であり，銀の密度はおおよそ水の密度の 10 倍であることを知っているとする．銀の場合には，日常的に密度を記憶しているとは思えないので，少々大きくても小さくてもいいとする．非常に大雑把な計算をすると,

$$\text{銀の近似計算：} \quad \frac{|a'c|}{|ac|} = \frac{10-1}{10-0.001} \approx 0.900$$

$$\text{金の近似計算：} \quad \frac{|a'c|}{|ac|} = \frac{20-1}{20-0.001} \approx 0.950$$

となる.

　最初の長さ $|ac|$ が 1,000 mm のとき，銀で $|a'c|$=900 mm，金で $|a'c|$=950 mm である．これらの差は 50 mm で十分な距離となる．これは，かなりの精度で王冠に含まれる金と銀の比をガリレオ天秤で計れることを実際に示したことになる．(おそらくガリレオの時代でも，よくできた天秤だと 1%程度の精度で計測できたであろう.)

より進んだ議論

空気，水，金，銀の密度の正確な値を使って同じ計算をしよう．工学者や物理学者が使っているデータ表を用いる．われわれは，大きさの桁程度では，密度，比熱，沸点等たいていの物理特性を覚えるようにしている．実際の値[*9]は以下のとおりである．
$\rho_{silver} \approx 1.049 \times 10^4 \,\mathrm{kg/m^3}$, $\rho_{gold} \approx 1.930 \times 10^4 \,\mathrm{kg/m^3}$, $\rho_w \approx 1.000 \times 10^3 \,\mathrm{kg/m^3}$, $\rho_a \approx 1.28 \,\mathrm{kg/m^3}$.

$$\text{銀の正確な計算：} \quad \frac{|a'c|}{|ac|} = \frac{10.49 - 1.00}{10.49 - 0.001} \approx 0.905$$

$$\text{金の正確な計算：} \quad \frac{|a'c|}{|ac|} = \frac{19.30 - 1.00}{19.30 - 0.001} \approx 0.948$$

これでわかるように，補正はごくわずかである．さらに付け加えると，空気があることによる影響はこの正確な計算でも無視できる．銀の比重を計る場合，$1/10^4$ すなわち 0.01％の精度で次の近似式を適用できる．

$$\frac{|a'c|}{|ac|} = \frac{\rho_B - \rho_w}{\rho_B - \rho_a} \approx \frac{\rho_B - \rho_w}{\rho_B}$$

10.2 ガリレオ天秤追加問題 ★★

ガリレオ天秤は次のように動作する．天秤棒の両側に同じ質量のおもりがついているとする．天秤の一方のおもりを水に沈めると，浮力により力のモーメントが変化する．浮力が加わったことによる力のモーメントとつり合うように他方のおもりまでの距離を変える．そのときのおもりの移動距離から，水に沈めた物体の相対密度を測ることができる．

問題 それぞれの質量と (一様ではあるが) 密度のわからない 2 つの固体の物体 A と B を考える (図 10.3)．ガリレオ天秤により，2 つの物体のどちらの密度が高いかを正確に測定する方法があるか，もしあるとすれば操作法がどのようなものであるか示せ．A, B 以外の物体はなく，正確な物差しもないとする．

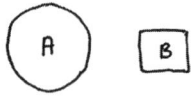

図 **10.3**

[*9] 標準温度と圧力 (STP)，すなわち，0°C で 100 kPa における値．

解答 ガリレオ天秤を考えるとき，おそらく自明なことではあるが，分銅の質量や密度がもう一方の物体と同じである必要はない (この場合, どちらかの物体を分銅と考えることができ, それを分銅 A とする). このような場合でも, 任意の物体 A と B の相対的な密度を測定できる.

体積が V_A と V_B で, 密度が ρ_A と ρ_B の 2 つの物体 A と B を考える. 相対的な密度を正確に測るためには, 最初に天秤をつり合わせる必要がある. 位置 a における物体 A による下向きの力は $F_A = (\rho_A - \rho_a)V_A g$ であり, ρ_a は空気の密度である. 位置 b における物体 B による下向きの力は $F_B = (\rho_B - \rho_a)V_B g$ である. したがって, c に対する力のモーメントのつり合いを書くと (図 10.4),

$$(\rho_A - \rho_a)V_A g |ac| = (\rho_B - \rho_a)V_B g |cb|$$

したがって,

$$\frac{V_A |ac|}{V_B |bc|} = \frac{\rho_B - \rho_a}{\rho_A - \rho_a}$$

となる. 後で, この式を用いる.

次に, A と B を水に沈める. 物体が完全に浸かっていた場合, A と B に上向きにはたらく力は排除された水にはたらく重力に等しい. a と b にはたらく下向きの力は浮力により減少する. A が水の中に入れられたとき, a における下向きの力は, $F'_A = (\rho_A - \rho_w) V_A g$ である. ここで, ρ_w は水の密度である. a における力の変化は,

$$\Delta F_A = F'_A - F_A = (\rho_a - \rho_w) V_A g = k V_A$$

ここで, $k = (\rho_a - \rho_w)g$ は, この実験で単なる定数であることに注意しよう. 同じように, B が水に沈められた場合, b における下向きの力は $F'_B = (\rho_B - \rho_w)V_B g$ になる. b における力の変化は,

$$\Delta F_B = F'_B - F_B = (\rho_a - \rho_w) V_B g = k V_B$$

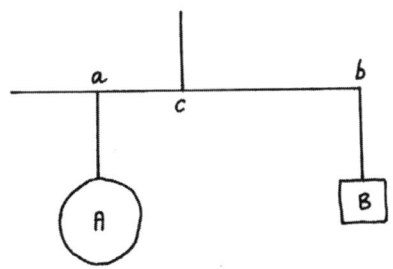

図 10.4

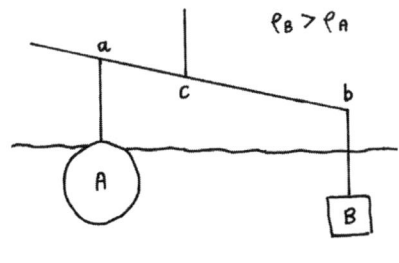

図 10.5

力のモーメントの変化は，それぞれ $kV_A|ac|$ と $kV_B|bc|$ で与えられる．一方，はじめに書いた力のモーメントのつり合いの条件は，

$$\frac{V_A|ac|}{V_B|bc|} = \frac{\rho_B - \rho_a}{\rho_A - \rho_a}$$

であるから，物体が水に完全に浸かっている場合，力のモーメントの変化の比は密度の差の比に等しい．

$$\frac{\rho_B - \rho_a}{\rho_A - \rho_a}$$

これから，3つの場合を考える．

- 場合 1：$\rho_B > \rho_A$ の場合．$(\rho_B - \rho_a)/(\rho_A - \rho_a) > 1$ であり，完全に水に沈められた場合の A の力のモーメントの減少は完全に水に沈められた場合の B の力のモーメントの減少より大きい．天秤は水平でなく，どれほど水に浸かっているかに関係なく，(天秤棒の動ける範囲内で) A の一部分は水面から出ている (図 10.5)．
- 場合 2：$\rho_B < \rho_A$ の場合．$(\rho_B - \rho_a)/(\rho_A - \rho_a) < 1$ であり，完全に水に浸かった B の力のモーメントの減少は完全に水に浸かった A の力のモーメントの減少より大きい．したがって，B の一部は水面から出ている (図 10.6)．

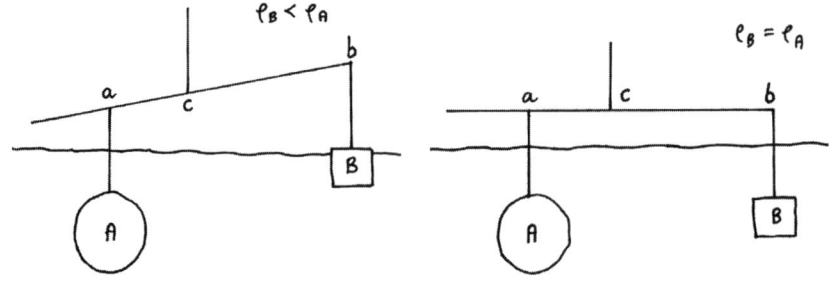

図 10.6　　　　　　　　　　図 10.7

- **場合 3**：$\rho_B = \rho_A$ の場合．$(\rho_B - \rho_a)/(\rho_A - \rho_a) = 1$ であり，完全に水に浸かった B の力のモーメントの減少と完全に水に浸かった A の力のモーメントの減少は等しい．したがって，天秤棒は水平を保つ (図 10.7)．

再度，ここで注意するべきことは，この結果が A と B の質量や密度そのものの値によらないことである．以上で，質量がわからない場合にでも，天秤によって密度の差を明らかにすることができることを示した．以上のように密度の不明な金属の塊をもってきても，その密度を銀や金等の他の金属の密度と比べることができる．

10.3　天秤ばかり ★

私はこの種の問題が好きである．ほとんど無限に多様なこの種の問題があり，それらは，流体静力学の基礎法則やアルキメデスの原理をテストするのにつくられたものだ．もし，あなたが原理を正しく理解していれば，これらの問題を正確に，かつ素早く解くことができるだろう．

問題　天秤台の片側に水の入った容器が置かれ，反対側の台には質量 M のおもりが置かれてつり合っている (図 10.8)．内部の詰まった円柱を水の入った容器に差し込む (図 10.9)．円柱は，容器の底や横壁に接触しないものとする．水面は上昇するが，水の総量は変化しない．このような状態で，つり合いを保つために必要なおもりの質量 M' は，質量 M よりも大きいか，小さいか，同じかを判断せよ．

解答　これは簡単な問題であるから，答も簡単にする．円柱が差し込まれたとき，容器内の水面は上昇する．したがって，容器の底の水圧が上昇する[*10]．円柱形の容器で

図 **10.8**　　　　　　　　　図 **10.9**

[*10]　もし，変化を定量的に聞かれた場合には，対応する方程式は $p = \rho_w g h$ である．ここで，ρ_w は水の密度であり，h は容器の底からの水面の高さであり，g は重力加速度の大きさである．

は，容器の底にかかる下向きの力は圧力と底面積の積である[*11]．容器の形がどのようであっても，水面が上昇することにより，底にかかる下向きの力が増加する．したがって，つり合いにはより大きな質量をもつおもりを必要とする．すなわち，$M' > M$である．

納得するために，さらに物理的な考察を行うとすれば，円柱に上方向の力 (浮力) がかかることを考えるとよい．この力は，どこかから加えられるものであり，それは，円柱の底に接している水によるものである．容器内の水には同じ大きさで反対向きの力がかかるはずである．

10.4 浮んでいるボールと沈んでいるボール ★★

これは，浮力に関する私の好みの問題である．技術的な用語を必要としないので，きわめて簡単な問題であり，かつ多くの重要な考え方を組み合わせている．きわめて難しいと思う人もいるかも知れない．

問題 同じ量の水をいれた同じ重さの容器が天秤に乗っているとする (図 10.10)．左側の容器には，非常に軽いピンポン玉が容器の底に固定した非常に細いワイヤーで水中に固定されている．右側の容器には，外部から保持された非常に細いワイヤーにより，鉛で満たされたピンポン玉が，容器の底にも壁にも接触しない状態でつり下げられている．はかりは水平か，右が下がるか，あるいは左が下がるか？

解答 これもまた，非常に簡単に解答できる問題である．混乱させ，間違いを誘う可能性はあるが，基本的には簡単である．

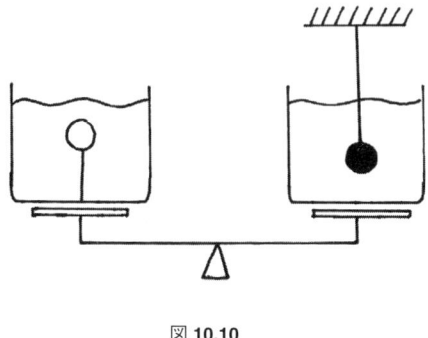

図 **10.10**

[*11] もちろん，容器の底面全体で圧力が一定のときのみこれは正しい (すなわち，平らな底の容器の場合である)．このような場合，$F = pA_{\text{base}} = \rho_{\text{w}}ghA_{\text{base}}$ である．より一般に，底が湾曲した容器では，圧力の下方成分につき面積分を行う必要がある (底の面全体にわたる)．

最初に，右側の容器を考える．鉛で満たしたピンポン玉を沈めた．排除した水の重量と同じだけの上向きの力がはたらき，同じだけの力が容器に反対向き(下向き)にはたらく．鉛を入れないピンポン玉に作用する力よりも右側の下向きの力は大きい．下向きの力の増加(ピンポン玉が鉛で満たされているとき)を考える別の方法は，容器の底に作用する静水圧の増加を考えることである．

左側の容器を考える．水中に保持されたピンポン玉が，容器の底につながれたワイヤーの張力で引っ張っているところに注目する．ピンポン玉は水中にあり，水面は上昇しており，水底の水圧は高くなっている．しかし，ワイヤーがつながっている容器の底には上向きの力が作用している．これを説明する別の方法は，ピンポン玉を入れた容器全体に作用する外部の力に変化がないことである．左側に作用する下向きの力は，水中のピンポン玉が入れられていないときと同じである*12．

まとめると，右側では下向きに作用する力が増加し，左側の下向きの力は変化しない．したがって，秤は右側に傾く．

10.5　浮んでいる円柱 ★★★

たいへん簡単な浮力の問題でも，しばしば高校生や大学生を混乱させることがあり，それらは物理的議論をするのに適した問題で，学生の物理的洞察をテストするのに適している．この問題を実際に出題したことはないが，基本原理の理解を試す十数問の1つとしてファイルしてある．学生にはかなり難しいと考えられるが，なぜそうなのか，解答で説明する．

問題　図 10.11 のように，一様な密度の発砲スチロールでつくられた円柱を組み合わせて 3 つの物体 (これをシャトル A, B, C と呼ぼう) をつくる．A は細い円柱，B は

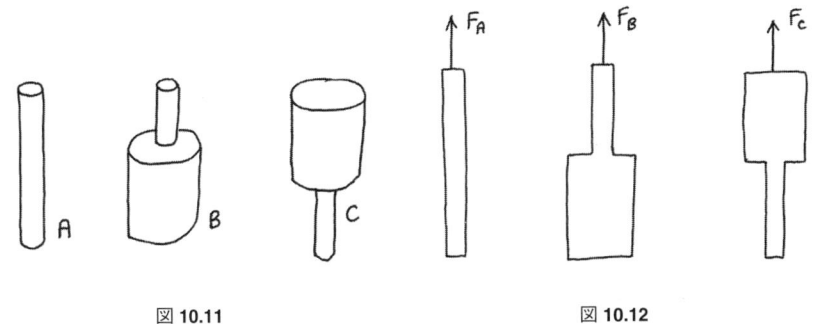

図 10.11　　　　　　　　　図 10.12

---

*12 ここでは，ピンポン玉とワイヤーの質量は無視している．それらは軽いと指摘されており，無視することが許される．もし，実際の値を用いたとしても結果は同じである．また，水面の高さの変化による大気の圧力変化も無視している．

細い円柱をさし込んだ太い円柱であり，C は細い円柱に太い円柱を差し込んだものである (すなわち，B を上下逆にしたものである)．シャトルを支えるワイヤーの張力の大きさをそれぞれ F_A, F_B, F_C とする (図 10.12)．

シャトルを動かさないで，目的にかなうように作成した容器に入れる．次に，図 10.13 のように，容器の上部の導入口から容器内を大気圧にしたままで水を注入する．このとき，容器とシャトルの間に摩擦はないが，容器内の水はこぼれることはなく，容器は固定されている．このときシャトルを支えるワイヤーの張力 F'_A, F'_B, F'_C は，最初の張力に比べて大きくなるか，あるいは小さくなるか，等しいか？

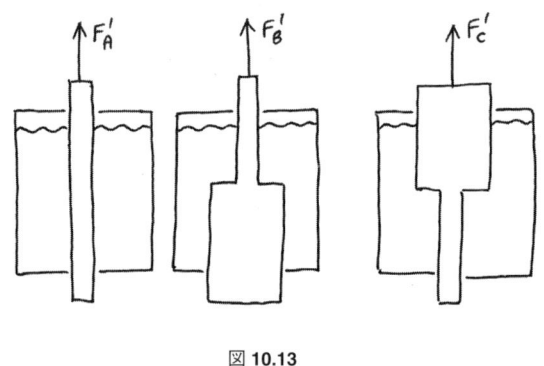

図 10.13

解答 この問題でたいていの学生が苦労するのは，簡単にアルキメデスの原理を適用できるかのように見えるからである．残念ながら，問題はそれほど簡単ではない．

それでは，素朴にアルキメデスの原理を適用してみよう．すなわち，命題 6 に従うと，物体の重量と排除された水の重量の差に等しい上向きの力がはたらいていることになる．したがって，シャトルにはたらく上向きの力を f_b とすると，これは水の密度 ρ_w と発泡スチロールの密度 ρ_s の差 $\rho_w - \rho_s$ と排除された体積 V との積に，重力加速度の大きさ g をかけたものであり，$f_b = (\rho_w - \rho_s)Vg$ となる．これより $F_A > F'_A$, $F_B > F'_B, F_C > F'_C$ となって間違えることになる．

この問題では，アルキメデスの原理を形式的に適用することができないことが重要である．この原理は，浮いている物体か完全に水に沈められた物体に対してのみに適用できる．物体が浮いている場合，物体と同じ重さの水を排除しており，物体にはその重さと同じ大きさの上向きの力がはたらく．物体が完全に沈んでいる場合，排除された液体の体積は物体の体積に等しく，上向きにはたらく力は物体の重さより少ないか等しい．しかしこの問題では，シャトルは浮いてもいないし沈んでもいない．シャトルの最上水平面と最下水平面に作用する圧力は液体の静水圧では決まらない．実際，両方の面に作用している圧力は大気圧である．

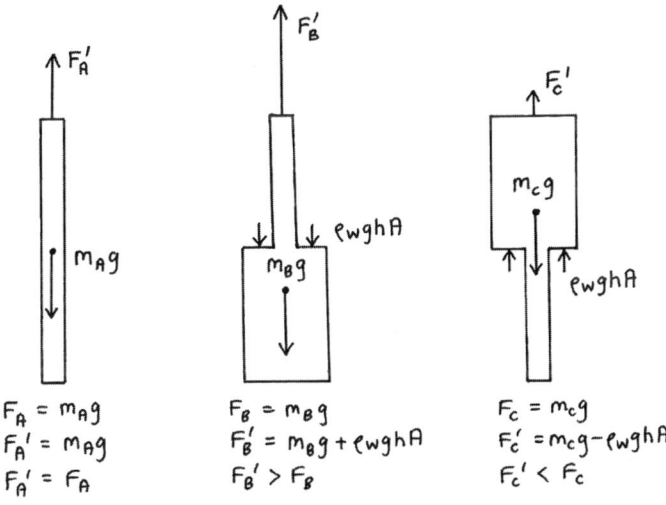

図 **10.14**

　この問題を最も簡単に考える方法は，容器に水が注入されたとき，シャトルの表面にはたらく圧力の変化を単純に考えることである．鉛直な面にはたらく水平方向の圧力の変化は，鉛直方向の力を生まない (水平方向の圧力は発泡スチロール製のシャトルを圧縮するだけである)．したがって，鉛直面の圧力変化による力は無視できる．

　シャトルの水平面に作用する鉛直方向の圧力の変化を考える．すべてのシャトルに対し，最上水平面と最下水平面にはたらく圧力は水を入れる前後で大気圧であり，圧力に変化はない．以下で，各シャトルを個別に考える (図 10.14)．

- シャトル **A**：中間[*13]に水平面がない．したがって，容器に水が注入されても鉛直方向の力の変化はない．したがって，$F_A' = m_A g = F_A$ (m_A はシャトル A の質量)
- シャトル **B**：中間の水平面は上向きである．この面に加わる圧力は静水圧 $\rho_w g h$ に等しい．ここで，h は中間の水平面から水面[*14]までの高さである．この圧力による中間の水平面への力は，静水圧に中間のその面の面積 A をかけたものであり，$\rho_w g h A$ となる．この力は下向きである．したがって，$F_B' = m_B g + \rho_w g h A > F_B = m_B g$ (m_B はシャトル B の質量)．
- シャトル **C**：中間の水平面は下向きである．この水平面に加わる静水圧による力は $\rho_w g h A$ であるが，今度は上向きである．したがって，$F_C' = m_C g - \rho_w g h A < F_C = m_C g$ (m_C はシャトル C の質量)．

[*13] 最上水平面と最下水平面の間．
[*14] 最上水平面と下面は大気と接しており，大気圧である．

諸君はたぶん，それぞれのシャトルに作用する力の違いに驚いたであろう．もちろん，アルキメデスの原理の多くはこの状態に適用できるが，もととなる原理を十分に理解しないで，単に規則として記憶しているだけだと間違える．このような簡単な問題にしても，われわれは慎重に考える必要がある．

10.6 流体静力学のパラドックス ★★

流体静力学のパラドックスは，1586 年，『流体静力学の要素』を書いたフレミッシュ (ベルギー王国の一地域) の科学者サイモン・スティーブン (Simon Stevin) によって提案された．何年もの間，このパラドックスはいろいろな方法で扱われてきたが[*15]，流体の圧力が容器の形状には関係なく与えられた流体の深さで決まることに関係している．スティーブンのパラドックスとは，「容器の内側の底にかかる力は，容器に入れた流体の重さより大きくなることがある (容器の内部が上部の方向に狭くなっている場合)」[*16] というものである．

私は，このパラドックスは非常に多くの面接で問題として出されたと聞いている．以下の問題は教室で用いられたエレガントなものだ．

問題 秤の 2 つの台には，底面積が等しい容器がそれぞれ載せられている．単に容器が秤に載せられているというより，容器が秤の一部になっている．左の容器は上方に外に向かって広がっている．右側の容器は上に向かって内側に狭くなっている．容器は同じ高さまで水で満たされている (図 10.15)．静止流体力学の法則によると，容器の底にはたらく力は同じである．なぜなら，底は同じ面積であり，同じ圧力を受けている．したがって，秤はつり合っているはずである．この考え方は正しいか？

解答 誤りである．考え方が間違っている．左側の水の重量が大きいので左側の天秤が下がる．理解を高めることになるので，水全体に作用する力を考えて問題を検証し

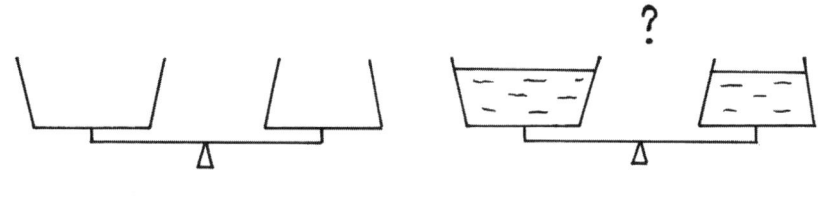

図 **10.15**

[*15] Wilson, A. E., 1995, "The hydrostatic paradox," The Physics Teacher, Vol. 33, pp. 538–539.

[*16] 関係したアルキメデスのパラドックスに，「適当な容器を用いれば，少量の水で重い物体を浮かせることができる」というものがある．

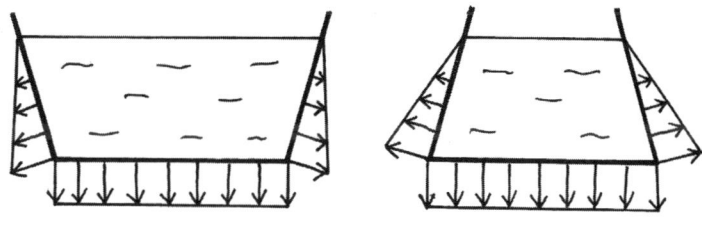

図 10.16

よう．

　容器の底にかかる力は同じであることは正しい．それらは，同じ底面積をもっており，同じ静水圧 $\rho g h$ を受けている．ここで，ρ は流体の密度であり，g は重力加速度の大きさ，h は容器内の水の深さである．もしここで留まったら，秤は水平であるという間違った結論になる．しかし，ここまでの議論では傾いた容器の壁にかかる力を無視している．静水圧は深さに比例する．水面の静水圧はゼロであり，器の底では $\rho g h$ である．傾いた側面に沿った圧力分布は図 10.16 に示すようになる．圧力は常に容器の面に垂直にはたらく．容器のすべての方向にかかる圧力の水平成分は打ち消し合う．しかしながら，正味の鉛直方向の力が残る．左側の容器では側面にはたらく正味の力は下向きであり，右側の容器では側面にはたらく正味の力は上向きである．水全体に作用する力を考えると，秤のつり合いが破れ，水の質量の多い側に天秤が傾く．これは，容器の底面と側面に作用する力の効果による (この種の問題に出合ったことのない人たちは，しばしば側面に作用する正味の力の鉛直成分を無視する)．もちろん，両方の容器にかかる圧力を積分すれば，2 つの水の重量を測ったときと同様に，正確に力の差を求めることができる．

10.7　定量ピストン問題 ★

問題　図 10.17, 10.18 のように，中央に穴のあけられた厚い鉄板 (穴は板を貫いている) でつくられたピストンの穴に，高さ $h = 10\,\mathrm{m}$ の細い管が密着して取り付けられている (管の両側は開いている)．ピストンと管全体の重さは 1 トンであり，ピストンの直径は $D = 1\,\mathrm{m}$ である．ピストンはシリンダーに密着して入れられており，上下に摩擦なく動くことができる．最初ピストンは，シリンダーの空洞が深さ $d = 0.1\,\mathrm{m}$ となる位置にある．ピストンを固定したままで，ピストンの下の空洞と 10 m の管を水で満たし，管と空洞内に空気が入ってないようにする．ピストンが静止した状態から放されたとき，何が起きるか？

解答　本書には，定量的な問題はわずかしか含まれていないが，抽象化した問題や理

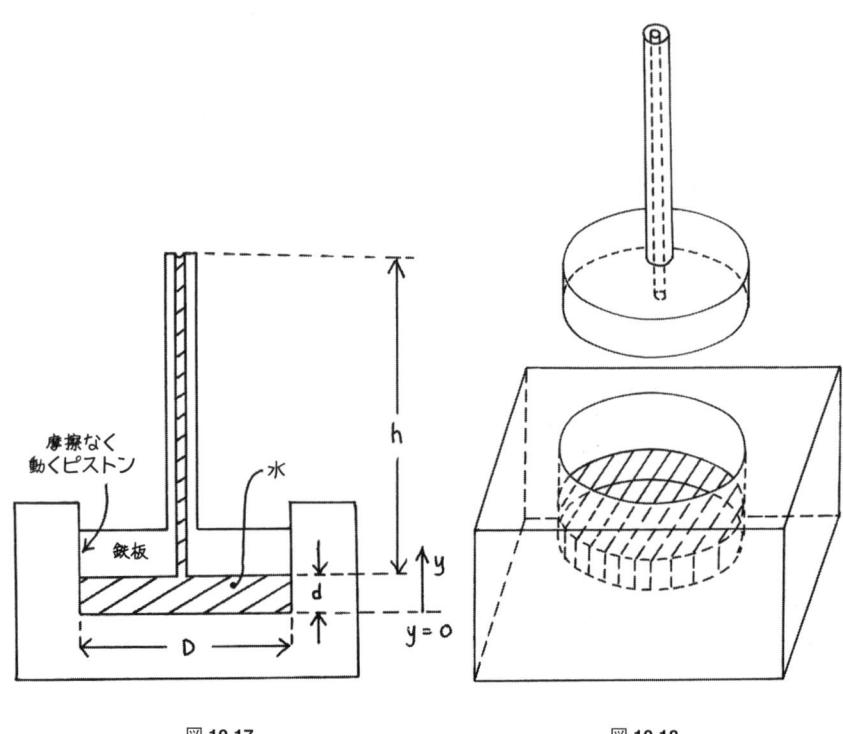

図 10.17 図 10.18

想化した問題のみならず，現実的な問題が多く含まれている．したがって，実際の物理系のふるまいを「封筒裏の計算」(簡単な計算) で説明することが重要である工学系の学生にとって，本書は特に役立つであろう．

ピストンが静止状態から放されたとき，2つの可能性がある．1つ目は，鉄板が重くてシリンダー容器のすべての水が噴水となって管から出てしまい，板の下の隙間 d が 0 になることである．2つ目の可能性は，管の中の水の高さが h からより低い h' に下がり，ピストンの下の間隙が d から $d + \delta d$ に増えることである．ここで，高さの増加 δd は非常に小さいとする．以下の議論で示すように，2つ目の現象が起きる．

図 10.19 に示すように，h' を管の中の水の平衡位置とする．すなわち，その位置はピストンを静かに放したときに管の中の水が大気と接する位置である．

この平衡位置では，A も B も大気に触れている．したがって，A, B 両方の点の圧力は大気圧に等しい．すなわち，$p_A = p_B = p_\text{atm}$．点 A' での圧力は管が保持する水柱によりつくり出された静水圧のために，点 A の圧力より高く，ρ を水の密度，g を重力加速度の大きさとして以下のようになる．

$$p_{A'} = p_A + \rho g h' = p_\text{atm} + \rho g h'$$

10.7 定量ピストン問題 ★

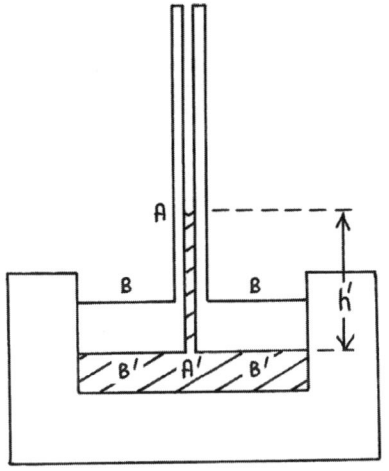

図 **10.19**

B′ の圧力は，大気圧と鉄板による圧力を支えるはずであるから，

$$p_{B'} = p_B + \frac{Mg}{S} = p_{atm} + \frac{Mg}{S}$$

ここで，M はピストンの質量であり，S は板の底面積である．

同じ高さでの水圧は等しいはずであるから，$p_{A'} = p_{B'}$ である．さもなければ，水は A′ から B′ へ，もしくはその反対向きに加速されてしまう．こうして次の結果を得る．

$$p_{A'} = p_{B'} \Leftrightarrow p_{atm} + \rho g h' = p_{atm} + \frac{Mg}{S}$$

$$\therefore \quad h' = \frac{M}{S\rho}$$

数値，$M = 1,000\,\text{kg}$，$S = \pi D^2/4 = \pi/4\,[\text{m}^2]$ と $\rho \approx 1,000\,\text{kg/m}^3$ を代入すると，

$$h' \approx \frac{4}{\pi}\,\text{m} \approx 1.3\,\text{m}$$

はじめ，水の高さを $h = 10\,\text{m}$ として静止状態から放した．素朴な予想に反して，噴水になるよりむしろ，水は $10\,\text{m}$ から近似的に $1.3\,\text{m}$ まで下がり，鉄板の高さはこの過程でわずかに高くなる．もちろん，これは水圧ジャッキや水圧ポンプの原理である．この細い注入パイプ付き大きなピストンをもつ装置は，高圧の液体を注入することでピストンをゆっくり駆動させることができる．ピストンは発生する巨大な力により非常に重い物体を上げ下げするのに使われる．身近な例として，このタイプのジャッキは，自動車修理場で車を上げ下げするのに使われている．

10.8 浮んでいる棒 ★★★★

私はこの問題が本当に好きで，長年にわたり学生に解答させるのを楽しんでいる．私はこの問題を友達とコーヒーを飲んでいるときに考案した．すべての良い問題と同様に，以前からいろいろな形で何度も問われてきたものだ．ある大学で試問したとき気付いたことだが，たいていの学生は直観的に解き方を思いつくが，厳密に解答するまでには少々時間がかかる．数学は比較的単純であるが，紆余曲折している．私はある特別な場合 (ここで出題するもの)，解析的に解けることを知ったが，学生が素早く解答できるように方法や標準的な結果について多くのヒントを与えた．結論は少々驚くべきもので，学生はそれを喜んでいたように思う．後になって，問題が長い歴史をもっていることを知った．アメリカ海軍オードナンス研究所[17]のワルター・レイドは，この問題に関する非常に良い著作[18]を発表している．彼の 1963 年の問題は多少，私のものとは違っていたが，原理は同じである．論文のはじめに彼は次のように書いている．

> 物理の学生はある密度の物体がどのように浮くかを計算することを，ときどき求められる．この問題は，最初に予想する以上の内容を含んでいる．

論文の最後には，

> この問題は，いかに直観が間違いを犯しやすいかを示す良い例である．

と記述している．この問題を考えるときすぐに心に浮かぶことではあるが，レイドはエネルギー最小の観点から考えている．比較的最近の論文によると，それは現在も興味を引き付ける対象になっているようだ．「浮いた厚板」と題する 1987 年の論文[19]では，著者であるデルブルゴはレイドより一般的な状態を考えて，それを「傾心の問題」とよんでいる．デルブルゴも以下の点を強調している．

> 流体静力学は容易な分野であると考えられているが，必ずしもそうではない．たとえば，浮かんでいる物体の平衡状態を決定することは簡単ではない．

ロウトラップは，彼の著書『連続体の物理』[20]の中で，「浮力の傾心」[21]を用いる方

---

[17] この研究所はメリーランド州シルバースプリングの遠隔農地の跡地に建設され，米国鉱業研究所と米国実験弾薬庫を統合したものである．研究所は第 2 次世界大戦の終りに，いろいろな他の活動を含め，鉱業と非鉱業技術を開発するためにつくられた．

[18] Reid, W.P., 1963, "Floating of long square bar," American Journal of Physics, Vol. 31, No. 8, August 1963, pp. 565–568.

[19] Delbourgo, R., 1987, "The floating plank," American Journal of Physics, Vol. 55, p. 799–802.

[20] Lautrup, B., 2005, "Physics of continuous matter: exotic and everyday phenomena in the macroscopic world," Institute of Physics Publishing Ltd., ISBN 0 7503 0752 8.

[21] 浮力の傾心は，振り子のように平衡位置からずれた状態で浮かんでいる物体が，その点で保持されていると見なすことのできる仮想的な点のことである．たいていの船で重心は浮力の中心より

法をたいへんうまく説明している．ただし，正確にその方法を適用するのはあまり簡単ではなく，ここではそれを用いることはしない．

問題は以下の通りである．

問題 断面が正方形 (一辺の長さを単位長さとする) で一様な密度 ρ の長い棒が，密度 ρ_w の水中に置かれている．安定な平衡になるのは，系の位置エネルギー U_0 が極小になるときである．位置エネルギー U_0 は，重心[*22]G が浮力の中心[*23]B_T の上方にあるとき，B_T から G までの距離に比例する．したがって，B_T から測った G の高さが低いほどより安定である．2 つの状態を考えよう．

- **状態 A**：棒の上面が水の表面に平行な場合
- **状態 B**：棒の上面が水の表面に対し 45 度傾いている場合

$\rho/\rho_w = 0.2, 0.5, 0.8$ の場合 (もしくはより多くの場合) について，状態 A もしくは B のどちらがより低い位置エネルギー U_0 をもち，したがって，より安定か[*24]を考えよ

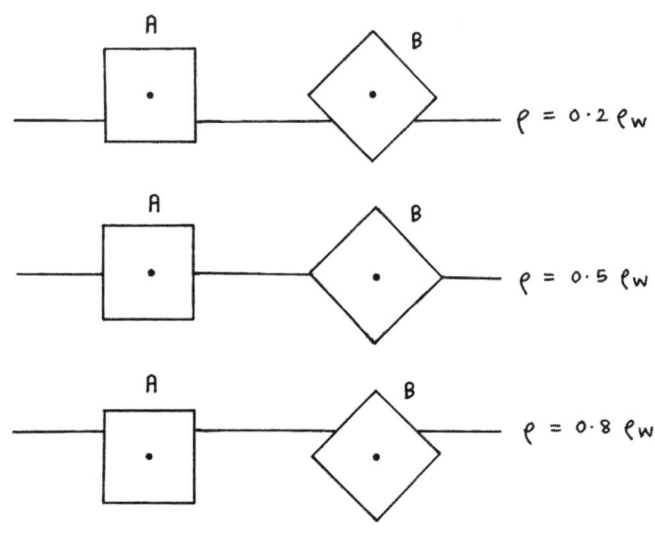

図 **10.20**

高い．それでも船は安定な平衡状態になる．これは，揺れた際に大きな復元力をもつように，重心が傾心より下になるように船体が設計されているからである．

[*22] 重心 (いつもというわけではないが，通常物体の中にある) に物体の重さが作用すると見なせる．一様な重力場の中では，重心と質量中心は同じである．

[*23] 浮力の中心は物体が排除した水の重心である．

[*24] この言葉遣いは意図があってのものである．1 つの状態が他の状態よりも低い位置エネルギーをもっているからといって，それが唯一の平衡状態であるとは限らない．1 つ以上の準平衡点が存

(図 10.20). 棒の中心軸は水平であると仮定する.

解答 まず, $\rho/\rho_w = 0.8$ の場合を考える. 水面上の棒の部分は 1/5 である. したがって, 状態 A がより安定とすると, 断面が正方形の単位長さの棒の水面上に出ている部分の長さは $y = 1/5$ である. 一方, 正方形の断面の最も高い面から重心 G までの距離は $Y = 1/2$ である. したがって, 水面から G までの距離は $Y - y = (1/2) - (1/5) = 3/10$ となる (図 10.21).

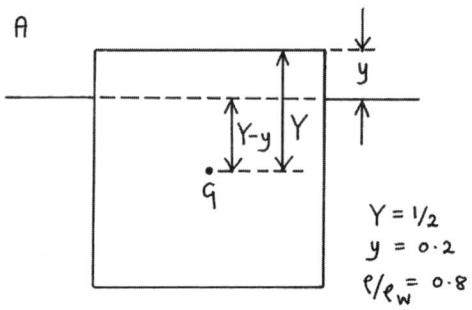

図 **10.21**

次に, 正方形の断面での浮力の中心 B_T を考える. 浮力の中心は排除された液体の実効的な重心である. したがって, 水面下にある正方形の一部分だけを考える. 物体を 2 つの部分に分割する. 第一の部分は G を通る水平面に関して (以下, 簡単化のた

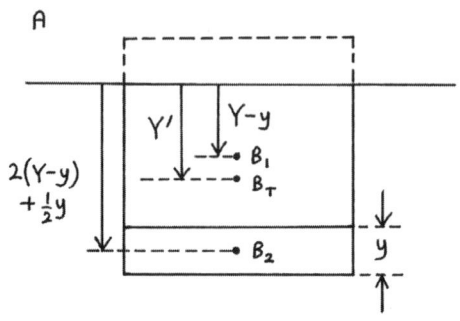

図 **10.22**

在することはよくある. 実際, この種の問題ではふつうに起きることだ. ヨットはしばしば 2 つの準安定な傾き角をもっている. 1 つは上方の適当な方向であり, 他はまさにひっくり返った状態である. もし, ヨットが安定性を失う角度を超えて傾くと, すなわち垂直方向から 120 度傾くと (このときマストは水の中にある), ヨットはしばしば 120 度傾いたままの状態になる.

めに「G に関して」と記す) 上下対称であり，したがってその浮力の中心 (浮心) B_1 は重心 G と同じ位置で，水面下 $Y-y$ にある．この部分の断面積 (すなわち，単位厚さあたりの体積) は $2(Y-y)$ である．第 2 の部分 (水面上にある部分の重心 G に関して上下対称な部分) の断面積は y であり，その浮心 B_2 は水面下 $2(Y-y)+y/2$ の位置にある (図 10.22).

すべてを合わせた (統合した) 浮心の水面下の距離を Y' とする．それぞれの水面下の浮心 B_1 と B_2 に面積の重みをつけることで全体の浮心の位置を計算できる．本問は G を通り紙面に垂直な鉛直面に関して左右対称なので，これ以上複雑なことはなく，以下の結果を得る．

$$Y'[2(Y-y)+y] = 2(Y-y)(Y-y) + y\left[2(Y-y)+\frac{y}{2}\right]$$

上の式を整理し，Y と y の値を代入して，水面から浮心までの距離を求めることができる．

$$Y' = \frac{4}{10}$$

重心 G は水面下 $Y-y = 3/10$ であることを思い出すと，この状態では，重心は距離 $Y'-(Y-y) = 1/10$ だけ B_T の上にある．状態 A の位置エネルギー U_0 は距離 $1/10$ に比例する．

次に，棒の表面が水面に対して 45 度傾いている状態 B を考えよう．正方形断面の水面の上にある三角形の面積を考えると，$y^2 = 2/10$，ゆえに $y = 1/\sqrt{5}$ となる．状態 B の重心 G は，正方形断面の最高点より距離 $Y = 1/\sqrt{2}$ だけ下にある．したがって，水面から G までの距離は，

$$Y - y = \frac{1}{\sqrt{2}} - \frac{1}{\sqrt{5}}$$

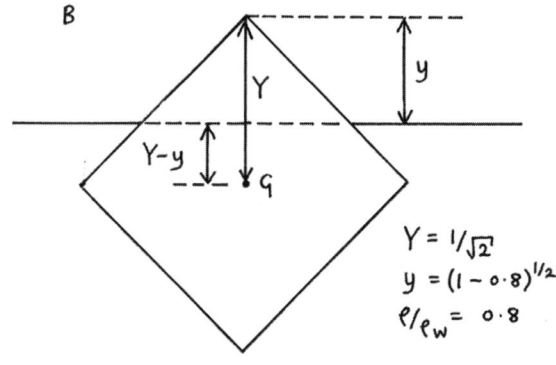

図 **10.23**

となる (図 10.23).

再び，正方形の浮心 B_T の位置を考える．水面下の正方形断面の部分を2つに分割して考える．第1の部分は G に関して上下対称な部分であり，その浮心を B_1 とすると，B_1 は G と一致し，水面下 $Y - y$ の距離にある．この部分の面積，すなわち単位長さあたりの体積は $1 - 2y^2$ である．第2の部分の面積は y^2 であり，水面上の部分の点 G に関して上下対称な部分である．その浮心 B_2 は水面下 $2(Y - y) + (1/3)y$ にある．ここで，三角形の重心は底辺から三角形の高さの $1/3$ にあることを用いた (図 10.24).

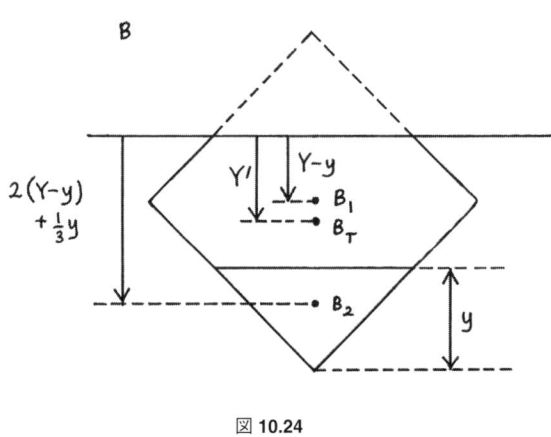

図 **10.24**

再度，全体を合わせた浮心 B_T までの水面からの距離を Y' とする．Y' は，おのおのの浮心 B_1, B_2 の水面下の距離に面積の重みをつけて和を取ることで求めることができる．その結果は，

$$Y'(1 - y^2) = (1 - 2y^2)(Y - y) + y^2[2(Y - y) + y/3]$$

Y と y に値を代入して，

$$Y' = \frac{5}{4\sqrt{2}} - \frac{7}{6\sqrt{5}} \approx 0.3621$$

重心 G が水面下 $Y - y = 1/\sqrt{2} - 1/\sqrt{5} \approx 0.2599$ の距離にあることを思い出そう．したがって状態 B では，G が距離 $Y' - (Y - y) = 0.3621 - 0.2599 = 0.1022$ だけ B_T の上方にある．状態 B の位置エネルギー U_0 は距離 0.1022 に比例する．

まとめると，状態 A では，G はちょうど $1/10$ だけ B_T の上方にある．状態 B では，近似的に 0.1022 に増加する．この結果は，状態 A が状態 B より低い位置エネルギー U_0 をもつため，より安定である．

10.8 浮んでいる棒 ★★★★　　231

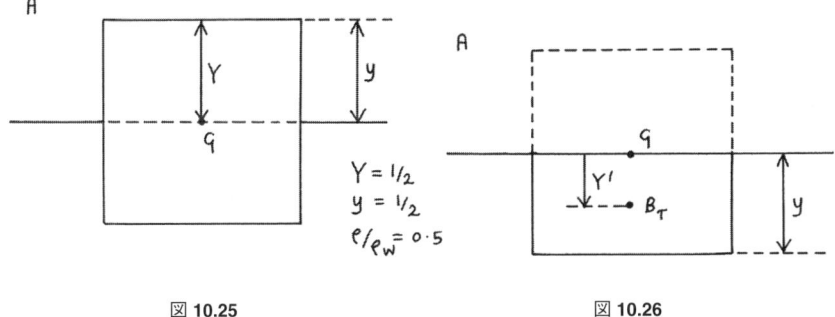

図 10.25　　　　　　　　図 10.26

$\rho/\rho_w = 0.5$ の場合を考えよう．新しい密度比について，上記と同じ解析を行う．水面上の正方形断面の部分は $1/2$ である．最初に状態 A を考えよう．この状態では，水の表面から出ている部分は $y = 1/2$ である．正方形断面の上端から，重心 G までの距離 $Y = 1/2$ であり，重心は水面と同じ高さにある（図 10.25）．

浮心 B_T の位置を考えよう．この場合，計算は簡単で，B_T は水面下 $Y' = y/2 = 1/4$ になる．したがって，G は B_T より距離 $y/2$ だけ上にある（図 10.26）．

次に，状態 B を考えよう．正方形断面の水面上に出ている部分は，この場合も $1/2$ である．したがって，水面上の正方形断面の頂上は $y = 1/\sqrt{2}$ である．重心 G と正方形の頂点との距離 $Y = 1/\sqrt{2}$ である．したがって，水面下の G までの距離は，$Y - y = 1/\sqrt{2} - 1/\sqrt{2} = 0$ である．この場合も重心は水面にある（図 10.27）．

浮心の位置 B_T を考えよう．三角形の重心の位置の関係を考えると，$Y' = y/3 = 1/(3\sqrt{2})$ となる．この場合，G は距離 $1/(3\sqrt{2})$ だけ，B_T の上方にある（図 10.28）．

まとめると，状態 A では G は正確に距離 $1/4$ だけ B_T の上方にある．状態 B では，距離は $1/(3\sqrt{2}) = 0.2357$ に短くなる．密度比 $\rho/\rho_w = 0.5$ の場合，この結果は，状態 B が状態 A よりも低い位置エネルギー U_0 をもち，したがって，より安定である．

$\rho/\rho_w = 0.2$ の場合については，結果は $\rho/\rho_w = 0.8$ の場合と同じ位置エネルギー

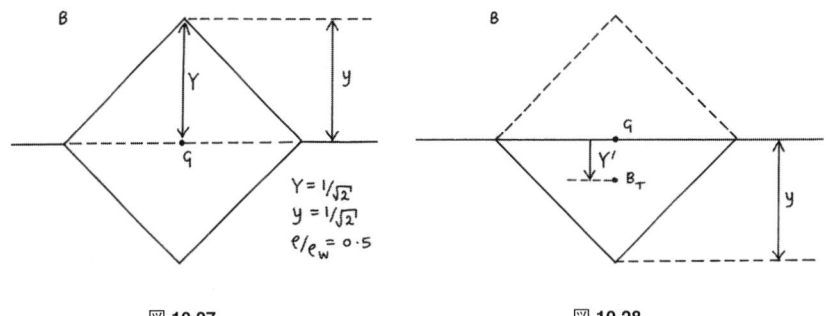

図 10.27　　　　　　　　図 10.28

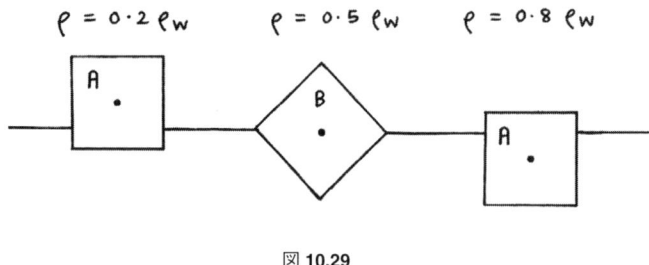

図 **10.29**

U_0 をもつことを容易に示すことができて，状態 A がより安定であることがわかる．

図 10.29 で，3 つの密度の場合について，より安定な状態を示す．

びっくりしただろうか？ 直観が非常にいい人は別として，たいていの人は驚くだろう．レイドは次の言葉で本を締めくくっている．

> この問題は，直観がどれほど容易に間違ったものになるかを示す良い例である．読者はいくつかの物理の教科書で，ブロックが水の面に対し側面を平行にして浮かんでいる図を見たことがあるであろう．ブロックの高さの上限を求めることは，章末の問題にできるくらい簡単である．

本書の草稿を読んだ友人が最近私に，1990 年代の大学入試面接で立方体に関して非常によく似た問題が出されたと教えてくれたが，これに関してよい議論がロウトラップの本でなされており一読の価値がある．

より進んだ議論

本問の中では扱えなかった 2 つの拡張問題にふれるのは有意義なことだ．実際，計算を簡単にするため，ここではごく特殊な場合「状態 A と B のどちらの状態が起こりそうか？」を尋ねた．もし，最も安定な状態を証明するのならば，解析はもっと複雑である．おそらく，密度比が $1/4 \leq \rho/\rho_\mathrm{w} \leq 9/32$ の範囲では，0 度と 45 度の間で位置エネルギーが最小になることを知れば，驚くだろう．この範囲では，水平からの角度 θ の式は次のようになる．

$$\sin 2\theta = \frac{16\left(\dfrac{\rho}{\rho_\mathrm{w}}\right)}{9 - 16\left(\dfrac{\rho}{\rho_\mathrm{w}}\right)}$$

系の位置エネルギー U_0 を最小にする条件を考えるかわりに，重心のまわりの力のモーメントがゼロになる条件を考えることでも，上の式を導くことができる．$1/4 \leq \rho/\rho_\mathrm{w} \leq$

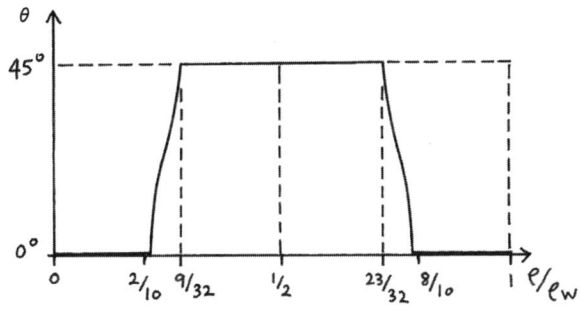

図 **10.30**

9/32 に対応する領域 $23/32 \le \rho/\rho_w \le 3/4$ でも同じような結果になる．ρ/ρ_w に対する θ の依存性は図 10.30 のようになる．

　何が起きているかを物理的な感覚でよく把握できているかを確かめるために，最後の問題を出そう．上記の $\rho/\rho_w = 0.5$ の場合，水面から G までの距離は，状態 A，B ともに $Y - y = 0$ であった．しかし，位置エネルギー U_0 の値は状態 B の方が状態 A より小さく，B は A よりも安定であると考えた．しかし，なぜ位置エネルギーの指標として $Y' - (Y - y)$ を用いるのだろうか？棒が水に浸けられたとき，水面が変化しないため，棒の位置エネルギー (任意の基準点に対し) を最小にすればよいであろう．棒の位置エネルギーを最小にすると考えるならば，水面下の重心 G の距離 $Y - y$ を最大にすればよい．しかし，A と B の両方の状態で，水面に対してこのエネルギーはゼロである．したがってどちらの状態も，より好ましいわけではない．この理屈に従うと，たとえば $\rho/\rho_w = 0.2$ の場合，$Y' - (Y - y)$ の値は状態 A の方が状態 B より小さいが，棒だけの位置エネルギーは状態 A の方が大きくなり，結果は異なる．試してみよ．

　単純に棒だけの位置エネルギーを最小化しては駄目だ．水と棒を含む系の位置エネルギー U_0 を最小化することが必要である．

　以下の議論を考えてみよう．棒は最初，水面から上方に任意の高さ h にあり，系に対して最もエネルギーの低い状態で，水中で静止するまで下げる．棒の重心の位置が水面下 Y'' になったときこの条件が満たされるとしよう．棒の位置エネルギーの変化は，Mg を棒の重力として，$\Delta E_{P1} = (-h - Y'')Mg$ である (図 10.31)．位置エネルギーの変化は負であり，棒がエネルギーを失うことを示している．水はどうであろうか？排除された水の重さは棒の重さ Mg と同じであり，その水は水面まで移動する．したがって，排除された水の平均的な高さの変化は浮心 B_T から自由表面までの距離 Y' になり，位置エネルギーの増加は $\Delta E_{P2} = Y'Mg$ になる (図 10.31)．

　このとき，系全体の位置エネルギーの変化は，棒の重さで規格化すると，

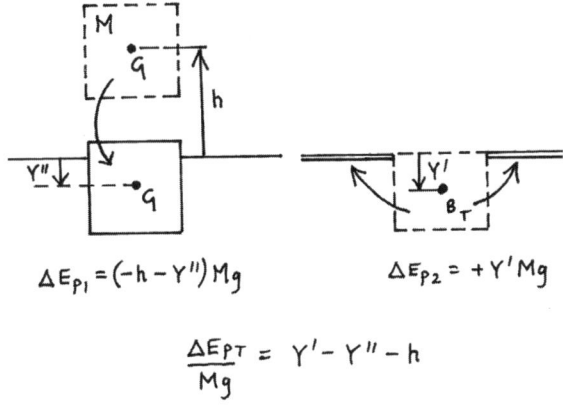

図 10.31

$$\frac{\Delta E_{\mathrm{PT}}}{Mg} = \frac{\Delta E_{\mathrm{P1}} + \Delta E_{\mathrm{P2}}}{Mg} = Y' - h - Y''$$

この関数を最小化すると，系は最小のエネルギー状態になる．任意の出発点の高さ h を無視できるから，$Y' - Y''$ を最小化すればよい．これを言葉で表すと，「浮心と重心の距離を最小化する」となる．こうして，われわれのもともとの要求は正しかったことがわかる．

11 見積もり

　概算，あるいは大きさの見積もり計算は，私には本当に楽しいものであった．このような見積もり計算を，原子物理学者フェルミ (E. Fermi) は「封筒裏の計算」とよび，物理学の本質を考える上で簡単にできる重要な計算とみなした．それらの計算は，現在では理数系の広範囲な学習においてよく使われており，実際，物理学や工学の試験でしばしば出題されている．また，会社，特に「自由思考」を重んじる会社の面接試験でもふつうに課されている．

　物理学の学部生だった夏の夕方，友人の部屋でコーヒーを飲みつつクリケット用の芝生を眺めてみんなでいろいろな見積もり計算を楽しんだことを思い出す．このゲームには2つの段階があり，まず，手元にある問題に対する解答を直観的に推測し，その推測結果を互いに比較する．この段階では賭けに出て，自分の推測に大きな自信を示し，他の誰の推測についても懐疑的なふりをする．全員がまったく同じ正確な推測をしたかどうかは重要ではない．このとき，通常ペンと紙を使わずにみんなが独自に答を見積もる．われわれは手の助けを借りて計算をして戦略を練る必要があったので，多少の時間がかかった．これは，インターネットの発達ですべてが変わる前の話である．次に，重要だが簡単に見積もれない数値が必要なとき，誰かが図書館に行って，百科事典やデータをしらべ，そこに書かれている数値，たとえばボリビアの人口やウランの密度などを紙片に走り書きをする．こうして見積もった値を他の人と比較すると，まったく異なるアプローチをしたにもかかわらず，それらの値が互いにいかに近いかを知り，驚くことがしばしばあった．

　マートン・カレッジのクリケット場に生えている草の数は，世界の人口より少ないということ[*1]，そしてカレッジの図書館の蔵書をイギリス人全員で共有すると，1人あたりわずか3分の1ページにしかならないということ[*2]を，われわれは見出した．ま

[*1] マートン・カレッジのクリケット場の一辺の長さは約200ヤード（1ヤードは3フィートであり，1フィートは12インチである．1ヤード$=0.914$ m，1インチ$=2.54$ cm）であり，そこには，1平方インチあたり50本の草が生えていると見積もった．すると，全体の草の数は，$50 \times 12^2 \times 3^2 \times 200^2 = 2.6 \times 10^9$ 本 (26億本) となる．これは，1990年代半ばの世界の人口57億人（現在では，70億人を超えている）の約半数である．その夏の終わりに褐色になった競技場を眺めながら，そこには何という恐ろしいほどたくさんの人がおり，また，われわれ皆がそこに並んで立つとすると，一人一人はいかにちっぽけな存在であるかということを考えていたのを思い出す．

[*2] 図書館の壁の長さはたっぷり300 m あり，そこに6段の棚が置かれている．500枚の紙の厚さは約5 cm である．こうして図書館には，$(300 \times 6 \times 500)/0.05 = 18 \times 10^6$ ページの本があり，当時の英国の人口は5,800万人（現在では，6,300万人を超えている）であるから，1人あたり

た，世界中の金をカレッジの部屋に蓄えるには，どれくらいの数の部屋が必要か (11.3 節参照) を計算した．

まわりを見渡せば，見積もるものはどこにでもある．その際，それに取りかかる方法を知っていると役に立つ．最近，スタートしたばかりのサウジアラビアのキングダム・タワー建設について，ある女性に話を聞いた．完成すれば，その高さは 1 km 以上になるという．タワーの上に水をポンプで揚げるには，莫大な費用がかかるだろうと彼女は推測した．私はしばらく考えてから，暗算で 1 人あたりの年間費用を計算した．私が彼女にその費用を教えると，彼女は驚いて「どうしてあなたはそれがわかったの?」と尋ねた．ちょうどいま，それを正確に概算したところだと私が言うと，彼女は疑いの目で私を見た．いま，暗算で計算したことを彼女に納得させるために，私は計算の各ステップを説明しなければならならなかった．

日常的なものはほとんど，簡単にそして比較的正確に見積もることができる．それは，科学者になることを真剣に考えている人にとっては，本質的に重要な技術である．高校理科を学んだ人が，興味の対象物がどれくらい大きいか，どれくらい長いのか，どれくらい重いのかなどを，大まかに見積もることができないと聞くと，少なからぬショックを受ける．人々は肩をすくめて「私にはわからない」としばしば言う．しかし，われわれはいつも何らかのアイディアが浮かぶようでなければならない．

私は，読者が以下の問題を楽しんでくれることを願う．それらは，私が長年にわたって見聞きしたり，気に入った興味深い問題にもとづいている．問題の一部には，いろいろな数値を必要とするものがあり，それらを自身で満足できるほど正確に見積もろうとすると，データ表をしらべたり，チューターに尋ねたりする必要があるであろう．数値を知らないということは素晴らしいことだ．それは，重要な問題の解決方法を発見する下地になるからである．

11.1 高さ 1 マイルのタワー ★

フランク・ロイド・ライト (Frank Lloyd Wright，偉大なアメリカの建築家) は，高さ 1 マイル (約 1,600 m) の建物をつくることを最初に思い付いただけではなく，その建設計画に真剣に取り組んだ最初の人だった．1956 年，彼が考えた摩天楼「イリノイ」は 528 階建てであった．そしてそれは，エンパイアステートビルディングの 4 倍の高さである．そこには，76 基の「原子力」エレベーター (ええっ!) が必要になるであろう．その当時，それを建てるテクノロジーは存在しなかったので，「イリノイ」は決して建てられることはなかった．

ほぼ 60 年後，当時，最も高い建物としてブルジュ・ハリファが，アラブ首長国連邦のドバイに建てられた．2010 年に建て終わったとき，その高さは 828 m になった．それは実際に巨大な建物だが，「イリノイ」の未だ半分の高さである．

1/3 ページにしかならない．

11.1 高さ1マイルのタワー ★

現在, サウジアラビアのジッダに建造中のキングダム・タワーは当初, 高さ1マイルになるように設計されていた. ブルジュ・ハリファを設計した建築家が建設計画にかかわったが, その地域の地質がその建設には不適切と判明し, タワーは縮小せざるをえなかった. 現時点で最終的な高さは公表されていないが, 超高層ビルの新記録となる1 km以上になると発表されている.

現在のところ建築界では, 1マイルの高さの建物を造ることへの技術的な実現可能性について議論されることはほとんどなく, 純粋に財政的な問題だけが課題のようだ. 最近10年間の超高層ビルの建築ラッシュから, 近い将来が非常に楽しみである.

先に述べたように, 高さ1マイルの建物の最上部にポンプで水を揚げるための費用が法外なものになると推測した人がいた. 本問の目的はそれを検証する計算を行うことである.

問題 高さ1マイルの建物の最上部で生活する人に水を供給するためのエネルギーとして, 1人あたり年間どれほどのエネルギーコストがかかるか概算せよ (図11.1).

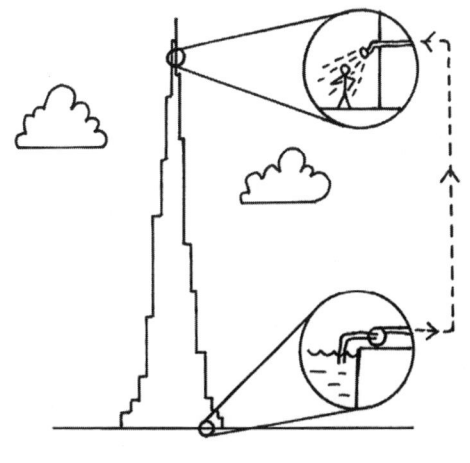

図 **11.1**

解答 当然のことながら, 現在の経済およびエネルギー環境での話であることを仮定しなければならない. 英国の電気代は, 1キロワット時 (kWh) あたりおよそ15ペンスである. エネルギーは家計の要となるものであり, 経済の根幹をなすものだ. さて, ポンプで水を揚げるのに必要な1人あたりの年間エネルギーを計算しよう.

まず, 1人あたり1日に使われる水の量を計算する必要がある. そのために大雑把な表をつくり, その表を個々に埋めていこう. ここで, 2つの因子を考慮して見積もることができると考えられる. 私の概算は表11.1の通りである.

表 11.1

	1 日あたりの回数	1 回の使用料 (リットル)	合計 (リットル)
トイレ	5	10	50
シャワー	2	25	50
洗濯	1/3	60	20
皿洗い	1	20	20
その他	1	10	10
		計	150

1 日あたり，使用される総水量を 150 リットル (または 150 kg) と推定する．では，高さ 1 マイルのタワーの最上部にその水をポンプで揚げるのに必要なエネルギーを概算しよう．1 マイルは約 1.6 km，すなわち 1,600 m である．必要なエネルギーは重力の位置エネルギーの増加量 mgh (m は使用する総水量の質量，h はタワーの高さ) をポンプの総効率で割った量である．電気的な効率を $\eta_E = 0.5$，機械的な効率を $\eta_M = 0.5$ とする．これより，1 日あたりの消費エネルギーは，

$$E = \frac{mgh}{\eta_E \eta_M}$$

となる．$m = 150\,\text{kg}$，$g \approx 10\,\text{m/s}^2$，$h = 1{,}600\,\text{m}$ とすると，$E = 9.6 \times 10^6\,\text{J}$ となる．これは大きな値と思うかもしれないが，それを普段用いられている電力の単位 kWh で表してみる．1 kWh は 3.6×10^6 J であるから，1 マイルのタワーの最上部に 1 日に使う水をポンプで揚げる電力は，2.7 kWh となる．これより，1 日あたりの電気代がおよそ 40 ペンスとなり，年間の電気代は 146 ポンド (1 ポンドは 100 ペンス，1 ポンド 176 円として約 25,700 円) となる．それはとるに足らない金額でも，途方もない大金でもない．実際，それは典型的なオックスフォードでの一般的な水道代のわずか 3 分の 1 である．こうして，水をくみ上げるための費用は，大したことはないということができる．

ドバイのブルジュ・ハリファは高さで新記録をつくったが，ジッダで建造されている高さ 1 km 以上のキングダム・タワーに，まもなく抜かれるだろう．ここ数年のうちに，さらに高い建物が造られるといわれている．『アーバン・テクノロジー誌』の最新号に載せられた予測を紹介しよう[*3]．

> 必要な強度をもった材料，防火設備，エレベーターシステム，とりわけ建設に向けた連携した挑戦を必要とするが，今日，高さ 1 マイル (1.6 km) の建物を造ることは，技術的に可能だ．建物がより高くなるにつれ，スレンダー比 (高さと幅の比率) は増加し，タワーは風の影響を受けやすくなり，居住性は悪くなる．これを克服しようとタワーに対する風の影響を小さくするために，基礎の部分を

[*3] Al-Kodmany, K., 2011, "Tall buildings, design, and technology: visions for the twenty-first century city," Journal of Urban Technology, Vol. 18, No. 3, pp. 115–140.

広くしたり，いくつかのタワーを様々な階で橋などでつないで建物全体を強く堅固なものにしている．こうして，いつの日か 1 マイルより高い摩天楼を建設することができるであろうか？答はおそらくイエスだ．1885 年シカゴに 10 階建てのホーム保険ビルが建てられて以降，2010 年，ドバイに高さ 2,717 フィート (828 m) のブルジュ・ハリファが建てられるまで，長い道のりであった．建物の高さは，将来もこの割合で増加するであろうか？この答は現時点ではわからないし，予想もできないが，これが起きないと断言はできない．はっきりしていることは，人間は生まれながらに創造力と夢見ることを通して障害を克服する本性をもっているということだ．これは，いわゆる雲をも突き抜ける未来の幻想的なタワーに関して，根源的に哲学的，かつ道徳的な問題を提起する．

そこで将来，巨大な高層ビルが建つと，今日の最も高い建物は小型のビルと見なされるかもしれない．人々の間には，超高層ビルの善し悪しについて，いろいろな考え方があるが，私には超高層ビルは注目すべき魅力的なものと思われる．私は，将来の 1 マイル以上の高さの高層ビルを楽しみにしている．

11.2 どのくらいの時間留まることができるか？★★

1970 年から 80 年代にかけて，オックスフォード大学の化学に進む学生に，この見積もりの問題を出すのが私の親友は好きであった．当時，彼は物理化学の教授で，麻酔と潜水に応用できる酸素と他のガスの呼吸による吸収を研究していた．彼の教え子にはノーベル化学賞受賞者もいる．

本問は，大学入学前のレベルの生理学，化学および物理学の基本的な知識に依拠している．身のまわりの世界に関心のある人は誰でも必要な量を大まかに推定できるようにすべきであろう．

問題 完全に密閉された部屋に大人が 3 人いるとしよう (図 11.2)．彼らはどれくらいの間，生き続けることができるか？

解答 この部屋の容積を推定することから始めよう．通常の部屋の容積は，

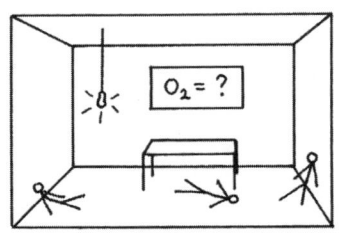

図 11.2

$$V = 5\,\mathrm{m} \times 4\,\mathrm{m} \times 3\,\mathrm{m} = 60\,\mathrm{m}^3$$

程度であろう．さて，ちょっとだけ生理学の基礎を．健康な大人の呼吸量は，およそ $500\,m l$，つまり $v = 0.5 \times 10^{-3} \mathrm{m}^3$ である．これは，一呼吸で吸い込んだり吐き出したりする空気の量を表している．われわれは，ほぼ4秒間に1回呼吸しているので，頻度は $f = 1/4$ となる．部屋の中の人数は $n = 3$ で，全呼吸量率 $\dot{Q}$，つまり大人3人が単位時間あたりに呼吸している空気量を，

$$\dot{Q} = fvn = 3.75 \times 10^{-4}\,\mathrm{m}^3/\mathrm{s}$$

と見積もることができる．さて，もう少し生理学的に考えよう．空気はモル比率でほぼ21%の酸素 (O_2) を含む．通常の環境下でわれわれが吐く息には，ほぼ16%の酸素と5%の二酸化炭素 (CO_2) が含まれる．そうすると，呼吸ではおよそ酸素の5/21を消費することになる．部屋中の酸素を使い切るのに必要な時間は，

$$t_1 = \frac{V}{\dot{Q} \times 5/21} = 672{,}000\text{ 秒} \approx 7.8\text{ 日}$$

となる．この予想では，誰かが警報を出すまでには十分に時間があり，元気に生存できるだろう．ただ残念なことに，部屋の酸素を100%使い切ることはできないので，求めた時間は実際の上限値ではない．

エベレストの頂上 (海抜 8,848 m) では，空気中の酸素の量は海面のおよそ3分の1である．長年，われわれは酸素の補助なしにその高度で生き残ることは不可能であると思っていた．そのため，8,000 m 以上の高地はデスゾーンとよばれてきた．しかし，ラインホルト・メスナー (Reinhold Messner) とピーター・ハベラー (Peter Habeler) は1975年，酸素なしでガシャーブルム I 峰 (海抜 8,080 m) に登り，1978年エベレストの登頂に成功した．彼らは，特異な体質をもつわずかな人間が2, 3日の短い期間，そのような低酸素濃度の環境の下でも生き伸びることができることを証明して，登山家と生理学者を驚かせた．それ以来，ひと握りの人たちがこの偉業を成し遂げてきた．彼らは独特の体質をもつ登山家とシェルパだ．

室内で実際に消費できる酸素の量は全体の2/3であると仮定すると，生き延びる時間は，

$$t_2 = \frac{2}{3} t_1 = 5.2\text{ 日}$$

に減少する．まだ生理学的な問題がある．それは二酸化炭素は実際，有毒であるということだ．少量でも血液の水素イオン濃度 (pH) を変化させ，呼吸回数を増加させる．さらに量が増えると，人間は死に至る．死に至るモル濃度を知ることは医者の仕事である．覚えるべき重要なことがより多い，向上心をもつ物理学者や数学者，そしてエンジニアの仕事ではない．しかし，中毒を起こす二酸化炭素濃度は，われわれが通常の環境下で吐き出す二酸化炭素濃度のレベルであり，およそ5%と推定できる[*4]．そこ

[*4] 二酸化炭素の致死濃度は，7%と10%の間である．その濃度になると窒息し，通常，数分以内に意識を失う．1%以上の濃度になると，頭痛や眠気を引き起こす．

で，われわれが生き残る時間に対する 3 回目の見積もりは，

$$t_3 = \frac{V}{Q} = 1.9 \text{ 日}$$

となる．

11.3 ミダース*5の倉庫部屋 ★

金は数千年もの間，その希少さゆえに国際通貨として人類の歴史に非常に重要な役割を果たしてきたが，それは不自然でまったく残念なことに思われる．なぜなら，もし金に，そのような人工的な価格 (たとえば，産業への有用性というようなもっと根源的な価値にもとづいたものではなく) が与えられなければ，日常的な工業材料として非常に有益なものになっていたであろう．極端な延性，腐食のし難さ，高い反射率と電気伝導性は，金の興味深い特性だ．人類の歴史において，採掘された金のほぼ半分は，南アフリカのウィットウォータースランド盆地から産出されたものであり，その盆地は 20 億年前，巨大な小惑星の衝突でつくられたヴィレッドフォード・クレーターとして知られている．そこでは，金を豊富に含んだ古い岩石さえ露出している．今日，地殻の中にある金の多くは，地球が形成された後，隕石によってもたらされたと思われている．原始地球の形成過程 (45 億年前と推定される) に存在していた大部分の金は，その高密度のために地球の核の部分に沈み込んでいると考えられている．

問題 これまでに採掘された金の総量は，170,000 トンと推定される．それだけの金を保管するには，何部屋必要か (図 11.3)？

解答 前問で，通常の部屋の容積をほぼ $V = 5\,\text{m} \times 4\,\text{m} \times 3\,\text{m} = 60\,\text{m}^3$ と近似的に考えた．周期表の興味深い元素に関して一通りの知識をもっている人ならば，金の密度 ρ が非常に大きいことは知っているであろう．おおむね，$\rho = 19 \times 10^3\,\text{kg/m}^3$ であ

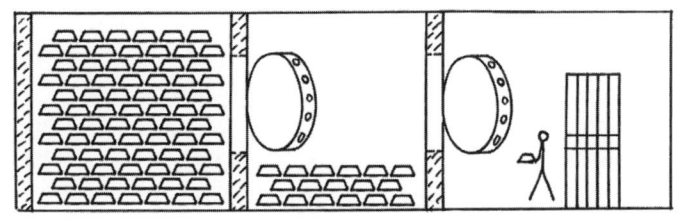

図 **11.3**

---

*5 (訳注) 触ったものすべてを黄金に変えるというギリシャ神話に出てくる王．

る．採掘されたすべての金を保管するのに必要な倉庫の体積は，

$$V_\mathrm{G} = \frac{170 \times 10^6}{19 \times 10^3} = 8,950\,\mathrm{m}^3$$

したがって，

$$\frac{V_\mathrm{G}}{V} = \frac{8,950}{60} = 149\,部屋$$

を必要とする．つまり，すべての金を保管するには，およそ，世界各国がたった1部屋用意すればよい．人類の歴史に金がどのような影響を与えたのか，また，それを採掘するのにどれくらいの努力が注がれてきたのかを考えると，奇妙な気持ちになる．

11.4　ナポレオン・ボナパルトと大ピラミッド ★

　ギザの大ピラミッドはおよそ紀元前2560年，エジプトのクフ王を称えて，現在のカイロ郊外のナイル川西岸に建てられた．ピラミッドを造るために石の多くは，ナイル川に沿って輸送されたと考えられている．大ピラミッドの底面は1辺230mの正方形，高さはほぼ147mでとても巨大だ．ほぼ3,900年の間，それは世界で最も高い人工建造物であったが，1311年，英国に建てられた(ピラミッドより地味な)リンカーン大聖堂の尖塔に追い越された．

　多くの偉大なリーダーがエジプトのピラミッドを訪問したが，その中にフランスの将軍であり，後に自らをフランス皇帝と宣言したナポレオン・ボナパルト (Napoleon Bonaparte) がいる．1798年，彼は数百艘の船と何万もの兵士を率いて，エジプトに遠征し，古代のままのエジプトにより洗練された西洋文明を持ち込もうとした．

　エジプトでのナポレオンについて，大ピラミッドに関連した2つの小さな逸話が，しばしば語られている．1つは，彼が1人で王の埋葬室で一夜を過ごした(もちろん眠らずに)ときの超自然的な話だ．彼はそのとき見たものに深い影響を受けたが，終生語ることはなかった．この話の真偽は確かではない．もう1つの話は工学と数学に関するもので，多くの歴史作家に受け入れられているようだ．その1つの素晴らしい報告が，ポール・ストラザーンによる『エジプトでのナポレオン』に述べられている[*6]．

　ナポレオンはギザを訪問した際，53歳の数学者を含む随行員に，大ピラミッドの頂上まで競走するように指示して楽しんだといわれている．彼らが疲れきって戻ってきたときには，彼はもうレースへの関心を失っていた．そしてピラミッドの石があれば「フランスのまわりに高さ3m，幅1m」の壁を建設できると言い出した．レースに参加した人はこれに同意しなかったけれども，数学者はおそらくナポレオンに同意しただろう．

[*6] Strathern, P., 2007, "Napoleon in Egypt: the greatest glory," Jonathan Cape Ltd., ISBN-10:0224076817.

問題 底面の一辺の長さが 230 m, 高さが 147 m のギザの大ピラミッドには, フランスのまわりを高さ 3 m, 幅 1 m の壁で囲むのに十分な石があるかどうか推定せよ (図 11.4). ナポレオン・ボナパルトと同行の数学者 (そして, ストラザーン) のいうことは正しいか?

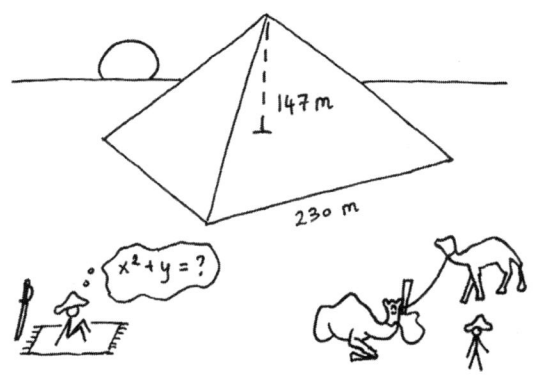

図 11.4

解答 まず, ギザの大ピラミッドの石の体積を計算しよう. ピラミッドの底面の 1 辺の長さを b, 高さを h として, その体積 V_P を積分で計算しよう. ピラミッドを高さ y の水平面で切ったときの断面積は,

$$\left[\frac{b(h-y)}{h}\right]^2$$

であるから, $y = 0$ から $y = h$ まで積分して,

$$V_P = \int_0^h \left[\frac{b(h-y)}{h}\right]^2 dy = \frac{b^2 h}{3}$$

これがピラミッドの体積を表す式である. これを公式として覚えている人も多いであろうが, このような式は導けるようにしておきたい. $b = 230$ m, $h = 147$ m を代入すると, $V_P = 2.6 \times 10^6$ m³ となる. これで大ピラミッドのサイズが容易に計算でき, この見積もりは厳密なものである.

さて, フランスの外周の長さを概算しよう. 図 11.5 のように, フランスを一辺の長さ 800 km の正方形で近似する. そうすると, 外周の長さ (ナポレオンの計算が示唆するもの) は 3,200 km になる. ここでは, 海岸線パラドックスまたはリチャードソン効果を無視する. これは, 同じ海岸線を様々な長さで表すことができるというパラドックスを意味する. 海岸線のフラクタル形状によって, 海岸線の長さの測定は困難であ

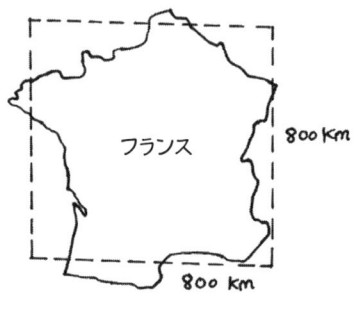

図 11.5

る[*7]．3,200 km というのは，フランスの形状を正方形で近似したときの外周の長さであり，考えられる外周の長さの最小値である．

ナポレオン・ボナパルトの考えに従うと，フランスの外周に高さ 3 m，幅 1 m の壁をつくるのに必要な石の体積 V_W は，簡単に $V_W = 9.6 \times 10^6 \mathrm{m}^3$ と計算される．

こうして，$V_W/V_P \approx 3.7$ となる．ナポレオンの言うことは，桁数のレベルの話としては正しかった．最小限度これで話は成り立つ．しかし，ナポレオンと同行の数学者の話は，もう少し数値的に改善させることができる．壁の幅を 0.5 m，高さを 1.5 m とすると，両者をもっと近づけることができる．

11.5 ローンチェアに乗ったラリー ★★

ベトナム戦争にはコックとして従軍した経験もあるトラック運転手ラリー・ウォルターズ (Larry Walters) は 1982 年 7 月 2 日，カリフォルニア郊外の実家の裏庭から自家製の飛行船で木々を越えて静かに飛び立った．飛ぶことは，少年のころからの夢であった．飛行船 (彼はインスピレーション I と命名していた) は，シアーズ・ローバック[*8]のローンチェア (日光浴に使う折り畳み椅子) とヘリウムを満たした 4 束の気象観測気球から成っていた．飛行船は 150 フィート (約 46 m) の高さに達し，地元警察の目にとまった．

彼は翌日の広告用実演の準備という口実で飛び立ったが，実際には，サンガブリエル山を越えてモハーヴェ砂漠まで飛ぶ計画を立てていた．装備品リストは以下の通りである．無線機，高度計，磁石，フラッシュライト，バラストとして水で満たされた

[*7] フラクタル曲線 (自己相似性をもつ曲線．つまり，海岸線の形などでその一部を拡大するともとの形と相似になる曲線) の長さは，眺めている曲線の長さの縮尺に依存する．したがってこの効果を考慮すると，フランスの外周の長さは定義できなくなる．つまり，境界線を眺めるとき接近すればするほど，その長さは際限なく増加する．

[*8] アメリカのデパート．

8つのプラスチックビン，乾燥牛肉，カリフォルニアの地図，カメラ，コカ・コーラ1本，気球を破裂させて下降するためのエアガン．

飛行は全然予定通りにはいかなかった．ラリーは急速に高度 15,000 フィート (約 4,600 m) まで上昇し，ロサンゼルス国際空港に向かう航路の管制空域に流された．彼はデルタ航空とトランス・ワールド航空のパイロットに発見され，不審な飛行物体として管制官に無線連絡された．ニューヨーカー誌のジョージ・プリンプトンとの会見[*9]で，ラリーは気球をエアガンで撃って高度を下げようとしたと述べている．この飛行は順調に進んでいたが，住宅地の上空高度1万フィートでエアガンを落としてしまい，眼下の景色を見て恐怖に駆られたという．

エアガンを失い，急速に高度を上げ続けたラリーは，無線機を使って救難連絡をした．驚くことに，当時の音声録音が今日まで残っており，インターネットですぐに見つけることができる[*10]．オペレーターは，彼が離陸した空港を何度も尋ねている．会話は次のように進んでいる．

  オペレーター：「出発空港名をお知らせください」(繰り返し．それから長い沈黙)

  ラリー：「出発地点はウェスト・セブン通り 1633, サンペドロ」(ラリーの実家の住所)

  オペレーター：「再度空港名を復唱願います．復唱を願います」

飛行時間はわずか 45 分間だけで，ロングビーチの 45 番通り 432 の裏庭で終わった．気球が送電線に触れて落下したとき一帯は停電し，彼は地上に戻ってきた．それは，飛行の歴史に奇怪な1章を加えることになった．翌日 (1982 年 7 月 3 日)，ニューヨーク・タイムズのインタビューで，ラリーは言った．「13 歳のときから僕は気象観測用気球に乗って晴れた青空に舞い上がることを夢見ていたんだ．神の恵みで僕は夢を実現したけど，もう二度とこんなことはしないよ」

どんな奇怪な行為にも真似をする人がいる．長年にわたり多くの人が真似をした．近年では，おそらく最も奇怪な飛行が 2008 年 4 月 20 日にあった．ブラジルのローマカトリック教会の司祭アデリア・アントニオ・デ・カーリー (Adelir Antonio de Carli) は，ブラジルのパラナグアから 1,000 個以上の気球を付けて飛び立ったが，嵐に遭遇してしまい，大西洋上で無線交信をした後，消息を絶った．3 か月後，彼の遺体はブラジル海軍によって回収された．

問題 体重 80 kg の男性を，ヘリウムを詰めた球形の1つの大きな気球でもち上げるとする (図 11.6)．気球の最小半径を正確に推定せよ．気球の被膜の重さも考慮せよ．

解答 まず，ヘリウムの入った気球に作用する次の4つの力を考える (図 11.7)．

[*9] Plimpton, G., 1998, "The man in the flying lawn chair: why did Larry Walters decide to soar to the heavens in a piece of outdoor furniture," The New Yorker, American Chronicles, 1 June, 1998.

[*10] 彼の飛行のビデオもあり，インターネットで簡単に見つけることができる．探し出す価値がある．

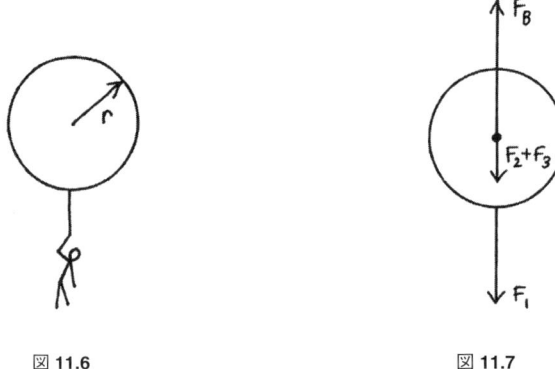

図 11.6　　　　　　　　図 11.7

- 人に下方に作用する重力：$F_1 = m_1 g$．ここで，$m_1 = 80\,\mathrm{kg}$ である．
- ヘリウム入り気球の被膜の重さ：$F_2 = m_2 g$．ここで，m_2 は被膜の質量．この質量は気球の表面全体に分布しているが，ここでは重力は気球の中心に作用するとする．被膜の質量は，被膜の単位面積あたりの質量 ρ_{balloon} と気球の表面積 $4\pi r^2$ の積に等しく，$F_2 = \rho_{\text{balloon}} \cdot 4\pi r^2 g$ と書ける．$\rho_{\text{balloon}} = 100\,\mathrm{g/m^2}$ とする[*11]．
- 気球内のヘリウムにはたらく重力：気球内のヘリウムの質量は，密度 ρ_{He} と気球の体積 $(4/3)\pi r^3$ の積であり，作用する重力は下向きで，$F_3 = \rho_{\text{He}} (4/3)\pi r^3 g$ である．
- 浮力：気球が排除した空気の重さに等しく，上向きに作用する．この力は，気球の上面と下面に作用する圧力の差によって生じる．その力の大きさは，$F_B = \rho_{\text{air}} (4/3) \pi r^3 g$ である．

これらより，
$$F_1 + F_2 + F_3 = F_B$$
F_1, F_2, F_3, F_B の表式を代入して，
$$m_1 + \rho_{\text{balloon}} \cdot 4\pi r^2 + \rho_{\text{He}} \cdot \frac{4}{3}\pi r^3 = \rho_{\text{air}} \cdot \frac{4}{3}\pi r^3$$
となる．まず，上式に数値を代入しよう．$m_1 = 80\,\mathrm{kg}$ であり，$\rho_{\text{balloon}} = 0.1\,\mathrm{kg/m^3}$ とする．空気の密度は，STP[*12] において，近似的に $\rho_{\text{air}} = 1.2\,\mathrm{kg/m^3}$ である．空気の

[*11] 適当な材質を仮定して，単位面積あたりの質量を大きさの程度でさえ見積もることは難しいと，友人は示唆したけれど，私はそうは思わない．想像力を働かせれば，少なくとも粗っぽい推定方法をいくつか思いつく．たとえば，ポリ袋を考えてみよう．ロール状に巻かれたポリ袋の重さから，広げられたポリ袋全体の表面積，したがってこの材質の単位面積あたりの重さを推定できる．ここで考える気象観測用気球の場合，たぶんポリ袋より少し厚い材質を必要とするであろう．

[*12] 気体の標準状態での温度と圧力 (STP) は，化学的性質を測定して比較する際の標準的な状態として決められている．国際純正・応用化学連合 (IUPAC) とアメリカ国立標準技術研究所 (NIST) は標準温度を 273.15K (0°C)，標準絶対圧力を 100 kPa (0.987 気圧，あるいは，1 bar) と定めた．

表 11.2

r (m) の推定値	対応する r' (m) の値	誤差 (%)
2.00	2.70	35.0
2.70	2.75	1.9
2.75	2.75	0.0

相対的モル質量[*13]は近似的に 29, ヘリウムのモル質量は 4 である. 大気圧での多くの気体 (理想気体とする) の密度は, 近似的に分子の質量を用いて与えられる[*14]. こうして, $\rho_{\text{He}} = (4/29) \times 1.2 \approx 0.17\,\text{kg/m}^3$ となる[*15]. これらの数値を代入して,

$$80 + 1.26r^2 \approx 4.31r^3$$

を得る. これは r に関する 3 次方程式であり, 3 次方程式の一般的な解法で解くことができる. その解法は 2 次方程式のものとは異なり, 長く複雑で解を完全に導くには数ページを要する. 3 次方程式の素早い解法としては, コンピュータを用いる以外に, 2 つの方法が知られている. 1 つはグラフを用いるものであり, もう 1 つは反復法である. ここでは反復法を用いよう. 方程式を書き直して,

$$r = \left(\frac{80 + 1.26r^2}{4.31} \right)^{1/3}$$

とし, 反復法で解くために,

$$r' = \left(\frac{80 + 1.26r^2}{4.31} \right)^{1/3}$$

とおく. ここで, r の値を予想して上式に代入し r' を求め, さらに求められた r' の値を r の入力として代入し, r と r' の値が一致するまで繰り返す (表 11.2).

一般に, 実数係数の 3 次方程式は 3 つの解をもつ[*16]. その中の少なくとも 1 つは実数である. いまわれわれは, 問題に合致する半径 r を求めたいので, 1 つの実数解を求めれば

[*13] 相対的モル質量は, 基準質量として用いられる炭素 12 (^{12}C) に対する質量.

[*14] 理想気体の状態方程式 $pV = nRT$ を用い, $n = m/M$ (m は n モルの気体の質量, M は気体のモル質量) とすると, $pV = (m/M)RT$ となり, $\rho = m/V$ として $p = \rho RT/M$ となる. これより, 同じ圧力 p と温度 T の 2 つの気体に対し, $\rho_1/\rho_2 = M_1/M_2$ となる.

[*15] ここで, 気球は非弾性的材質でできていると仮定する. その場合, 気球内の気体の圧力は, 近似的に外部の圧力に等しいと見なされる. 少なくとも密度に関する限り, これはよい近似である. 被膜の張力が重要である弾性的気球の場合, この近似を用いることはできない. 実際, たいていの高い高度用の気象観測気球は, 非弾性的材質でできている. そこで, 気球内の気体は圧力の低い周囲の空気の中に広がるようにしてその体積を増加させる.

[*16] 一般の実数係数の 3 次方程式

$$ax^3 + bx^2 + cx + d = 0 \qquad (a \neq 0)$$

は, 3 つの解をもつ. それらの解には, 3 つの異なる実数解, 2 つが等しい 3 つの実数解, 1 つ

よい．上の反復法から，必要とする気球の最小半径の適正な見積もり値として2.75 m を得た．しかし，その答を再検討すべきである．そのために，$r = 2.75$ m として力の値を計算してみる．そうすると，$F_2 = \rho_{\text{balloon}} \cdot 4\pi r^2 g = 93$ N，$F_3 = \rho_{\text{He}}(4/3)\pi r^3 g = 145$ N，$F_B = \rho_{\text{air}}(4/3)\pi r^3 g = 1,024$ N となり，$F_1 = m_1 g = 784$ N を用いると，ここで用いた精度の範囲内で，$F_B \approx F_1 + F_2 + F_3$ となることがわかる．

この見積もりがどの程度正しいかを知るために，私はインターネットで気象用気球のためのガイドラインを検索した．半径2.75 m の気球は，ちょうど直径18フィートに対応する．ハワイ大学によってつくられたリフト・テーブルによると，直径18フィートのヘリウム入り気球は，88.7 kg の物体を持ち上げることができる[*17]．われわれの得た結果はとても適切であると思うが，そこで用いた気球の材質の密度 (単位面積あたりの質量) の見積もりは，実際に使われているものより少し大きかったと思う．

11.6 息をすると体重が減る？★★

この問題は面白いと，私はいつも考えていた．しかし，生物学的にハイレベルな問題でもある．呼吸は重要であり，また基礎化学はGCSE[*18]の一般科学コースでの出題範囲となっている．実際に本問は見積もりの問題として適切である．

問題 大人1人が呼吸したとき，それによって体重が軽くなる割合を見積もれ．

解答 まず，体重が軽くなるメカニズムを考慮する必要がある．通常われわれは空気中で呼吸し，酸素を二酸化炭素 (CO_2) に変化させる．差し引き，いくらかの炭素がわれわれの体を離れる．また，われわれが外へ吐き出す息は水蒸気で飽和している．そこには，われわれが質量を失う2つのメカニズムがあり，それらがどれくらいの速さで起こるのか推定する必要がある．

11.2 節の問題で，典型的な大人の呼吸量は，$v = 500$ ml $= 0.5 \times 10^{-3}$ m^3 であり，また4秒間に1回の割合で呼吸しているので，その頻度は $f = 1/4$ になると推定した．部屋の温度と圧力での空気の密度 ρ は，およそ 1.2 kg/m^3 である．したがって，肺へ流入する空気の質量の割合はほぼ，

$$\dot{m}_{\text{in}} = \rho f v = 1.5 \times 10^{-4} \text{ kg/s}$$

である．さて，すこし化学的に考えよう．空気の体積のほぼ21%は酸素 (O_2) であり，残りの79%は窒素 (N_2) である[*19]．われわれが吐きだす息には酸素が体積のほぼ16%，

が実数で2つが複素数である解の3通りの場合がある．解の求め方やそれらの幾何学的説明は興味深い．それらは上級の数学コースではほとんど教えられなくなっているが，もし興味があれば，それらをしらべてみるとよい．

[*17] リフト・テーブルによると，同じ大きさの水素入りとメタン入り気球は，それぞれ96.4 kg と42.3 kg の物体を持ち上げることができる．
[*18] 6章の脚注*1 参照．
[*19] 全体の体積が1%未満であるごくわずかの不活性気体と二酸化炭素 (CO_2) を無視する．

二酸化炭素がほぼ5%を占めている．分子量は O_2 (32)，N_2 (28)，CO_2 (44) である．これらより，吐き出す質量と吸い込む質量の割合の比は，

$$\frac{\dot{m}_{\text{out}}}{\dot{m}_{\text{in}}} = \frac{79 \times 28 + 16 \times 32 + 5 \times 44}{79 \times 28 + 21 \times 32} = 1.021$$

となる．呼吸によって失われる炭素の割合 $\dot{m}_C$ は，肺に流入する質量と流出する質量の差であり，

$$\dot{m}_C = \dot{m}_{\text{out}} - \dot{m}_{\text{in}} = 3.2 \times 10^{-6} \text{kg/s}$$

と推定できる．次に，呼吸によって失われる水蒸気の割合を考える．呼吸で吐き出される空気の中の水蒸気の密度は生のデータで推定できることに注意しよう．凝結した水滴は冬の車の窓の内側や寒い日のパーティー用気球に見られる．必要なデータは参考となる表をしらべ，正確な数値を探せばよい．体温 (37°C) での飽和水蒸気の密度はほぼ $\rho_{H_2O} = 44 \text{g/m}^3$ である．差し引き吐きだされる水蒸気の割合の最大値は，完全に乾燥した空気を吸い込むとして，およそ，

$$\dot{m}_{H_2O} = fv\rho_{H_2O} = 5.5 \times 10^{-6} \text{kg/s}$$

である．呼吸で炭素と水蒸気が失われる割合は同程度であり，失われる質量の割合の和は，

$$\dot{m}_T = \dot{m}_C + \dot{m}_{H_2O} = 8.7 \times 10^{-6} \text{kg/s}$$

となる．そうすると，24時間で体重が，

$$\Delta m = \dot{m}_T \times 24 \times 60 \times 60 = 0.75 \text{kg}$$

だけ失われることになる．

この数値は非常に意味深い．この推定によれば，1日に 0.27 kg の炭素と，最大で 0.48 kg の水蒸気を吐き出し，呼吸するだけでかなり体重が減ることになる．

人体が炭素を失う主な理由の1つは呼吸であると，私は常々仮定してきた．つまり，主に呼吸によって水以外の体重を減らす．さらにこの議論を進めてみよう．われわれの通常の呼吸量を増やすこと，たとえば運動を行うとさらに体重は減る．もし2週間登山に行き，1日12時間以上激しい運動を行うと，かなり体重が減る．二酸化炭素分子 (CO_2) を吐き出すたびに，1個の炭素原子 (C) の分だけ体重は軽くなることになる．私は長年にわたって医者にこの理論を投げかけたが，反応はなかった．私は未だ，これに反する説得力のある議論を聞いていない．しかし，この問題をしらべる中で理解してくれる仲間を見つけた．「人体の炭素収支」という題名の最近の論文[*20]で，著者は次のように書いている．

[*20] West, T. O., Marland, G., Singh, N., Bhaduri, B. L., Roddy, A. B., 2009, "The human carbon budget: an estimate of the spatial distribution of metabolic carbon consumption and release in the United States," Journal of Biogeochemistry, Vol. 94, pp. 29–41, DOI 10.1007/s10533-009-9306-z

米国の平均的な大人には 21 kg の炭素 (C) が含まれ，年間 67 kg の炭素を取り こんでいる．また，呼吸によって二酸化炭素 (CO_2) として 59 kg，便と尿として 7 kg，屁，汗，匂い物質として 1 kg 以下の炭素を放出し，平衡を保っている．

これは興味深い論文だ．われわれは取り入れた炭素の 88% を呼吸によって失っている！ われわれは，呼吸だけで 1 日あたり 0.27 kg，すなわち 1 年で 98 kg の炭素を失うと推定した．推定上の結果としては，それは私が引用した研究の著者が示している数に非常に近いものになっている．もし，あなたがダイエットしたいのであれば，単に呼吸を速くすればよいのだ[*21]．

[*21] もちろん，運動することによってである．

後　　　記

　私の親友テット・アマヤ (Tet Amaya) 氏は物理から数学へ転向した人物だが，彼の頭脳の大きさは天文学的スケールといえる．彼は本書の問題のすべてを解くことを快く引き受け，それを数日で終えてしまった．戻ってきた原稿にはところどころ手書き注釈があったが，それをここに記載しておきたい．その注釈は，どこに，より詳細な説明を加えるべきかを示唆してくれていた．

　　　　　　　　　　　　　　非常に不明確!! (So unclear!!)

　　　　　　　　　　　　　　生徒は泣きたくなるよ!! (Students will cry!!)

あるいは，私自身が作成した解答が間違っていると同氏が考えた場合，

　　　　　　　　　　　　　　すべて間違い!! (All wrong!!)

　　　　　　　　　　　　　　全体的に間違い・・・ (Totally wrong・・・)

上記のメモをみれば，いくつかの問題が難しくて解けないと思っているのはあなただけではないことがおわかりだろう．もし，解答が不十分と思ったり，本当にわからない点があれば，その内容をご連絡をいただきたい．将来の改訂版に加えるつもりである．

やや変わった経歴

　私は幼いころから物理学者とかエンジニアになるように運命づけられていたのであろうか．どうもそのような兆しはなかったようだ．昔に思いを馳せてみても，どういう経緯があって現在，本書に掲載されている遊び心を誘う物理の問題に興味をもっているのかよくわからない．気まぐれな子供を救おうとする両親とか神様の思慮深いとりなしによるものであるのか，あるいは，単に偶然が重なった結果なのか，これには答えようがない．しかし，その経緯はいってみれば私が楽しんできたもの，そして私が知り合った人々の影響による，ということで少しは説明できるかもしれない．それを語ってみたい．

幼　少　期

　私の母は特別な教育を受けたわけではないが，相応の才能あるエンジニアであった．1970年代に性差別主義がなかったら，その分野で学位を取得していたであろう．当時の男性中心の教育風土は母には堪え難かったようである．このことと，母の教育に対する関心は，何らかの影響を私に及ぼしたに違いない．私は特に才能に恵まれているとか努力家だとかいわれるような子供ではなかった．いうならば遅咲きだった．

　しかし，幼い頃から私には創意工夫する才能が多少あったようだ．最初にそれが明らかになったのは，家の居間に置かれていた大きな木製ベビーサークルを私が要塞に見立てて，それを襲おうとあれこれ試みたことだったと聞いている．毎朝ベビーサークルが1歳年上の兄の周囲につくられていたが，それは兄が逃げ出すのを防ぐためではなく，わたしが兄を攻撃しようと工夫するのを阻止するためであった．幼いとき兄は，ほとんどの時間その中にいてむさぼるように数学の本を読んだり，計算盤を使って計算をしたりして，私がベビーサークルをあの手この手で攻撃するのを落ち着き払って無視していた．兄は3歳にして天賦の才能があり，かつ努力家でもあった．

木登りと花火づくり

　私の一家は，おおよそ私が5歳から12歳までの間，南米ベネズエラの沖合の小さな熱帯の島に住んでいた．最初にエンジニアおよび化学者としての体験をもったのはまさにその場所であった．これらの年月，お小遣いのほとんどすべては滑車，窒化カリウム，そして電線を買うのに費やされた．

大きな木を上るのに滑車を利用した．ロープを複雑にかけて，それを使って兄と私は熱帯雨林の天蓋の頂きに上った．夕闇が迫ってくると，父は家から出てジャングルの中に入ってきて，100フィート (約 30 m) の高さの木の頂上から聞こえる声を頼りに，私たちを探した．私は自作の木製の椅子に座って降下した．そのときに使った装置は，3 連の滑車を使用した昇降システムであって，滑車にかけられたロープは 300 フィート (約 100 m) もあり，それを両手にもって交互にたぐりよせながら降りた．それから今度は兄が降りるためにその椅子を兄のいる場所へと引き上げた．よくもこの奇妙な手づくりの装置で大事故を起こさずにすんだものだ．

私たちは，実現可能な面白い木登り法を考え尽くしてしまった後，花火づくりへと興味を移した．最初につくったのはマッチの先とスズ箔を用いた無害なものである．それは大きな音をだしてはじけるので，ディナーパーティーに集まった宗教関係のお客さん達を喜ばせた．次いで，小型であるが耳が割れるような大音響をだす花火づくりへと発展させた．それは傘の柄を短く切ったチューブでつくられており，中には何本ものマッチの先端部を削ぎ落として詰め込み，万力で注意深く締め付けたものである．それを何本も母屋より遠く離れた敷地の端にもって行き，木の小枝の上において直下にローソクを立てた．大きさは小指ほどのものであったが，驚くほどの効果を上げ，何マイルも離れた場所で容易にその破裂音が聞こえた．これらの花火を，確実に安全性を保ってつくるための決まった方法はなかったが，当時 7 歳の私はそれをやり遂げた．慎重な準備，汚れ落とし，衝撃の回避，それらを確実に行ったので，指を吹き飛ばされるとか，酷い事故に会わないですんだ．締め付けた傘の柄を脱脂綿で裏打ちされた箱に何本もつめて，発火場所へと運んだ．今日ではほとんどの国で完全に違法であるが，当時は今とは違って特に規制がなかった．そのような状況でも深刻な怪我をしないですんだのは奇跡的だった．

もっと強力な花火をつくり始めると，何百本ものマッチの先端部を削ぎ落とす時間が無駄に思えてきた．さらに，もしも花火の１つをうっかり落としてしまったら爆発して大怪我をする危険に気付いた．そこで安全上，衝撃を与えても容易には点火しない化合物を混ぜることが重要だと悟った．そんなことから化学への興味が深まっていった．

幸いにも当時，母は高校上級レベルの化学を教えていたので，家には手に取って読める参考書がそろっていた．8 歳になるまでに，私は通常の酸化剤と被酸化剤について専門知識を身につけた．しばらくすると，以下のような専門用語を母に聞かせて感激させた．猛度 (brisance)[*1]，爆燃 (deflagration)[*2]，爆轟(ばくごう) (detonation)[*3]．幸い私の両親は教育についてはたいへん進歩的な考えをもっていた．しかし，私に芽生えた科学

---

*1 猛度は，爆発の威力を示す値のこと．

*2 爆燃は，相対的に遅い亜音速燃焼過程のこと．これは低強度爆発性混合物がゆっくりとした分解率で反応が進行するとき，その熱輸送によって発生する．このとき，材料内の連続した層は順次隣接した層によって加熱されて点火する．

*3 爆轟は，高強度の爆発性混合物が非常に急速に点火する過程のこと．これは急速な発熱反応によって駆動される混合物を通しての超音速衝撃波の進行によって起こるものである．

へ興味は，両親にとっては安堵と同じくらいに心配の種となっていたに違いない．両親は，せめて私の情熱が勉学への興味へと移って行ってくれないものかと願っていただろう．

ともかく，私は地元の薬剤師に，コンビーフの保存実験に使用するのだと説明して，窒化カリウムの半ポンド袋を輸入してもらった．他の薬剤師から硫黄を購入するときは用心深く注文したので，何のために使用するのか，などという質問を受けずにすんだ．より大きな花火を扱うときに遭遇した問題は爆轟の安全性であった．そこで，離れた安全な場所から電気的に点火することにして，6か月間ためた小遣いで何百フィートという電気ケーブルを購入した．これは私にとっては結構な投資であった．わが家の敷地は何回もの実験の結果，たくさんの窪みができ，花火の残骸が散乱した状態になってしまっていた．私の花火に対する興味は本来芝居染みた効果をねらったものだったが，警察は政治的な背景を懸念しており，緊急対応が必要というわけでもないのに，離れた場所で行う私の花火に警戒心をもったようだ．わずか1年前に，ベネズエラはアメリカ軍の侵攻によって大規模な空爆を受けた．これは，それに先立って国内でクーデターが起き，マルクス主義者による血なまぐさい政府転覆事件があったことの結果であった．アメリカ軍の侵攻後，長期間にわたって島には焼き尽くされた戦車と武装ヘリコプターが放置されていた．お気に入りの海水浴場で，私と兄が武装ヘリコプターの残骸に向かって自由飛び込みを行ったことを思い出す．子供達が日常の中に娯楽を見いだすその能力には驚かされる．

もっと大規模な花火をつくってみる機会を待たずに私は花火製作をあきらめた．このことは幸運だったといって良い．というのはその頃，私は小型の花火装置をつくりあげたが，それで思いがけない結果をもたらしたからである．その顛末は以下のようなものである．家で来客をもてなす際に，私はときどきその卓上の花火装置を披露した．それはディナーパーティーの最後を飾るに相応しい余興であった．あるとき，自慢しながら傑作の1つをまな板の上に乗せて部屋にもち込んだ．見せ物は，火と音と煙との小規模な響宴という予定であった．マッチの先端を水につけて粉に挽き，それを乾かして導火線をつくる．その導火線がまな板の上で見事にシューシューシューと動き回って，その後，正確に指定した時刻に放電発火が起こり，空中に勢いよくもうもうと煙がたちのぼる．さらに続いて，色とりどりの花火が順次打ち上げられ，バーンという爆発音でフィナーレを飾る，このようなものだった．しかし，実際には爆発音は予想外に強烈だったので，全員テーブルから後方に跳ね飛ばされ，椅子とか床に散らばったナイフとフォークの上に仰向けに転倒した．1人の神経質な女性は叫び声をあげて家から逃げ出し，その後，二度とわが家を訪れることはなかったと聞かされた．

パズル箱，コンピューター，凧

イギリスに戻ってきたとき，私は中学1年生になっていた．すぐにイギリスの生活につきものの雨とか狭い庭は，ベネズエラで楽しんだような野外遊びには向かないと思い知った．そこで私はパズルづくりに，そして兄はコンピューターに夢中になった．

パズルというと，多くの人が思いつくのはジグゾーパズルとか，お年寄りの暇つぶしとか若者が気分発散に購入する安物雑誌に掲載されている類いのものであろう．しかし，わたしの興味は機械パズルにあった．いま，半分くらいしか内容を覚えていないが，父が語ってくれたことによると，私は叔母がもっていた木製本箱のレプリカに心を奪われた．これはパン1斤程度の大きさで彫刻が施されていたが，その蓋を開けるのは一見不可能に思えた．彫刻された1冊の本をいじっていると小さな隙間があり，鍵が見つかる．他の羽目板を動かすと鍵穴がみつかり，最終的に隠された仕切り箱が開く．このような仕掛けであった．

私は大工仕事を学び始め，そこそこの大工道具一式をそろえて腕前をかなり上げていた．そのころはインターネットが普及するより前の時代であり，パズル製作は暇を見つけて断続的に行える格好の作業であった．地域の図書館に通って全力で探してみても，パズル製作の歴史上において特筆すべきものは何も見いだせなかった．しかし，いま振り返ってみると，このことはかえって良かった．なぜなら，伝統的なものに影響されることなく，ユニークなデザインをまったく独力で考案することに専念できたからである．後で知ったのであるが，私を虜にしたジャンルは秘密箱パズル[*4]とよばれる分野のものであって，これは蓋開けパズル[*5]の一種であった．

その後の数年は，何千時間もガレージの中で過ごし，より精巧なパズル箱のデザインをいくつも完成させた．設計と製作にはかなりの注意を要した．完成して蓋が閉じられると，それを開けて内部に入る唯一の方法は，内部機構を完璧に作動させることである．それができなければ大槌でたたき壊すしかない．私の考案した最も複雑なパズル箱は，「足載せ台」の形状をしたものであった．1対の互いに向き合う側面を樹脂で鋳造し，ドラゴンで装飾した．ドラゴンの口が内部への侵入のヒントとなる．他の1対の向き合った側面には4つの木製引き出しを付け，それらの前面には象形文字のレリーフを施した．この象形文字を解読すると，引き出しを次々と開けることができる．最後の引き出しを開けると，2つの金属球がドラゴンの口の中に落下して第2段

[*4] 私の友人，ジェームズ・ダルゲティ (James Dalgety) は機械パズルの世界的権威であって，人類史上最大のコレクションを所有するパズル収集家である (同氏は150,000種類もの個別パズルのコレクションをもっている)．彼は自分のパズルを分類整理するのに11分類法を使用している．それは結合パズル，ジグソーパズル，組み上げパズル (非結合型)，模様パズル，蓋開けパズル，絡み合い開放パズル，迷路パズル，逐次運動パズル，固定蝶番パズル，功名パズル，水差しと瓶パズルである．

[*5] 後日知ったのであるが，日本の箱根で蓋開けパズルが製作されてきたとのことである．さらにイタリアのソレントでは19世紀初頭からつくられていた．興味あることに，それらのパズルのデザインは200年間大きくは変化していない．

階の機構が作動する．このような機構は全部で5段階まで仕組まれていた．途中で動かし方を間違えると全部始めからやり直す必要があって，パズル挑戦者の意気を消沈させることこの上ない．

　数年後，17歳になったとき，ポルトベロ (Portobello) 街の古物市で1つのパズル箱に偶然出合った．残念なことにそのときにはお金がなく買えなかったが，かわりにもっと価値のあるものを見つけて帰ることができた．それはあるコレクターの電話番号で，彼は人類史上最も多くの機械パズルのコレクションをもっていた．私は彼に電話をかけて 150,000 点以上もあるパズルコレクションを見せてもらった．嬉しいことに，私のいくつかのパズルは同氏の厳しい評価のもとで合格点をもらい，それ以来，パズル関係の年会には常連として招待を受けている．そこには一流のパズルコレクター，パズル制作者，数学遊びの専門家達が世界中から集まって一堂に会する．

　私がパズル製作を行っている間，兄は BASIC[*6] プログラム作成の勉強をしていた．当時は家庭用コンピューターの使用が始まったばかりであって，母はプログラマーになろうと決心し，Amstrad CPC6128[*7] コンピューターを購入していた．それは 128kB の RAM を積んでいて，さらに BASIC インタープリターを内蔵していた．この存在は兄の職業選択に影響を与えたと断言できる．兄はいま，プログラマーかつ音声認識研究者として活躍している．兄はおおよそ13歳から16歳の間，ほとんどの時間をコンピューターゲームの作成に費やしていた．プログラムをつくっていないときは，電子玩具をつくっていたと思う．兄は1人で仕事をするタイプであり，わたしが兄の発明に口だしすることはめったに許されなかった．あるとき兄の電子工作場，それは物置の後部の乱雑に立込んだ場所にあったのだが，その内部に入ってみた．そのとき兄が木製のカウンターの上板の上にうずくまっているのを見つけた．上板にはハンマーで打ち込んで貫通させた一連の3インチ (約 7.6 cm) の釘が頭をだしており，兄はそれぞれの釘を指で順次さわりながら「痛い！」と叫んでは顔を歪めて手を引っ込めていた．それぞれの釘の根元には，0 と 110 の間の数字がマジックペンで書いてある．兄は電源を改良中であって，うまくいくと，電圧を変えるのに変圧器をいちいち切り替える必要がないという．それぞれの釘には，下部に隠されている複数の変圧器から 110 ボルトまでの各種電圧が独立に供給されている．兄によると，この装置の唯一の欠点は，異なる釘に電線を接続するときに感電することである．まったくのところ，兄が感電死するという酷い事態にならなかったのは幸いであった．

　兄が大学進学のために家を離れる直前のことであるが，私達はともに凧とロケットに興味をもった．ロケット実験には，地元のモデルショップで購入した実験キットを使用したので無難なものであった．しかし，それは後日もっと真面目な興味，ジェットおよびロケット推進システムに対する専門的興味に火をつけることになった．一方，凧

[*6]　BASIC (Beginners All-purpose Symbolic Instruction Code) はプログラム言語であって，1980年代に家庭のコンピューター用として普及していた．

[*7]　これは最初の家庭用コンピューターである．CPC は Colour Personal Computer の略語である．

揚げは本質的にもっと実践的なものであった．私達は一本糸のラムエア凧[*8]，およびパラフォイル凧[*9]に興味をもつようになった．私達は変わり種のあらゆる種類の凧をデザインした．兄は特に楕円半球に似た形状の凧づくりの虜になっていた．それは正面に空気の取り入れ口があり，側面には安定化のフィンがついている．理想的な素材は，気泡が少なく軽量のポリウレタン樹脂で被覆されたナイロンであるが，私達には購入する資金なかったので，軽量の絹糸をワックスに浸した自作の材料を用いた．それを紙に描いた設計図に従って切り取り，電動ミシンを用いて組み上げた．数か月の間，家の中は凧つくりの部品の海となっていた．

しかし正直な話，われわれの最も斬新なデザインはまったくの失敗であった．自作の織物素材はたいへん重く，同形の凧を多数つくったものの，それらは暴風でも吹かない限り上がることはなかった．そこで車を使うことにしたが，私達兄弟のいずれもが運転免許を取得する歳にはなっていなかったので，年長の友人であるアーサーに協力してもらうことになった．第2次世界大戦時には使われていたものの，当時は使われていなかった飛行場に出かけて車を走らせて実地試験を行った．最初に，滑走路上に慎重に方向を合わせて凧を広げ，兄が高く持ち上げる．一方，私は車の後部荷物室内で後ろ向きに座って後部ドアを開けて凧紐で凧を操る．そしてアーサーが運転席でハンドルを握り，車はゆっくりと滑走路を走り出す．次第に加速させ，最終的には兄が走ることのできる最高速度までスピードを上げる．それから私は凧紐をひと引きすると同時に，アーサーはアクセルペダルを床に着くまで踏み込んで速度を一挙に上げ，凧が空中に舞い上がることを期待した．もしもうまく行けば凧は上がるはずであったが，実際はほんのわずかであった．

しばらくたつと，私達の興味は多重連結されたパラフォイル凧へ移った．これはもっと性能が高く，驚くべき上昇力をもつ刺激的な凧であった．あるときなど，強風が突然吹き始めたので，アーサーは，自分の体が浮き上がらないように，駐車させてある自動車の牽引棒に体を縛り付けるように指示をしてきた．

私は適当な長さの麻のロープで素早くアーサーの腰を牽引棒に巻き付けて彼の安全を確保した．ところが，アーサーの体はロープよりも強く，突風の中でロープはバラバラにちぎれて彼は天空に舞い上げられてしまった．足が6フィート (約1.8 m) 程度地面から離れたとき，アーサーは凧紐を離してドスンと地面に落下した．そして左肩を脱臼し，目のまわりに少量ではあるが目立つほどの血しぶきがついた．私達は凧を袋にしまって，アーサーの左腕を三角巾でつり，スカーボロー総合病院 (Scarborough General Hospital) に向かった．病院は1時間ほど離れた所にあり，そこに到着するまで，アーサーはアクセルペダルとハンドルを操作し，私はギヤーとサイドブレーキを担当した．行き着くまでにはわれわれは熟練した操縦チームになっていた．病院の救急治療室では，なんと不思議なことに病棟の女性看護士さんがとても楽しそうにアー

[*8] (訳注) 空気を取り入れる1本糸の凧．
[*9] (訳注) 風で広がる柔軟な構造をもつ凧．

サーに応対しているではないか．看護士さんは言った．アーサーの額の傷を縫う必要があるのでまず麻酔医を見つけてこなくてはね，と．要するにこれはジョークであり，アーサーは実のところスカーボロー総合病院の顧問麻酔医なのであった．

面 接 試 験

　1996年12月，さわやかに晴れ渡ったある朝，私はオックスフォードの聖キャサリン・カレッジ (St. Catherine's College) 内の少々反響の多い吹き抜けのロビーに立っていた．淡い緑がかった青色の扉には1インチの大きさの字でM.J.M. リースク博士 (Dr. M.J.M. Leask) と書かれた表札が付けられていた．私は物理の面接試験を受けにここにやってきたのである．まもなくドアが開いた．私は初めて，風変わりであるが格調高く名誉があり，格別に厳しいことで知られるところの知識人と科学者の世界へ入ることを許された．しかしそのとき，私はジーンズと祖母から譲り受けた古着の1つである明るいクリスマスジャンパーを身に着け，ボロボロに履き古した緑色のナイキ製の靴を履いており，その出で立ちでいままで見たこともないように徹底的に磨き上げられたリノリウムの床を見下ろしていた．当時，私の髪は肩より下まで延びていた．私は少々奇妙に見えたに違いない．

　そのとき私は何を考えていたのか正確には思い出せないが，ここで私は何をするのだろうかと，あれこれ思いめぐらしていたに違いない．私は決して緊張していたわけではなく，奇妙にも楽しい気分でいた．入学する機会を与えられるなど現実にはありえないと感じていた．そこで，オックスフォードでの時間を楽しもうと心に決めていた．ともかく，この風変わりな場所に再び来ることはない，と思い込んでいた．合格してここで居場所を提供されるかもしれない，などという考えは気持ちの片隅に押しやられていた．まさか将来，私がオックスフォードで物理の学位を取得するばかりか，工学博士号を取得して，その後学習指導員，すなわちチューター[*10]になるなどということは考えてもいなかった．私は北イングランドではたいへん評価の高いことで知られていた総合中等学校に通っていたが，そこからオックスフォードを受験する生徒はたいへん少なかった．このことが自分自身の合否判定に偏見を与えるのではないかと心配していた．さらに，前日の筆記試験でえらい大失敗を犯してしまったので，よもや

[*10] オックスフォードとケンブリッジにおいて個別指導教師 (学部では講義を行い，カレッジでは個別指導を行う者) は通常は単にチューターとよばれる．実際にこの呼称は，類似の教育任務をもっている誰に対しても用いられる．しかし，この呼称は明らかに混乱を招いている．私のことを母はドン (don) とよんでいた (思うにユーモアをこめて使っていたのであろう)．その言葉「ドン」は1960年代頃によく使われていた．その言い方についてある者はいまでも親愛を込めて，しかしある者は不快感を抱いてきた．この変わった言葉は，実際オックスフォード，ケンブリッジ，そしてカトリック聖職者の中で使われる特有なものであった．オックスフォード英語辞典によると，donは「英国の大学での慣用語．カレッジのフェローあるいはチューター」．2番目の意味として「マフィア組織内の上層役員あるいは有力者 (尊敬をこめた呼び方)」があるが，混同しないこと．

合格するとは思っていなかった．というのは，問題を見た瞬間，それを解くのはとても不可能であると感じた．どの問題にも奇妙な記号「i」が書かれていたからだ．実際のところ，「i」は単なる虚数単位である．どの生徒でも，高校の上級コース数学を学んだもの，あるいは標準コース数学の学習を終えたものは，複素数記号を用いた課題を学習してきているはずである．けれども，その時点で私は「i」を学習していなかった．

そのような状況にあって，ドアが開けられて室内に招き入れられたとき，期待されて来た，というより騙されて来た，という気持ちでいた．

室内は日の光に満ちていて，本箱とホワイトボードが並んでいた．また，科学実験器具など興味を引くものが一杯あった．小柄で活気に満ちて，もじゃもじゃの白髪の男が，エッグチェアに非常に寛いだ格好をして座っており，何と恐ろしいことに私の筆記試験の解答用紙を握っているではないか．最初に彼が私に言った言葉，本当にチューターであれば誰でも最初にいう言葉，それは「おやまあ，君のテストは惨憺たる結果になっている．一体全体何が起こったのかな？」彼は「惨憺たる」という言葉を強調したのだが，私にはあたかもその問いかけが少々冗談のようではあるが抽象的な問題のように聞こえた．そこで，私達はこの設問が解決するまで一緒になって考えた．この状況では，真面目に対応する以外やりようがない．私は筆記試験中は完全に途方にくれており，終わってから「i」は複素数を表すことに気づいたことを説明した．

チューターは嬉しそうに頭を後ろに傾け，足を揺すりながら「これは"無限大的に"面白い！」と言った*11．彼は心底楽しんでいたが，それは私の知識不足を楽しんでいるのではなく，いままで複素数について学んだことがない受験生が，複素代数に関する試験を受けるという奇妙な苦境に対してである．しかし，楽しみは長くは続かなかった．次にチューターは体操をしているような仕草で立ち上がり，ペンを振り回しながらホワイトボードに向かって素早く光学の問題をスケッチした．彼はまず目を，続いて円を描いて，これはガラス球を表していると説明した．そして最後に円の中心に点をつけた．その点は埃 (微塵) とのことである．それから彼は振り向いた．彼は創作したばかりの問題を議論することの楽しさからか，目をキラキラ輝かせていた．「君が物理を多少知っているかどうか，この問題でより良くわかるだろう」彼は勝ち誇ったように言った．部屋には活気が満ち溢れて，私は彼にとても好感をもったので，彼を失

---

*11　われわれのグループは，リースク博士をたいへん好きになった．そして，先生 (リースク博士) は自分が考えたままにいつも数学言語を用いてしゃべった．私は1度だけ先生と一緒にオックスフォードを離れて旅をしたが，そのとき，たいへん思い出に残る先生の言葉を聞いた．私達は，ウィ谷 (Wye Valley) にあるシモンズ・ヤット (Symonds Yat) とよばれる場所で岩登りをした．先生は垂直の岸壁のはるか上にいて，岸壁につま先をたてて危なっかしくへばりついており，岩場で安全を確保するものは何もない状態にあった．万一落下したら確実に致命的と思われた．私は実際には非常に心配になったが，私の心配を先生に伝える方がよいか，あるいは先生の集中力を削ぐようなことは何も言わない方がよいのか，決心がつかなかった．しかし，何か言おうと決心した．「先生，何か身を守るものを使わなくて良いのですか」それに対して即座に先生より応答があった．「ねえ君，私の注意をそらさないでくれ．私は目下，"無の平方根" の上に立っているのだ」その比喩的なイメージは適切であった．

望させまいと努力した．

その後の45分間にわたって，私はホワイトボードに向かって，今まで聞いたこともないような風変わりで難しい問題を解くことに集中した．途中でチューターは，部屋の反対側に跳ぶような足取りで向かい，引き出しをあけて何か物探しをしていた．戻ってきたときにもっていたのは内側が鏡面になった奇妙なお椀であり，それには蓋がついていて，その蓋は曲面状で内側は同じく鏡面になっていて，中に穴があいていた．一種のハマグリの貝殻のようなものである．彼はハンカチで両方の鏡面のほこりをはらって，サイドテーブルの上でその貝殻じみたものを組み立てた．そして小さなプラスチック製の豚を蓋の穴を通して中に落とした．その豚の寸法は小指の先端から第1関節に至る程度の大きさで，あざやかなピンク色をしていた．これを覗いてみるとピンク色の豚が浮き上がって見えるではないか．豚は装置の上部で揺れ動き，小さな黒い目でわれわれを見上げている．素晴らしい幻影である．このときチューターが床に跪いていなければ，彼は楽しさのあまり飛び跳ねていたに違いない．彼は私にどのような原理にもとづくのか説明を求めた．それから彼は次のような問題を出した．1つは高圧送電線についての込み入った問題，2つ目は固体の熱膨張についてのエレガントな小問題 (仮想的な板にボールを落下させて貫通させ，加熱あるいは冷却すると貫通孔はどのように変形するかという問題)，最後は射撃の問題で，ライフル銃を水平軸のまわりにある角度回転させて構え，命中させようと照準をあわせると銃弾はどこにあたるのか，というものであった．

白状すると，面接試験中には多くの間違ったことを言ってしまった．チューターは「君はそれを確信しているのかね」と聞きただし，「それだとこうなるよ」といって穏やかに批判してきた．そして，それらの会話を通して私が述べた内容がどうして間違ってしまったのか，間違いに気づいて訂正できるかどうかを見ていた．まれなことではあるが，正しいことを何か言ったときには，彼は「素晴らしい．まったくもって素晴らしい」と言ってくれた．そして，息つく暇もなく次の問題へと進んでいった．あっという間に45分が経過した．「時間はわれわれの敵だ．そうだよね，君」といって，彼は暖かい手を差し出して握手をした．私はロビーへ戻り，磨かれたリノリウムの床の上にある私の緑色のナイキの靴，それに「M. J. M. リークス博士」と書かれたドアの表札を眺めた．

私は自分の脳の中身が一時，別の容器に移され，そこで再整理されて元に戻された，というような少々妙な気分を味わっていた．というよりも気を失ったような状態になり，そこに立ちながら本当にこの巡り会いが起きたのか確かめようと試みた．面接試験を受けるにあたって，オックスフォードでの体験を事前に予想していたが，現実にはまったく違った体験であった．

私はゆっくりと歩いて駅まで行って北方面行きの列車に乗った．私がこの最初の面接試験の一瞬一瞬を細部にわたって思い出すにつれてわかったことは，このチューターは疑いもなく，いままでに会ったなかでは最も熱心で，感じよく魅力的な先生である，ということである．世の中に教えてもらいたい唯一の先生がいるとしたら，彼こそそ

の人である*12.列車はオックスフォードの駅を離れたが,もう二度と私と交わることはありえない,という考えにとらわれてたいそう気分が落ち込んだ.

　面接試験が終わって間もなく,物理学専攻の1年間猶予付き入学許可証*13を受けとった.実はその時点では,大学入学前の1年間は旅にでかけることに決めていた.この入学許可は事務的なミスであると思った.しかし,即座に受諾する旨の手紙を返送した.大学からは,合格通知は事務的混乱によるミスである旨の詫び状がくるものと半分思い込んでいたが,驚くことに,暖かな手書きの手紙が返信されてきて,そこには,チューター一同は1年後に私と会えることを楽しみにしている,と歓迎のメッセージが書かれていた.

エンジニアリングとツリーハウス

　その年,仕事を求めて世界中方々に応募書類を郵送し,機会が提供されるのならばどこにでも行こうと考えた.その結果,6か月間はアメリカのコネティカット州で過ごし,そこでは最初は木材の切り出し作業を行い,後にはある芸術家のためにツリーハウスの設計と施行を行った.ツリーハウスの製作委託を受けるに至ったきっかけは,想像するに,木登りの得意技に加えて,他の誰もが引き受けたがらないそのプロジェクトに私が夢中になったからであろう.幸運にも,誰も建築の資格証明書の提出などを求めてくることはなかった.

　このツリーハウスは,床が一辺16フィート(約4.8 m)の四角形であり,地上より30フィート(約9 m)も上に設置される.製作は,私にとって魅力的な請負仕事であった.製作には複雑な金属加工が必要で,その部分は地元の鍛冶屋に下請けに出した.また,地元の会社から借りたクレーンを使用して,16フィートの梁となる角材4本を何日もかかって適所につり上げ,さらに1本の太い幹から広がった数本の枝に腕木を設置した.この作業には樹木の専門家の教えを受けた.部材の持ち上げには多人数が必要であったが,このツリーハウスのプロジェクトは地域で評判になったので,人手を得ることについては心配がなかった.それぞれの梁を所定位置に固定する際には,かなり強い命令口調で作業員に指示を与えた.ツリーハウスは,木の幹の相対的な動きに柔軟に対応できるようにかなりの工夫を凝らせて設計されており,その設計については内心では相当の自信をもっていた*14.どのような方法を用いたかというと,それぞれの梁の一端に回転軸を装着し,対向する他端には研磨されて摺動性をもった滑り材(ころ)を使用して,強風の中で全体の構造が変形しても内部応力が発生しないよ

---

*12 リークス先生は3年間私を教えた.そしてどんな些細なことについても冴えて見られ,先生ならばそうであろうと信じられる正にその通りであった.私が見るところ,先生は他の人が絶対に真似できないような飽くことなき好奇心と,感染力の強い情熱をもって主題に生命力を与える能力をもっていた.

*13 (訳注)これは1年間自由に過ごしてから入学してよい,という特典がついた許可.

*14 私は風の日の測定をもとに揺れの程度について見積もっていた.

うにした．同様に，根太(梁の間に渡された床を乗せる角材)とその上に張る床板について，床板は根太の一端のみでピン留めし，他端は滑り溝で支持されるように工夫した．この最初の技術コンサルタントとしてのプロジェクトは，工期の点でも経費の点でも満点であった．竣工祝いのディナーは30フィート上空で催された．このツリーハウスはその後増築されて，壁，屋根，材木ストーブが設置され，何年もの間，接客小屋として使用された．

物　　理

　イングランドに戻るや否や私は列車でオックスフォードへ向かい，物理の学位取得開始の第一歩に取りかかった．カレッジでは同学年の所属グループメンバーは8名であった[15]．それぞれ異なる経歴をもっていたが，1つの共通点があった．それは，誰もが物理が好きだという点である．カレッジの入学筆記試験での出来が悪かったことに対して，少々恥ずかしい思いを抱いていたので，私は弱点を克服しようと決心した．1年間の休学期間中，仕事の後はまじめに数学の本を勉強した．この作戦は十分な効果を上げ，入学時にはクラスの厄介者にならずにすみ，何とか仲間と歩調を合わせられるようになった．みんな第1学期は非常にたいへんだった．夕方の長時間を図書館で過ごしたが，それはいわば戦友どうしの相互交流の場としてなごやかな気分に浸る時間であり，その時間をほとんど全員が楽しむようになった．チューターのマイク・リースク先生は期待通りに想像力を引き出してくれた．チューターによる個別指導は台本なしの気の赴くままの対話であって，各自が相談したいと思うどのような課題についても尋ねるように，と励まされた．先生は，われわれに単に試験を突破する力をつけさせようとするのではなく，物理に対する愛情を育てたいと思っていたことは明らかである．それは効果的であった．

　この3年間を通して最も楽しい夕方のイベントは，われわれの内輪のパズルパーティーであった．それらのパーティーの長老格はわれらが友テット (Tet) であった．彼は当時，そして現在でも，数学パズルの汲めども尽きぬ泉である．パーティーのやり方は単純である．1つか2つのパズルを手にして参加し，午前4時か5時までパズルの解法について，標準的方法以外に代替法とか改良法がないかあれこれ議論する．しかしながら，数学パズルだけに限定して楽しんだわけではない．物理パズル，機械パズル，認知パズルも同様に受け入れられた．特にそれに実験が付随していれば好感がもたれた．私は2晩以上にわたって紐に堅く縛られたことがあったが(その紐をほどくのが問題)，その間テットは，私がトポロジカルに紐と絡み合っている状況にないことを強調していた．別の夜には，フワフワ浮いているヘリウム風船を，静電気の力のみによって部屋の中を周回するよう操縦することに時間を費やした．巨大なメビウス

---

[15] オックスフォードの個々のカレッジの多くでは，チューターが少人数の学生を指導している．

の環*16 の帯の中央を切り離すと，それが 2 倍の長さで完全にふた捻りされている 1 本の帯になった．一晩中ケーキの公平な分割法についての議論を行った．ベーグル*17 を 2 つに切って，互いに鎖交した 2 つの輪にすることができることを知った．私達は皆，まったくもって正気であった．

このパーティーには思いがけない話がついてきた．テットと私はケーキの分け方について，BBC ラジオ第 4 チャンネルの番組「家庭で知っておくこと」(Home Truths)*18 への出演依頼を受けた．ここで，ケーキの分け方を 200 万人近くの人々に届けることになった．私は別の BBC ラジオ番組「物質の世界」(Material World) にも招かれてパネリストとして物理パズルに答えることになった．さらに，他のクリスマス特別ラジオ番組にも登壇して物理についての視聴者からの質問に答えたりした．

> あなたが 1 杯の紅茶を注ぎ終わった瞬間，ベルがなったので玄関に行った．玄関から戻ったとき，できるだけ熱いミルクティーを飲みたい．紅茶にミルクをいれるのは玄関に行く前がよいか，戻ってきてからがよいか？*19

> 走行中の車に乗って窓越しに隣を走っている車の車輪を眺めるとき，どうして時々車輪は止まっているように見えるのか？*20

多数の物理クイズを調査し，書き留め，発表することはたいへん楽しかった．それがきっかけとなって，多くのラジオ番組へ登壇し，新聞のパズル特集へ寄稿を行うこと

---

*16 表裏の区別がない (向き付け不可能な) 帯状面のこと．以下のようにして作成する．まず，長い帯状の材料を用意し，その長軸に対して一端に 180 度の捻りを与えて両端を接合する．この帯は 1858 年にアウグスト・フェルディナンド・メビウス (August Ferdinand Möbius) によって発見されたもので，興味深い数学的な性質をもっている．

*17 (訳注) ドーナツ状の堅いロールパン．

*18 偉大な故ジョン・ピール (John Peel) によって放送されたラジオ番組．それは家庭内あるいは英国国内の生活や生命に関する奇妙で風変わりな物事を探求する番組であった．ピールは 1960 年代初頭から 2004 年に亡くなるまで，イギリスにおいて最も影響力のあるラジオのディスクジョッキーの一人であった．

*19 玄関に行く前にミルクを注いだ場合は，玄関から戻った後に注いだ場合と (その同じタイミングで) 比較すると，熱を逃がす駆動力である平均温度差 (訳注：紅茶の温度とコップの温度の差) は少ないので，紅茶はより温かい状態に保たれる．

*20 夜間では，この効果は一般にはストロボ効果によって起こされる．それは，街路照明が確定された周波数で点滅するために誘発される (通常，その点滅周波数は交流電源周波数，英国において 50 Hz の 2 倍で，100 Hz である)．一方，日中においては同等の効果が「ハミング (鼻歌)」によって起きることが報告されている．1967 年，ケンブリッジ大学生理学研究所のウィリアム・ラシュトン (Rushuton, W. A. H., 1967, "Effect of Humming on Vision," Nature **216**, pp. 1173–1175) は，ハミングを行うと目が振動して，揺らぎのない照明のもとでも，回転する白黒縞模様のストロボ円板を眺めると，ストロボ効果が見られることを観察している．他の何人かの論文では，彼の結果を追試することに失敗したとの報告がある．しかし，一方「うがい」による振動で類似効果が発生すると報告している．私は昼間の連続光のもとで，自分の目を左から右に，あるいは逆方向に素早く動かすと，車輪の狭い領域ではあるが，そこが静止してみえることを観察している．この個人的体験はラジオ 4 番組での説明に加えている．

になった．テットのパズルパーティーには多くの質問が寄せられて，解答が求められた．それらは，本書の問題の着想を得るのに少なからぬ貢献をしたに違いない．

ジェットエンジンとロケット

物理学部を卒業した後，私は大学院では理論物理ではなく応用物理の分野の研究をしたいと思った．そこで博士学位取得のために推進力の分野を専攻した．指導教員は物理学者のテリー・ジョーンズ (Terry Jones) と数学者のマーティン・オールドフィールド (Martin Oldfield) であった．両先生とも極超音速[*21]の研究後にジェットエンジンへと専門を変えていたので，同じ転向者である私に賭けたのであろう．われわれは一緒になって次世代の航空機向けタービンの特性試験をする大規模実験装置を設計・製造した．はじめて成果を目にするときはいつでもたいへん興奮した．他の誰もがうまく行かないと信じる実験において，特別な突破口を見つけたとき，テリー先生は私の方に振り向いてウィンクをしながら次のように言い放った．「給料を貰いながらこのように多くの楽しい経験をするのは罪つくりだね」．この3年間，一瞬たりとも仕事をしていると考えたことはなかった．

それから10年後の現時点で，私は自分の研究グループをもっている．才能豊かな学生および共同研究者とともにわれわれが追求したのはジェットエンジン部品，ロケットエンジンシステムの最適化であり，さらには消費者向け応用装置，および石油企業とガス会社向けのものにも手を広げている．毎晩遅くまで研究室にいるが，依然として本当に仕事をしている実感がない．そして，新しいエンジンを装備した航空機の初飛行の離陸を見たり，自分で設計した重要システムが搭載されたロケットが軌道に投入される瞬間に立ち会うのは，依然として心臓が止まるかのように刺激的である．仕事をこんなに楽しんでよいものだろうか？ この良心の呵責を慰めてくれる唯一のことは，誰かがやるべきことに自分が精一杯努力をしている，と思うことである．

読者の人生の旅

読者はこの本を読んで，大学入学試験に対して，あるいは入学後の大学生活に対して，より良い準備ができると期待しているであろう．私は，両者ともできると信じている．その理由は，本書が完全にシラバスの内容を網羅しているということではなく，本書がもっと常識はずれで，もっと先が見通しにくい問題に対して，遊びと冒険の精神を失わずに真剣に取り組む気を起こさせる，ということによる．そのようにして得られる能力は，学習する際に従来にはない独創的なアプローチを思い付かせてくれる．本書を用いて学習することは高校物理の試験に対して，また大学入試に対して，さらにはより高度な勉学に対して役立つだろう．この本に収集した問題は任意に選択した

[*21] マッハ5以上．

ものではあるが，解いてみれば，通常では見かけない問題に取り組む能力があるのかどうか判断できる．学んで欲しいことは，新しい課題を選り分けて対処すること，および身につけた知識を今まで考えてもみなかった方法で応用することである．読者はすでに必要な道具をすべて手にしていて，それらを使って驚くべき多くのことができる．このことに気づいて欲しい．

　しかし，本書を執筆したのは最初何か役に立つ本を書こうとしたからではない．本当の動機は，私のお気に入りのいくつかの物理の問題の素晴らしいところ，魅惑的なところすべてを披露したかったからである．この本が読者に何らかの形で楽しんでもらえるものを提供しているのであれば，私の目論みは成功したといえよう．ともかく問題は楽しんでもらえるようにつくられており，何かそれ以外の小さな目的のため，たとえば受験指導のためにつくられているわけではない．ということで，それぞれの問題の背後には本来の実直で意図的な目的が横たわっていて，また重要な概念をより詳細に探求できるように問題がつくられていることに気づいて欲しい．おわかりであろうが，問題には何か意表をつくようなことが必要であって，それゆえ見慣れない状況においては理解力を刺激することが可能となる．われわれは首尾よく正解にいたるか，あるいはそれがうまくゆかないかのいずれかであろう．どちらの場合でも考えることを強いられる．これが実は楽しいのだ．従来から知られているタイプの問題では理解力を試すことなどできるわけがない．

　読者がいま14歳で，不思議に満ちた科学に飽くなき探究心をもっているか，17歳で大学入学の準備中なのか，あるいは長らく専門から離れている物理学出身者か，いずれにせよ，ここで提供する問題を面白いと感じて欲しい．問題が奇妙で風変わりなことを読者が楽しみ，さらに，それぞれの問題の背後には真面目な目的があることを読み取って欲しい．私自身，この種の問題に最初は当惑させられたが，友人と問題を一緒になって解くことの喜びを知った．さらに解けたという満足感も得られた．これらの問題は新たな憩いの場にふさわしい．これらの問題は，あなたのものであって解くために注ぎ込むエネルギーと同じ大きさの喜びと満足感を与えてくれるだろう．それらの問題をもって人生の旅に出かけ，友達と，さらに旅で出会った人々と協力しあい，旅の途上で見つけた楽しい思い出にして欲しい．

索　引

欧文

CR 回路　118

g 力　139

あ行

アーサー王　33
アステカ族　9
圧力　210
アトウッドの装置　55
アブレーション (融発)　205
アルキメデス　209
アルキメデスの王冠　210
アルキメデスの原理　209
位置エネルギー　3, 135, 230
位置エネルギー最小の原理　3
位置エネルギーの井戸　161
一般解　91
色収差　183
インダス川　15
引力場　167
宇宙探査機　161
宇宙の背景温度　207
宇宙砲　150
宇宙ロケット　161
運動エネルギー　38, 65, 92, 135
運動学　108
運動の周期　92
運動方程式　41, 89
運動量　39
運動量保存則　39
エネルギー　38, 92

エネルギー保存則　65
エレクトラム　210
円運動　67, 135
円形車輪　16
エントロピー　198
欧州宇宙機関 (ESA)　148
オベリスク　20
オームの法則　118
温度勾配　193
温度差　193

か行

海岸線パラドックス　243
概算　235
回転運動　1, 67
回転速度　164
回転中心　16
角運動量ベクトル　88
角加速度　1
拡散光源　175
拡大率　195
加速度　108
ガリレイの相対性原理　40
ガリレオ天秤　210
眼球運動認知　189
慣性系　40
慣性モーメント　1
完全弾性衝突　43, 65
管理領域　198
機械パズル　255
基準質量　247
北コーカサス　15

軌道上での運動エネルギー　135
軌道速度　146
軌道の位置エネルギー　135
軌道の全エネルギー　136
逆2乗の法則　132
球殻　133
球殻定理　134
虚像　178
距離　108
空気抵抗　144
クォーク　132
屈折光線　173
屈折率　173
グルーオン　132
クーロンの法則　132
ケルビン卿　207
減衰効果　95
光学　173
光学系　180
向心加速度　67, 135, 154
向心力　67
合成抵抗　118
光線　175
酵素　240
固体球　133
コロンビアード宇宙砲　150
コンデンサー　118
　──の直列接続　120
　──の並列接続　120
コンプライアンス　18

さ　行

サイクル　199
最大瞬間電力　130
最大摩擦力　47, 69
逆さ眼鏡　190
サージ　92
座標系　40
サミュエル・グロス　47

サルセン石　10
散逸　198
三角形の重心　231
酸素　239
散乱光源　174
視覚システム　189
時間平均電力　130
自然哲学の数学的諸原理　149
実験室系　61
実効値　131
実効値電圧　130
実像　178
質量中心（重心）　2
時定数　206
地面に固定した座標系　12
ジャイロスコープ効果　88
車輪論争　14
シャーロック・ホームズ　58
重心　227
重心座標系　40, 60
充電　118
重力　4, 132
重力加速度　167
重力圏　161
重力損失　144
シュテファン–ボルツマン定数　193, 207
シュテファン–ボルツマンの法則　193, 207
瞬時電力　130
昇華　205
焦点　178
焦点距離　178
衝突　38
消費電力　131
ジョージ・マークス卿　58
人工衛星　135
新石器時代　14
水晶体　174
水素イオン濃度　240
垂直抗力　4, 69

索引

スウェイ　92
スケーリング　206
ストーンヘンジ　9
スネルの法則　173
静止軌道　147
静止摩擦係数　18, 47, 69
静止摩擦力　69
静水圧　210
青銅器時代　14
生理学　239, 240
静力学　1
石材の座標系　12
石器時代　15
絶対零度　208
センウセレト1世　20
先史時代　14
線熱膨張係数　193
双眼認知　189
相対速度　164
相対的モル質量　247
速度　38, 108
素粒子の標準模型　132

た行

対空速度ベクトル　113
対地速度ベクトル　113
太陽　132
太陽系　161
太陽神ラー　20
太陽崇拝　20
対流　205
楕円軌道　150
凧揚げ　257
脱出エネルギー　141
脱出速度　161
単眼認知　189
単振動　89
　——の条件　89
弾性衝突　39, 64

単振り子　93, 97
力のつり合い　5
力のモーメント　1, 49, 214
　——のつり合い　5
地球　132
地球同期軌道　147
致死濃度　240
中心軸　175
中性子　132
チューター　258
調和級数　126
月　132
強い力　132
ツリーハウス　261
抵抗
　——の直列接続　119
　——の並列接続　119
　——の問題　118
抵抗四面体　124
抵抗正方形　125
抵抗配列　118
抵抗ピラミッド　120
抵抗立方体　127
鉄器時代　14
電圧降下　119
電磁力　132
電流　118
電力　118
電力輸送　129
銅器時代　14
動摩擦係数　47
動力学　38
特解　89
トーマス・リトルヒース卿　210

な行

ナポレオン・ボナパルト　242
二酸化炭素　240
入射光線　173

ニュートンの第2法則　5, 53
ニュートンの対流による冷却/加熱の法則
　　193
ニュートンの万有引力の法則　133
ニュートンの砲弾　149
熱エネルギー　199
熱素説　199
熱伝達係数　193
熱伝導　131
熱分解　205
熱膨張率　193
熱容量　193

は 行

爆轟　253
白色光　182
爆燃　253
パズル　255
ばね定数　89
パピルス　21
パピルスアナスタシアI　21
パラフォイル凧　257
パリンプセスト　209
パワーストローク　142
反射光線　173
反射の法則　173
反発係数　39
反復法　247
万有引力定数　132
非弾性衝突　39
ヒートポンプ効果　199
比熱　193, 199
ヒーブ　92
氷室　202
標準圧力　246
標準温度　246
標準温度と圧力 (STP)　214
表面積　193
ピラミッド　242

ファラオ　20
風速ベクトル　113
封筒裏の計算　224, 235
フェルミ，エンリコ　235
不可逆　198
復元力　89, 91
浮心　229
フラクタル　243
フーリエ解析　208
フーリエの熱伝導の法則　193
浮力　209
浮力の傾心　226
浮力の中心　227
プリンキピア　149, 205
フレーバーの変換　132
分散　181
平衡位置　89, 94
平衡状態　5, 94
並進運動　1
並進加速度　1
ヘリオポリス　20
ペロタ　47
変数分離法　89
ホイートストン，チャールズ　189
ホイートストン・ブリッジ　189
放射　131
放射率　193
放射冷却　202
放電　118
ポテンシャルエネルギー　92
ポルトニク　14

ま 行

マイコープ文化　15
微塵　173, 259
ミダース　241
密度　204
見積もり　235
無重力　136

メソポタミア　15
メビウスの環　263
猛度　253
網膜　174
木星　162
モル濃度　240
モンティ・パイソン・アンド・ホーリー・グレイル　33

や　行

冶金術　14
ヤフチャール　202
融解熱　204
有効電力　130
ユリーカ　211
陽子　132
4つの基本的力　132
弱い力　132

ら　行

ラー・アトゥム神殿　20
ラケット座標系　45
ラムエア凧　257
力積　39
理想気体の状態方程式　247
リチャードソン効果　243
流体静力学　209
流率　204
臨界角　78
リントン・アンド・リンマス・クリフ鉄道　58
レーザー光線　182

わ　行

ワトソン博士　58

難問・奇問で語る　世界の物理
オックスフォード大学教授による最高水準の大学入試面接問題傑作選

平成 28 年 9 月 15 日　発　　　行
令和 6 年 7 月 25 日　第 3 刷発行

訳　者　特定非営利活動法人
　　　　物理オリンピック日本委員会
　　　　（現・公益社団法人物理オリンピック日本委員会）

発行者　池　田　和　博

発行所　丸善出版株式会社
　　　　〒101-0051　東京都千代田区神田神保町二丁目17番
　　　　編　集：電話 (03)3512-3266／FAX (03)3512-3272
　　　　営　業：電話 (03)3512-3256／FAX (03)3512-3270
　　　　https://www.maruzen-publishing.co.jp

ⓒ The Japan Committee of the Physics Olympiad, 2016

印刷・製本／三美印刷株式会社

ISBN 978-4-621-31005-2 C 3042　　　　Printed in Japan

本書の無断複写は著作権法上での例外を除き禁じられています.